中国城市规划学会学术成果

中国城乡规划实施研究 8

——第八届全国规划实施学术研讨会成果

李锦生　主　编

于　洋　副主编

中国建筑工业出版社

图书在版编目（CIP）数据

中国城乡规划实施研究.8，第八届全国规划实施学术研讨会成果 / 李锦生主编. —北京：中国建筑工业出版社，2021.8

ISBN 978-7-112-26246-5

Ⅰ.①中…　Ⅱ.①李…　Ⅲ.①城乡规划—研究—中国　Ⅳ.① TU984.2

中国版本图书馆 CIP 数据核字（2021）第 113361 号

责任编辑：毋婷娴
责任校对：焦　乐

中国城市规划学会学术成果
中国城乡规划实施研究8
——第八届全国规划实施学术研讨会成果
李锦生　主　编
于　洋　副主编

*

中国建筑工业出版社出版、发行（北京海淀三里河路9号）
各地新华书店、建筑书店经销
北京雅盈中佳图文设计公司制版
天津翔远印刷有限公司印刷

*

开本：880毫米×1230毫米　1/16　印张：17　字数：464千字
2021年8月第一版　2021年8月第一次印刷
定价：**79.00元**
ISBN 978-7-112-26246-5
（37685）

本书编委会

主　　　　编：李锦生

副　主　　编：于　洋

副主任委员：叶裕民　赵　民　赵燕菁　林　坚　张　佳　田　莉
　　　　　　　邹　兵

特　邀　委员：周　岚　施卫良　俞斯佳　谭纵波　邓红蒂　孙　玥
　　　　　　　耿慧志　张正峰　李东泉　汪　军

委　　　　员（按姓氏拼音排序）：

陈锦富	陈思宁	陈小卉	戴小平	丁　奇	韩　青
韩昊英	郝志彪	何明俊	何子张	黄　玫	李　强
李　泽	李锦生	李　忠	廖绮晶	林　坚	龙小凤
路　虎	罗　亚	孟兆国	秦铭键	施　源	施嘉泓
田　莉	田　燕	田光明	田建华	涂志华	王　勇
王　伟	王　正	王富海	王学斌	吴晓莉	吴左宾
熊国平	许　槟	杨　明	杨冀红	叶裕民	占晓林
张　佳	张　健	张　磊	赵　民	赵燕菁	赵迎雪
周　婕	朱介鸣	邹　兵			

编辑单位：中国城市规划学会
　　　　　中国城市规划学会规划实施学术委员会
　　　　　南京市规划和自然资源局
　　　　　南京市城市规划编制研究中心

会议主办单位：中国城市规划学会
　　　　　　　中国城市规划学会规划实施学术委员会

会议协办单位：南京市城市规划编制研究中心
　　　　　　　南京市城市规划协会
　　　　　　　中国人民大学公共管理学院

前　言

改革开放以来，城乡规划对我国城乡经济社会的快速发展起到了重要的作用，一座座大都市、城市群的崛起和中小城市、小城镇的迅速壮大无不体现着中国特色城乡规划发展引领和实践探索，城乡规划也发展形成了完善的法律体系、管理体系和学科体系，特别是在城乡规划实施上，创造出不少中国实践、地区经验和优秀案例，促进了城镇化健康发展。但综观走过的路，城乡规划实施也出现过一些偏差及失误，城乡规划依法实施、创新实施、管理改革的任务还十分艰巨。今天，中国经济和社会发展进入重要的转型调整期，新型城镇化背景下城乡规划转型发展强烈呼唤规划实施主体、实施机制乃至实施效果评估全面转型，面对发展的"新常态"，我们城乡规划工作者也面临着规划实施的新任务、新挑战、新问题和新对策。

为了应对新时期规划实施发展的挑战和任务，2014 年 9 月 12 日，中国规划学会在海口召开的四届十次常务理事会上，讨论通过了关于成立城乡规划实施学术委员会的决定，作为中国规划学会的二级学术组织。12 月 5 日城乡规划实施学术委员会在广州市召开了成立会议，会议确定了学委会主任委员、副主任委员、秘书长及委员，通过了学委会工作规程，提出今后几年的学术工作规划。会议议定规划实施学术委员会的主要任务，一是总结规划实施实践，系统总结我国城乡规划在不同时期的实施经验，研究不同区域、典型城镇的城镇化实践；二是探讨和建设规划实施理论与方法，结合国情，研究大、中、小城市和小城镇、乡村的规划实施特点，提高城乡规划实施科学水平，促进城乡健康可持续发展；三是研究规划实施改革，开展城乡规划政府职能转变、依法进行政策改革创新和学术研究，探索实践机制和管理体制；四是交流规划实施经验，积极推进各地规划管理部门技术交流合作，加强管理能力建设，提升公共管理水平；五是开展国际交流合作，研究国外城市规划实施管理先进经验，扩大我国规划实施典范和实践经验的国际认知；六是普及规划科学知识，广泛宣传城乡规划法律法规、先进理念和科学知识，提高全社会对规划实施过程的了解、参与和监督，维护规划的严肃性。

围绕主要任务，学委会计划以系列化的形式逐年出版学术论文成果和典型实践案例，也欢迎大家踊跃投稿、参加学术交流活动、提供优秀案例。

李锦生

目　录

分论坛一

国土空间规划管理创新

厦门国土空间规划体系的构建历程与实践探索

何子张　马　毅　吴宇翔*

【摘　要】厦门基于"多规合一"工作基础，以构建国土空间规划体系为目标，在城市总体规划试点的基础上推进国土空间总体规划编制。通过突出战略引领，加强国土空间基底的整合与分析，强化国土空间总体规划对专项规划和详细规划的传导，做实"多规合一"。通过构建国土空间基础信息平台完善业务系统，强化国土空间规划实施的时间传导和用途管制，推进现状评估、城市体检和审批改革，构建国土空间规划实施监督体系。法规政策和技术标准体系以国家和省为主导，发挥特区立法优势，推进政策和技术标准创新试点。

【关键词】国土空间规划；空间规划体系；多规合一；厦门

随着机构调整到位以及国家系列文件、技术标准的出台，国土空间规划体系构建成为当下乃至今后很长一段时间工作的重点与热点。2014 年国家正式部署"多规合一"试点，虽然各部委对"多规合一"改革的认识不一，但都将构建统一的空间规划体系作为改革的目标。自然资源部的成立意味着空间规划改革从技术探索跃进到制度变革。2019 年以来，国家、自然资源部陆续发布的系列文件都强调要继续推进"多规合一"。那么国土空间规划体系构建与"多规合一"工作是什么关系？厦门自 2013 年以来开展一系列的规划改革，"多规合一"工作是贯穿改革全过程的一个关键线索，笔者深度参与整个过程，希望通过本文总结地方实践，总结如何在"多规合一"的基础上构建国土空间规划体系。

1　厦门空间规划体系构建历程

厦门自 2013 年以来，承担国家"多规合一"（2014 年）、城市开发边界（2014 年）、总体规划（2017年）、土地利用总体规划（2018 年）、建设项目审批（2018 年）等系列改革试点工作。虽然不同单项的改革试点任务侧重点不同，但改革始终围绕着城市空间治理能力与治理体系现代化的总目标，通过构建空间规划体系框架，推进"多规合一"，实现"一张蓝图干到底"（图 1）。

1.1　制定美丽厦门战略规划，谋划战略共识

2013 年以来，厦门市积极开展"多规合一"改革试点工作，取得了一定的成绩。以《美丽厦门战略规划》作为多规整合的基准，体现了战略性、综合性、科学性、民主性和法定性等几个特征，对厦门"五位一体"的发展进行全面长期指导。作为顶层设计的美丽厦门战略规划，提出了两个百年愿景、五个城市定位、

---

* 何子张，男，厦门市城市规划设计研究院副总规划师，教授级高级规划师，博士。

马毅，男，厦门市城市规划设计研究院空间规划研究所，博士。

吴宇翔，男，厦门市城市规划设计研究院总体规划所，硕士。

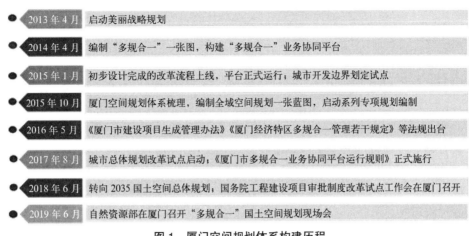

图 1 厦门空间规划体系构建历程

三大发展战略、十大行动计划和共同缔造路径，也凝聚了全体市民对厦门发展的目标愿景。

1.2 强化统筹规划，形成"多规合一"一张蓝图

2014 年，厦门统筹整合了城市总体规划、土地利用总体规划、国民经济与社会发展规划、环境保护总体规划等主要的空间性规划，通过衔接技术标准、统一图纸坐标、整合差异图斑、统筹用地边界，划定了全市统一的生态控制线和城市开发边界，明确城市空间容量，并细化控制线管控内容，引导重大项目布局。2015 年，厦门以形成全域空间规划"一张蓝图"为目标，开展了空间规划体系的梳理工作，对全市各类专项规划进行整理与修编，构建形成以战略规划为引领，以各类控制线体系为框架，以"生态控制线""城市开发边界""海域系统""全域城市承载力"四大领域为基准，以各部门专项规划为落实的统一空间规划体系。梳理形成的各专业规划图纳入"多规合一"平台，初步形成全域统一、部门共享共用的一张蓝图。

1.3 强化规划统筹，形成"战略—五年—年度"的规划实施机制

2016—2017 年，建立了以"战略规划—五年规划—年度计划"为主轴的规划实施体系，在五年规划阶段创新"十三五"规划编制方法、编制完成近期建设规划，在年度规划阶段制定年度项目空间实施规划，从时序上对接规划内容，强化规划对建设项目的统筹，从而实现对城市发展的引导。同时，创新项目生成机制，改革项目审批制度，依托"多规合一"协同平台策划具体项目，加速项目审批，推动项目落地。

至此，从规划编制到实施监督，厦门探索并建立了"多规合一"规划实施管理的"四个一"，即统筹整合各类规划，解决空间规划矛盾，形成"一张蓝图"；以信息化为手段，搭建由"多规合一"业务协同平台和建设项目审批信息管理平台组成的"一个系统"；以再造流程为抓手，设立审批统一受理的"一个窗口"；以建章立制为保障，充分运用特区立法权，建立健全生态控制线管理规定等 220 余项规章制度，形成"一套机制"。

这些改革和探索，从思想认识、技术标准、体制机制等方面形成了协同效应，与新的国土空间规划体系一脉相承。随着国家机构改革、职能整合及《关于建立国土空间规划体系并监督实施的若干意见》的发布，原"多规合一"工作中遇到的某些困难（例如受限于体制机制的约束，数据基础不统一、技术标准不一致、部门职能交叉冲突、中央和地方事权划分不够合理、法律法规体系不完善、地方单独实践无法突破的瓶颈等）可以得到解决。厦门市委、市政府认真组织学习贯彻落实，在更高的起点上，**整体**

谋划新时代国土空间开发保护格局，在体现战略性、提高科学性、加强协调性、注重操作性，完善规划编制、实施、监督、评估等方面取得了新的成果。

2 构建国土空间规划编制审批体系，形成国土空间规划"一张图"

2.1 以"多规合一""一张蓝图"为基础推进城市总体规划改革

2017年9月住房城乡建设部开展城市总体规划改革工作，厦门作为试点城市，充分利用已有的"多规合一""一张蓝图"基础，试图利用总体规划改革的契机，将"一张蓝图"体系经过提炼纳入总规成果，赋予其法定地位。一是突出总规的战略引领和刚性管控，形成贯彻国家意志又凝聚全市共识的战略性蓝图和管控性蓝图，强化从目标、战略定位、指标、空间格局、要素配置到机制保障的完整逻辑链。二是突出总规的空间统筹地位，强化对各部门专项规划的传导。需要上报国家部委、省政府审批的内容，如国土、海洋、林业、港口等，由市政府加强部门协调，确保与总规在规划期限、底图、空间上的衔接。在总规工作方案中，要求各职能部门同步开展空间性专项规划编制，通过专项规划将总规的指标、要素布局等要求落实到位。三是突出总规的规划传导，总规重点是战略性蓝图和管控性蓝图，通过部门、空间和时间传导形成实施性蓝图。空间层面形成市域—功能区—控规单元的传导，部门层面形象形成总体规划—专项规划的传导，时间层面形成总体规划—近期建设规划—年度空间实施规划的传导。四是利用原有的"多规合一"工作基础，在总规改革中继续深入推进空间信息平台建设、全域现状一张图和规划评估等工作。

2.2 加强国土空间基底的整合和分析

国土空间基底的整合和分析是规划的基础。2014年厦门结合"多规合一"工作，开展了土地适宜性评价和资源环境承载力评价，作为划定"多规合一"控制线的重要基础。但是在工作中仍存在一些困难：一是数据涉及多个部门，用地分类存在交叉，同一块土地不同部门重叠管理；二是数据准确性不足，与实际情况存在一定出入；三是各部门数据标准不统一；四是评价评估缺乏统一的规范。2017年结合总规改革探索构建全域空间现状一张图，根据厦门实际制定两规合一的现状用地标准，建立涵盖基础地理数据、城市建设数据、部门设施数据和城市运行数据的各类数据库。2018年开展"三调"工作，2019年开始以"三调"数据为基础开展"双评价""双评估"工作，更加科学地分析国土空间基底，统一了规划底图。"三调"明确了现状国土基底，也暴露了"三调"数据与部门现有指标不一致的问题。两相校核，更科学地重新核定2035年的规划指标。2019年下半年开展生态保护红线评估工作，成立专项工作领导小组，评估调整与生态保护红线发生冲突的各类矛盾图斑，并将有明确选址的项目调出生态保护红线，保证生态保护红线的底线控制作用。

2.3 编制"多规合一"的国土空间总体规划

2018年初随着国家机构调整到位，自2018年7月开始转向国土空间总体规划探索工作。2019年初，厦门市自然资源与规划局成立，原先分散在国土、规划、林业、海洋等部门的规划编制职能和人员大部分整合到新的自然资源与规划局。根据《中共中央国务院关于建立国土空间规划体系并监督实施的若干意见》精神，厦门市委市政府两办5月印发《〈厦门市国土空间总体规划（2019-2035年）〉编制工作方案》，要求编制国土空间总体规划，落实"多规合一"。此后自然资源部陆续发布系列通知和技术文件，指导开展国土空间总体规划工作。厦门国土空间总体规划主要突出以下方面：

一是统筹空间格局。总规强调与自然山水空间的融合，确定全域空间格局。突出自然资源保护，明确需要保护的各类自然资源，包括风景名胜区、森林公园、饮用水水源保护区等。二是强化陆海统筹。规划统一岸线认定标准，解决过去各部门海岸线口径不一、陆海冲突的问题。构建陆海协调、科学合理的海岸带空间布局。协调海陆功能布局，除珍稀物种国家级自然保护区外，其余近岸海域功能调整为与陆域相协调的旅游休闲娱乐区，同时逐步调整海洋保护区紧邻陆域的所有可能对中华白海豚造成影响的产业布局和项目。三是凸显底线约束，优化三条控制线。为保障生态系统的连续性和完整性，对生态保护红线图斑进行整合，化零为整，优化陆域生态保护红线，同时纳入海域部门划定的海域生态保护红线。基于"双评价"和景观生态学的研究，延续并优化十大山海通廊，分时序、分类别，优化城镇开发边界。与生态廊道相结合，在中心城区布局永久基本农田，强化生态廊道保护的空间约束。四是突出国土空间整治与修复，强化土地集约高效利用。通过森林植被修复、水体环境整治、湿地生态系统修复、土壤污染防治、小流域整治、海绵城市建设、海岸带修复、矿山地质环境整治和修复等强化对陆域的生态保护与修复。五是强化土地集约高效利用。首先，梳理全市存量用地，主要包括农转用未供土地、国有开发储备未供土地及已收储填海造地未供土地三种类型。其次，按照"盘活存量、管控增量、问题导向、分类施策"的原则，着力推进"批而未供"土地盘活、"供而未用"土地处置、城镇低效用地再开发，提高供地率，形成一批可供开发利用的土地，为厦门市产业发展、招商引资、项目落地提供充足的空间保障。在此基础上不断推动低效工业用地改造提升、旧城镇和城中村的改造与环境整治。

2.4　强化国土空间规划对专项规划和详细规划的传导

前期，通过"多规合一"工作，梳理各个专项规划，厦门形成了由生态控制线、城市开发边界、海域系统和城市承载力四大板块构成的"全域规划一张图"。基于"一张图"的工作基础，按照国土空间规划体系，强化国土空间总体规划对专项规划和详细规划的传导（图2）。

一是强化国土空间总体规划对专项规划的约束指导。坚持市政府统筹、多部门协作，海岸带、自然保护地等专项由自然资源部门组织编制，涉及空间利用的某一领域专项规划由相关行业主管部门会同自然资源部门组织编制，通过国土空间总体规划指标和空间布局管控强化对专项规划的约束指导。二是构建全域—分区—编制单元—管理单元的规划传导体系。通过编制分区规划和单元规划实现总体规划的空间传导，城镇开发边界以内划分编制单元，每个编制单元划分若干管理单元，落实总体规划的人口、主导功能、设施配置等要求。城镇开发边界以外施行"约束指标+分区准入"的管制制度，采用"边界+目录+指标"的管控工具，严格控制城镇开发边界以外新增建设项目。

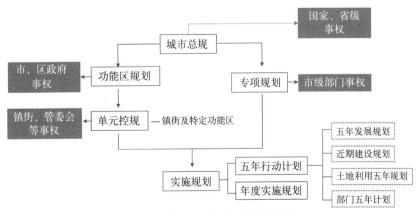

图2　厦门国土空间规划传导机制

3 构建国土空间规划实施监督体系，强化规划统筹引领

3.1 建立统一的国土空间基础信息平台和业务系统

按照《自然资源部信息化建设总体方案》等文件的要求，厦门以原有的"多规合一"信息平台为基础，充实完善构建国土空间基础信息平台。国土空间基础信息平台汇集现状、规划、管理、经济社会四大板块数据，为国土空间规划编制、实施监督和监测评价的参与者提供数据共建、共享服务。国土空间基础信息平台向上衔接国家、省级平台，横向设置建设项目审批管理平台、投资项目在线审批平台、效能监管平台、部门内部业务系统等，向下落实实施监督和监测评估预警，为新的国土空间规划体系提供有力支撑。在国土空间基础信息平台上，整合开发国土空间规划"一张图"实施监督信息系统，信息系统包括国土空间规划一张图管理子系统、分析评价、成果辅助审查和管理、监测评估预警、指标模型管理、资源环境承载能力监测预警等六大功能模块。国土空间基础信息平台和业务系统是下述国土空间规划实施监督、监测评估、项目审批的操作载体。

3.2 强化国土空间规划的实施传导

厦门市注重以统筹的思想和手段推进规划实施，用规划指导政府项目建设、引导市场投资行为，以规划对政府和市场的经济行为做出指引。以国土空间规划"一张图"为基础，创新项目决策机制，推进工程建设审批制度改革，打造国际一流营商环境，实现从"以项目引导规划"到"以规划引导建设"的发展方式转变。

一是规划传导体系。通过"国土空间总体规划—近中期规划、实施方案—年度实施计划"，推进规划实施，强化规划对财政投资、土地出让、重点项目的引导。二是项目生成。厦门市按照规划生成项目，而不是部门"凑项目"的思路，提出"一本可研、共同策划、共同审批"和"强策划、快审批、重监管"的项目生成办法。依托信息化平台，建立了划拨用地和出让用地的项目生成流程，形成多部门线上线下协同的项目生成机制。各部门依托空间信息平台共享空间信息，通过业务协同平台"一张表单"协同决策、"一本可研"联评联审，依序落实建设项目的资金条件、用地条件、合规与否等，强化了项目落地的可操作性、时效性。三是空间梳理。依托统一的国土空间规划，对用地的现状进行系统的梳理，包括批而未供、供而未用、低效用地、闲置的房产资源等（图 3）。制定统一的招商地图，加大招商引资力度，从而提高空间的利用效率。

3.3 加强评估监测，科学指导规划实施

一是开展国土空间规划现状评估工作。以市政府统筹指导，由市自然资源和规划局牵头，从安全、创新、协调、绿色、开放和共享 6 个维度，制定 66个指标，其中有 28 个基本指标、37 个推荐指标、1个城市特色指标。现状评估分析规划面临的新形势和新要求，结合存在的问题和发展短板，对标新理念、新需求，从规划动态维护、规划实施计划、配套政策机制等方面提出优化调整的可操作性建议。

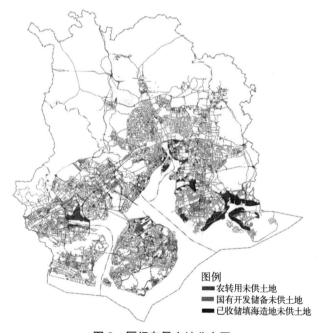

图例
■ 农转用未供土地
■ 国有开发储备未供土地
■ 已收储填海造地未供土地

图 3 厦门存量土地分布图

二是开展城市体检工作。建立"一年一体检、五年一评估"工作制度，全面推动城市高质量发展。厦门市成立了城市体检试点工作领导小组，召开了十余次体检工作调度会议，每年年底将城市体检结果纳入《政府工作报告》，针对体检诊出的"病症"，提出切实可行的实施方案和计划并纳入下一年度工作计划。在城市体检工作中，厦门市采用多形式、多渠道的方式推动了公众参与城市体检试点工作，共完成了 100 多个社区的调研工作，召开了 20 余场座谈会，利用互联网、公众平台等多种渠道，线上线下收集了调查问卷 3000 多份。

三是建设国土空间规划"一张图"实施监督信息系统，监测规划实施过程。在完成国家统一要求的国土空间规划信息化建设基础上，构建编制、修改、入库前复核、入库审验等全过程贯通的管理流程，支持国土空间规划管控要素的自动化逐级传导与自动化审核。以工程建设项目为载体，与项目库及审批信息系统连通，构建全生命周期的监管体系，落实国土空间"目标 + 底线"的综合管控。以厦门特色指标模型为抓手，搭建覆盖监测、体检、评估的指标模型体系以及配置灵活的后台管理模块，实现指标模型的综合管理和现状趋势的全面分析，从而真正高效监测分析国土空间规划的实施效果。平台通过高效智能的实施监督结果反馈，为实现可感知、能学习、善治理和自适应的智慧型国土空间规划提供支撑。

3.4　推进项目审批改革，强化"放管服"

统一的空间规划、项目协调机制，是推进审批制度改革的基础，厦门市基于统一信息平台，构建了审批平台建设审批平台，推进审批制度改革。一是创新报审模式，设立跨部门统一受理窗口，实现"多头申报"到"一窗受理"的转变；确立并联申报模式，实现"串联审批"到"并联审批"的转变；建立网上办事大厅，实现"走马路"到"跑网路"的转变。二是简化审批环节，推动审批事项"减放并转调"，减少 45.8% 的前置审批环节，取消 36.8% 的中介服务事项，下放、合并部分审批服务事项，调整优化审批事项办理的先后顺序，将部分审批事项转为"即来即办"的公共服务事项。三是简化审批手续，探索制定公布 6 份审批负面清单（即修建性详细规划、建筑景观艺术评审、日照分析、三维建模、水土保持审批、环保审批准入特别限制措施），对 12 个部门、32 项审批实行"告知承诺制"。在环评、水土保持、防洪等领域推行区域规划管理，区域内项目共享评估结果。积极探索推行"多图联审"、审批豁免制、容缺受理制等多项创新举措，有效促进审批提速增效。

2019 年以来，为进一步落实党中央、国务院推进政府职能转变、深化"放管服"改革和优化营商环境要求，结合机构改革，厦门根据国家、部委要求，进一步推动建设项目审批制度全流程改革。一是推进"多证合一"，实现"两书合一"，整合办理建设项目用地预审和规划选址。二是实行"多审合一"，将各部门的意见统筹协调纳入工程规划许可批复中。联合技术指导部门主动服务、提前介入，在前期策划生成阶段提前告知项目可行性。在项目策划成熟时，各部门勾选审批阶段需办理的事项，汇成表格提交建设单位。三是实行"多测合一"改革实践，将七个测量项目整合为一个"多测合一"业务项目，实现"一次委托、统一测绘、成果共享"。强化对中介大厅测绘单位的监管，建立准入准出制度。加强对测绘成果的把关，对成果与现场不符的测绘单位进行重罚，甚至取消其测绘资质。同时建立实施监管机制。依托信息平台，对阶段性规划的实施情况进行评估，及时发现落实不到位或偏离总规的情况，并在下一个规划周期内进行修正。

4　地方性的国土空间规划法规政策和技术标准体系探索

国土空间规划法规政策体系和技术标准体系的主要制定主体是国家和省级政府。地方政府主要是在国家基本政策导向下，结合地方需求做一些先行探索性的工作。

4.1 完善法规政策体系

厦门市发挥特区立法优势，出台的《厦门经济特区多规合一管理若干规定》，为全国首部"多规合一"管理的地方性法规。2016 年颁布了《厦门市生态控制线管理实施规定》，生态控制线划定以来，对不符合生态控制线项目逐步进行了清退，对新增项目严守生态控制线进行规划选址，从未发生突破生态控制线管理的行为。发布《厦门市多规合一空间规划管理办法》等 52 项政府规章，形成 169 份部门配套机制文件，形成一整套规划落地实施的工作机制，为改革纵深推进提供制度保障，有力推动改革落地见效。

以国土空间开发保护为核心，构建"3（关键制度）+3（配套制度）+3（其他制度）"的国土空间政策制度体系。一是关键制度。以"建立空间规划体系"为前向牵引，以"完善生态文明绩效评价考核和追究制度"为动态过程管理和事后问责，构成转变政府职能和工作作风的关键制度；以"共同建设生态文明"为抓手和目标，构成充分调动和发挥群众积极性、主动性、创造性的关键制度。二是配套制度。以"建立国土空间开发保护制度""完善资源总量管理和全面节约制度""建立健全环境治理体系"等三项制度作为 3 个关键制度建设的配套制度。三是其他制度。包括"健全自然资源资产产权制度""健全资源有偿使用和生态补偿制度"以及"健全环境治理和生态保护市场体系"等。为盘活存量用地，集约高效利用低效用地，出台《厦门经济特区促进土地节约集约利用若干规定》，制定《福建省人民政府办公厅关于加快推进工业企业"退城入园"转型升级的指引与意见》系列配套政策，有序推进工业企业"退城入园"，加快农村预留发展用地开发利用办法出台。

4.2 完善技术标准体系

厦门还通过制定了一系列地方技术标准，有效统一了入库数据标准，推动了平台数据动态更新的有序运转，包括《"多规合一"平台动态维护规则》《一张蓝图信息入库管理办法》《多规合一平台接口拓展应用规则》等。目前，正在根据国家统一要求进一步的完善。修订《厦门市城市规划管理技术规定》，制定《厦门市普通中小学（幼儿园）建设标准指引》等技术文件。

5 结语

从厦门的实践看，"多规合一"工作是构建国土空间规划体系的基础，应该说厦门前期改革试点的很多工作思路方向与新时期国土空间规划改革的基本脉络是吻合的。同时，国家层面的顶层设计，包括制度设计和技术标准等，也解决了前期改革工作地方层面难以解决的问题。同时地方层面的实践探索也贡献了不少鲜活的解决具体问题的经验和办法。新时期的国土空间规划要继续做实"多规合一"，有必要好好总结全国各地试点的鲜活实践，助力国土空间规划体系实践和理论研究工作。

参考文献

[1] 朱喜钢，崔功豪，黄琴诗 . 从城乡统筹到多规合一：国土空间规划的浙江缘起与实践 [J]. 城市规划，2019（12），27-36.

[2] 何冬华 . 空间规划体系中的宏观治理与地方发展对话：来自国家四部委"多规合一"试点的案例启示 [J]. 规划师，2017（02），12-18.

[3] 何子张 . "多规合一"之"一"探析：基于厦门实践的思考 [J]. 城市发展研究，2015（06）：52-58.

[4] 邓伟骥，谢英挺，蔡莉丽 . 面向规划实施的空间规划体系构建：厦门市"多规合一"的实践与思考 [J]. 城市规划学刊，

2018（07）：32-36.

[5]　王唯山，魏立军.厦门市"多规合一"实践的探索与思考[J].规划师，2015（02）：46-51.

[6]　王蒙徽.推动政府职能转变，实现城乡区域资源环境统筹发展：厦门市开展"多规合一"改革的思考与实践[J].城市规划，2015（06）：9-13，42.

[7]　谢英挺，王伟.从"多规合一"到空间规划体系[J].城市规划学刊，2015（03）：15-21.

[8]　蔡莉丽，魏立军.从规划体系构建到规划实施管理：厦门"多规合一"立法的实践与思考[J].城市规划学刊，2018（07）：42-46.

[9]　郑雅彬.面向"多规合一"的厦门空间规划编制组织机制研究[J].城市规划学刊，2018（07）：37-41.

[10]　何子张，吴宇翔，李佩娟.厦门城市空间管控体系与"一张蓝图"建构[J].规划师，2019（05）：20-26.

美国控规体系研究：历史演变与当代解读

董雨萌　李千川　沈天意*

【摘　要】本研究基于美国规划体系发展的先行经验，聚焦于以纽约为代表的美国控制性详细规划（区划）体系发展，重点剖析纽约控规体系的演变过程与编制内容，比较研究了不同语境下的相关案例，并结合我国自然资源部的设立以及国土空间规划发展的时代背景，讨论了美国城市的控规经验在当代语境下的借鉴适用性，并探索当代中国城市控规体系发展的新理念、新方法。

【关键词】美国控规体系；历史演变；国土空间规划

1　绪论

1.1　研究背景

1.1.1　美国纽约规划体系发展

纽约坐落于大西洋西岸北部、纽约州东南。作为世界第五大都市，在三百多年的发展历程中，纽约市的城市规划法规发展一直走在时代的前列，并随着城市发展进程的变化变迁升级，纳入综合应对城市问题和灵活度需求的规划措施。

1.1.2　我国控规发展新形势

随着中华人民共和国自然资源部批准成立和《自然资源部关于全面开展国土空间规划工作的通知》（以下简称《通知》）的发布，在国土空间规划体系发展的新形势下，我国控制性详细规划编制迎来了新的挑战。对美国控规体系的研究有助于总结发展规律、开拓策略思路，为我国规划体制的重大改革提供借鉴经验。

1.2　技术路线

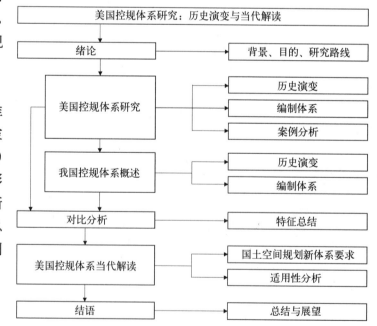

* 董雨萌，女，东南大学建筑学院规划师。
　李千川，男，东南大学建筑学院规划师。
　沈天意，男，东南大学建筑学院硕士生。

2　美国控制性详细规划（区划）体系研究：演变、编制与案例分析

2.1　历史演变

2.1.1　体系发展

20 世纪初，美国的迅速工业化和城市化带来了一系列城市问题（图 1），引发了人们对土地使用和公共卫生的重视。

1916 年，纽约市率先制定了美国第一部全市分区法，即《1916 年分区决议》（1916 ZR）。该法案以分区方式控制建筑物的功能、体量和密度，多采用消极控制的方式进行土地管理，因此造成了建筑形态单一、街道风貌破坏、社区恶性分化、城市无序蔓延等弊端（图 2）。

至 20 世纪 50 年代后，纽约区划土地功能的单调划分转移到对城市美学的关注上来，并引入了如新城市主义准则（New Urbanism Code）和形态准则（Form-based Codes）等思想（图 3）。该阶段的区划也引入了以包容性规划和奖励机制（Incentive Zoning）为代表的规划工具，允许对区划用地进行功能和范围调整，从而促进土地的灵活高效利用。

纵观美国区划发展的进程，其变化的核心要素为控制范围与灵活性。随着城市的建设发展，纽约城市规划的思想和实施控制体系由分区指标的基础范围逐渐扩展，在应对各类城市问题方面形成了日趋完善的法规系统（图 4）。

2.1.2　编制机构

美国区划编制与实施工作主要在地方政府层级运作，各个城市的机构体系不尽相同。以纽约市为例，

图 1　20 世纪初的纽约

控制要素		开发强度	城市形态	基础设施配置	社区营造与保障性住房	泄洪和暴雨管理	规划调整
	控制性详细规划	●	○	●	○	×	×
	传统区划	●	○	×	×	×	×
	有条件分区	×	×	×	×	×	●
	激励性区划	●	●	●	●	×	×
区划工具	形式准则	×	●	×	○	×	×
	精明准则	●	●	●	×	×	×
	新都市主义准则	○	●	×	●	×	×
	叠加区划	●	×	○	●	○	●
	浮动区划	●	●	○	○	○	●
	包容性区划	×	×	×	●	×	×

注：●控制程度较强 ○控制程度中等 ×控制程度较弱

图 3　区划控制要点对比

图 2　消极控制下的城市形态

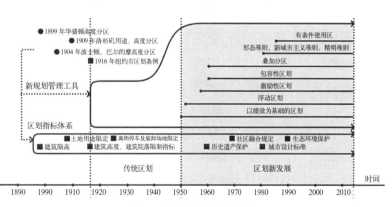

图 4　区划发展历程图示

其区划编制与实施机构主要包括城市规划部、城市区划委员会以及纽约建筑部。

城市规划部（The Department of City Planning）是纽约市主要的土地利用机构，主要负责与社区和政府机构合作制定增长基础框架、提供政策和相关数据的技术援助、协助审批土地使用申请等。

城市区划委员会（City Planning Commission）负责进行与城市有序增长和发展有关的规划，委员会定期举行会议，就城市条例使用、发展和改善不动产的申请举行听证会并进行表决，同时负责环境影响评估等工作。

图5 纽约城市规划部官网
（来源：NYC PLANNING 官网）

纽约建筑部（The NYC Department of Buildings）主要负责解释和执行该市的分区决议。在某些情况下，行政和执法责任会下放给其他具有专门知识的机构，如纽约市环境保护局执行与空气质量有关的工业性能标准、纽约市住房保护和发展局管理住房等。

2.1.3 模范与影响

纽约作为美国区划发展的先锋，在世界范围内具有广泛而深刻的影响力。其区划的具体条文、修改历史、区域范围和位置等细节均能在纽约城市规划部的官方网站上查阅（图5），城市公民和世界范围内的城市规划学者均可以从其中获取有用的信息，受益于纽约城市规划的模范启示（图6）。

图6 纽约城市规划部条目
（来源：NYC PLANNING 官网）

2.2 编制体系

2.2.1 体系内容

美国的城市规划体系包括战略性总体规划（Comprehensive General Plan）和实施性区划法规（Zoning Ordinance）；总体规划覆盖全市，作为区划法规与城市设计导则的参考，对指导城市发展具有指导性、政策性的重要意义，其法律效力以条文形式落实到区划法规中得以实现（图7）。

纽约的城市控制体系包括区划法和城市设计导则。区划法定形式包括区划文本和区划底图，以分级控制的方式规定明确愿景、分区规划、特殊意图区引导等内容（图8），城市设计导则控制一般限于城市重要地区和历史保护地区，其不可量化因素则通过设计审查制度纳入区划法中（图9～图12）。

为了解纽约区划的空间控制方式和实现策略，现选取最具特色且体系完善的建筑高度控制和公共空间控制作为典型策略进行深入探究。

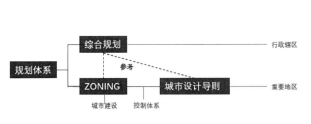

图7 美国城市规划体系
（来源：作者自绘）

图8 区划条文分级控制
（来源：NYC PLANNING官网）

图10 正文中对住宅区的建设引导
（来源：NYC PLANNING官网）

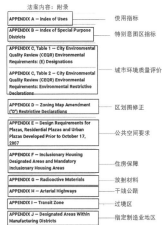

图9 区划条例正文部分
（来源：作者自绘）

图11 正文中对住宅区的建设引导
（来源：NYC PLANNING官网）

图12 区划条例附录部分
（来源：作者自绘）

2.2.2 典型策略

(1) 建筑高度控制

作为世界上高层建筑最多的城市，纽约现有 100m 以上高层建筑 495 栋、200m 以上高层建筑 58 栋，且几乎全部集中于曼哈顿。19 世纪末，城市的迅速发展引发了一系列问题，建筑高度的增加严重影响了城市环境的采光通风，并导致城市空间质量下降。

早期控制以单纯限制沿街高度的方式避免不同土地利用方式相互干扰，其缺乏设计的消极控制造成了大量单调乏味城市环境。1961 年的新《区划条例》采取更多样的措施对城市中的不同功能用地进行高度控制（图 13 ~ 图 15），并在不断完善中延续至今。

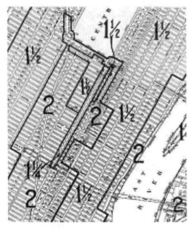

图 13 《建筑分区条例》
（来源：参考文献）

图 14 "结婚蛋糕"式建筑
（来源：Google 图片）

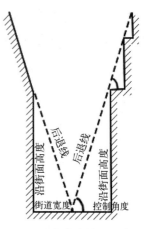

图 15 建筑高度控制示意图
（来源：作者自绘）

①天空曝光面（Sky Exposure Plane）

天空曝光面是用以控制建筑体量的指标平面，从街道线上规定的建筑最大高度开始以一定的斜率向街道内倾斜（图 16），使建筑物在超过街道线的最大高度后依然可以向上建造。在现行纽约区划中，该指标控制被广泛应用于城市中的大部分区域，成为城市体量控制的基础性策略。

②高度和后退控制（Height and Setback Requirements）

首先规定位于街道线的建筑立面墙可以垂直上升的最大高度，在此基础上再规定不得突破的天空曝光面的比率（图 17）。该方式并不控制建筑物的绝对高度，而主要考虑建筑对街道采光通风的影响。

③塔楼规则（Tower Regulations）

主要适用于地价昂贵的城市高密度地块，规定当建筑物的占地面积不超过

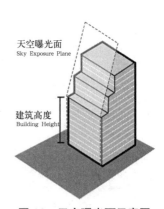

图 16 天空曝光面示意图
（来源：作者自绘）

地块的 40% ~ 50% 时，可以在足量后退的基础上突破天空曝光面的限制要求以保证开发效益（图 18）。

④优质住房计划

该计划主要应用于在现状中已有明显邻里特征和文脉关系的街区，规定在中高密度住宅区和部分商住建筑的底部应形成连续界面，避免因建筑后退不一造成形态散乱，从而保护良好的街区尺度和邻里环境。

(2) 公共空间控制

纽约的城市公共空间控制已经形成较为完善的体系，可以概括为城市、区域、社区三个层级，具体形式包括城市公园、市民广场、社区公园、人行街道、游憩墓地等。出于对私有土地的保护，纽约公共

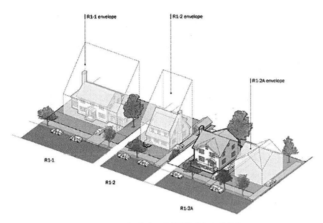

图 17　高度与后退控制示意图
(来源：NYC PLANNING 官网)

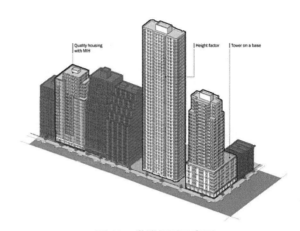

图 18　塔楼规则示意图
(来源：NYC PLANNING 官网)

空间的营造通常需要不同开发商和政府部门的多方协调，衍生出一系列具有针对性的控制策略。

①规划开发单位（PUD）

强调土地兼容性和合理的开发规模，对居住空间的公共绿地组织、街道空间的临街静态交通组织等方面提出要求。

②奖励性区划

为了缓解城市建设前期高福利政策带来的财政危机，政府通过分配规划可以调控的容积率、楼层和建筑面积等指标，鼓励开发商以广场扩建、步行空间优化、置入底层零售业等方式参与公共设施建设。

③开发权转移（Transfer of Development Rights）

诞生于 1960 年前后历史环境保护的背景下，规定开发商可以通过购买特定区域的开发权，并在注入区里进行开发的方式，使未使用的容积率能够自由转移和交易，有效保障了业主开发权益，成为对规划政策灵活性尝试的又一项重大突破。

（3）相关案例分析

①纽约私属公共空间设计控制（POPS）

控制策略：奖励性区划；PUD

私属公共空间指城市公共控制为私人所有的空间，具体形式包括加宽的人行道、开放大厅、下沉广场等（图 19）。奖励性区划策略的实行使得开发商能够将私人权属用地作为公共空间以换取更高的容积率，因此在高密度开发区和居住区被政府高度提倡（图 20）。

然而，在较长的实行时间中，该策略也暴露出一些问题：市场主导的环境导致了城市建设对弱势群体的漠视，两极分化严重；单一控制手段导致单调乏味的方格网空间形态，中心区缺乏活力；市民广场泛滥且缺乏系统，街道连续性破碎（图 21）。

新的纽约区划从公用设施、可达性、慢行交通、休闲场所环境等方面对私属公共空间进行统一控制，以协调私人利益，优化城市空间。具体包括以控制建筑体量、布设座椅等设施的方式增强沿街空间引导性，控制步道高差与人行流线以增强可达性，配置指示和照明设施并用绿地和树木平衡开放空间等。

②纽约市滨水公共空间综合规划

控制策略：滨水地区区划（Waterfront Zoning）

纽约片区水域较多、岸线用地复杂，在土地权属私有的前提下，约 352km 的线性滨水区为公园或私人权属的公共空间，仅少部分被作为城市公共财产开发。

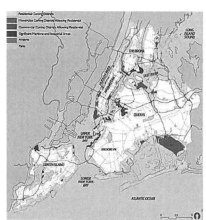

图 19　建筑提供的私属公共空间类型
（来源：参考文献）

图 20　曼哈顿私属公共空间领域分布
（来源：参考文献）

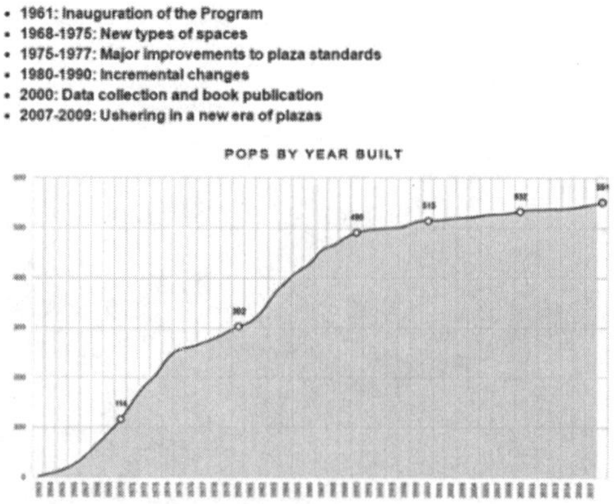

图 21　纽约私属公共空间发展趋势
（来源：参考文献）

　　1993 年，纽约市通过了关于滨水开发的特别分区条例（图 22～图 24），对毗邻海岸线或与海岸线相交的区块项目的形式、规模和位置都做出了明确规定。2009 年对条例进行了重新修订，优化了对公共开放空间的要求，保证其具有满足市民需求的绿地率和良好的吸引力（图 25～图 28）。

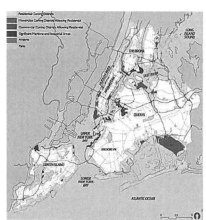

图 22　纽约滨水区公共区域用地
功能规划
（来源：参考文献）

图 23　滨水空间海运和功能区
控制边界
（来源：参考文献）

图 24　滨水空间分区规划
（来源：参考文献）

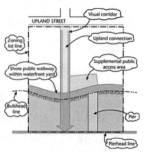

图 25　滨水建筑后
退实例
（来源：NYC
PLANNING 官网）

图 26　滨水公共空间
（来源：NYC PLANNING 官网）

图 27　滨水步道实例
（来源：NYC PLANNING 官网）

图 28　滨水步道建设要求
示意图
（来源：NYC PLANNING 官网）

2.3　案例分析

2.3.1　12c 区划：居住区的活力与包容

（1）区域概述

12c 区位于曼哈顿区东南部，是纽约市建设开发较早的地段之一，开发强度较大、人口密集（图 29、图 30）。现分析区划政策变动对城市空间的影响，探究多样性居住社区的塑造过程（图 31）。

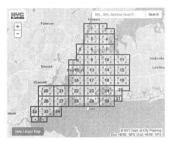
图 29　12c 区位图
（来源：NYC ZOLA）

图 30　现状用地
（来源：NYC ZOLA）

图 31　街道实景图
（来源：Google 图片）

（2）发展阶段

阶段 I：1961—1969 完整街区与风貌控制

在 1961—1969 年间，区域用地在保持西部混合功能、东部中强度居住的基础上，以调整道路等方式对功能地块进行了一定的整合，同时在北部设立最初的商业限制区（Special Limited Commercial District，LC），以确保功能地块完整性和城市风貌（图 32、图 33）。

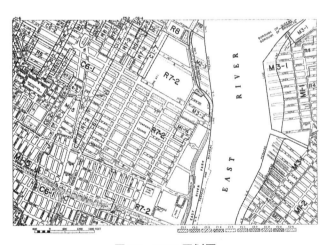
图 32　1961 区划图
（来源：NYC PLANNING 官网）

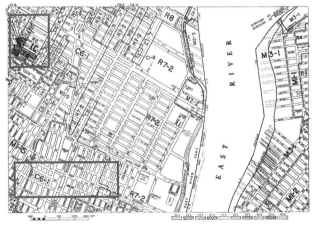
图 33　1969 区划图
（来源：NYC PLANNING 官网，作者自绘）

作为特殊意图区中最为重要的一种类型，特殊商业区分为商业促进区（Special Enhanced Commercial District，EC）和商业限制区两类，其中鼓励商业发展的商业促进区占整体的较大部分。

作为重点保护历史风貌的特殊意图区，商业限制区对业态与历史风貌的兼容性均提出严格要求，中止了曼哈顿高速公路计划、作为"社区保卫战"成果的格林威治村即为典例。区域内的所有商业用途都被要求处于完全封闭的建筑物中，并采取疏通人流、保护零售业、优化土地利用等措施（图 34、图 35）。

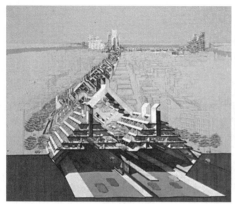

图 34　高速公路修建计划
（来源：Google 图片）

图 35　下城区特色建筑
（来源：Google 图片）

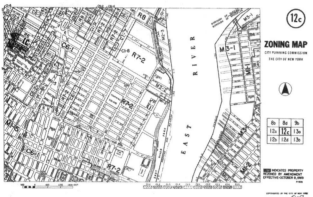

阶段Ⅱ：1969—1997 特殊意图区与住房对策

在此阶段中，收入、种族等因素导致的城市居住区隔离现象日渐严重，低收入家庭购房困难，城市开始面临基础居住功能混乱和社会失衡的危机。

为了应对城市问题，大面积用地的功能被进一步细分混合以保证地区活力。南部、北部地区设置了更多控制商业的特殊意图区，旨在保护和加强与市中心接壤的社区的居住特征、保持多层次收入组合。特殊的住房政策开始在开发强度最高的 R10 地区实行，包容性区划即为其中实施时间较长、对城市影响较大的一种（图 36、图 37）。

该策略可追溯至纽约市为低收入区范围家庭提供补贴的"可负担住宅"（Affordable Housing）政策（图 38、图 39），首先实行的是 1987 年的 R10 计划。

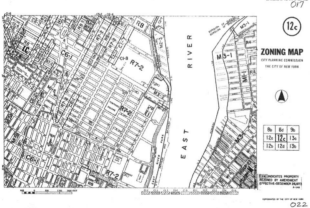

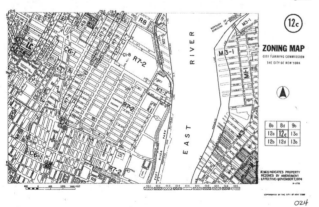

图 36　12c 区 1969—1997 区划图
（来源：NYC PLANNING 官网）

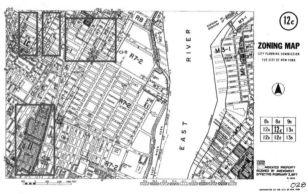

图 37　1969—1997 区划变化图
（来源：NYC PLANNING 官网，作者自绘）

政策类型	年代	具体内容	人群要求	运营
公共住宅	1935 年	为 40 万居民提供可负担住宅	收入低于 80%AMI	收入提高后不必搬出
住房补给券	1974 年	发放住房补给券	收入低于 50%AMI 收入的 20% 可覆盖房租时则搬出	签订 10~20 年合约
低收入住房税费优惠	1980 年以后	开发方将住宅面积的 20% 作为可负担住宅，可获得高额税费优惠	居民申请由抽签决定	有效期 30 年

图 38　可负担住房政策
（来源：作者自绘）

收入分级	AMI 水平	租金水平／美元
特低收入	0~30%	629
极低收入	31~50%	629~1049
低收入	51~80%	1050~1678
中等收入	81~120%	1679~2517
中位收入	121~165%	2518~3461

图 39　收入水平与租金水平关系表
（来源：作者自绘）

R10 为纽约区划住宅功能区中开发强度最高的地区，集中分布于曼哈顿；计划内区域可选择提供 20% 的经济适用住房，以使最大容积率由 10 增加到 12（图 40）。该计划通过激励性控制开发强度的方式，在一定程度上缓解了城市住房紧张的问题。

阶段 III：1997—2019 功能混合与住房对策更新

在该阶段，地块功能和社区人群的混合成为提升社区活力的主要手段（图 41、图 42）。北侧传统社区周边的特殊意图区和包容性区划的范围进一步扩大，东河对岸区域设置了全新的用地类型特殊混合使用区（MX）。

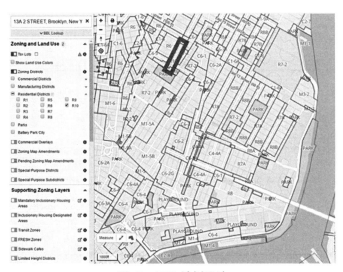

图 40　R10 计划用地
（来源：NYC ZOLA）

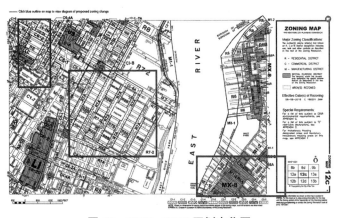

图 42　1997—2019 区划变化图
（来源：NYC PLANNING 官网，作者自绘）

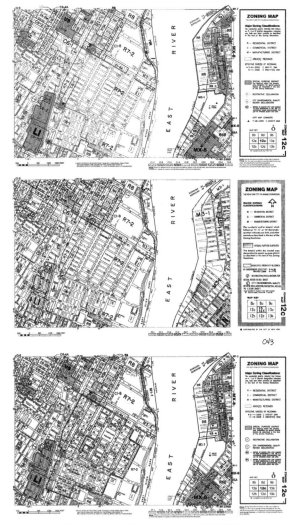

图 41　12c 区 1997—2019 区划图
（来源：NYC PLANNING 官网）

特殊混合使用区（MX）为产住混合型的特殊社区，规定产住混合的新开发项目可享受免审批的开发权利，通过激励空间混合使用的方式平衡了居住需求、生产需求和空间闲置现状之间的问题，促进轻工业与城市发展结合，从而高效利用空间资源。此外，针对特殊人群的功能需求，纽约还划定了曼哈顿下城SOHO&NOHO 区的艺术家特区等其他类型的特殊混合使用区，营造出独特的城市风貌（图 43 ~ 图 45）。

图 43　闲置厂房改建居住建筑　　图 44　SOHO&NOHO 区　　图 45　SOHO&NOHO 区实景
（来源：Google 图片）　　　　　　（来源：NYC ZOLA）　　　　　（来源：Google 图片）

在住房政策方面，该阶段的措施充分吸取了以往的成功经验，并在政策的针对性和灵活性上做出了适时调整。2005 的"包容性住房指定区域计划"（Designed Area Program）以开发强度奖励促进中高密度社区内的经济适用房建设；由于未进行建设的区域只能获得相较于无计划区域更小的基础容积率，奖励容积率的收益通常远高于成本（图 46 ~ 图 48）。

图 46　包容性住房指定区域计划
（来源：NYC ZOLA）

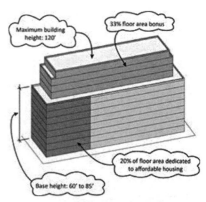

图 47　容积率奖励示意图
（来源：NYC PLANNING 官网）

分区		R6[1]	R6[2]	R6[2,3]	R6A	R6B	R7-2[1,3]	R7-2[2]	R7A	R7D	R7X	R8[1,3]
无计划区域容积率		2.20	3.00	2.43	3.00	2.00	3.44	4.00	4.00	4.20	5.00	6.02
计划区域	基础容积率	2.20	2.70	2.70	2.70	2.00	2.70	3.45	3.45	4.20	3.75	5.40
	最大容积率	2.42	3.60	3.60	3.60	2.20	3.60	4.60	4.60	5.60	5.00	7.20

图 48　容积率与用地属性的关系
（来源：整理自 NYC PLANNING 官网）

随着居民家庭结构缩小和住宅的逐渐退出，为应对户型需求不匹配、住房数量减少导致的可负担住宅短缺问题，2014年5月，纽约市推出了新住房计划。这项为期十年的政策致力于扩大可负担住宅的供应，以调整配建比例的方式扩大受益群体范围，使中位收入家庭也能享受住房补贴。为此，该计划在维护修缮现有可负担住宅的基础上提出进一步挖掘土地潜能的策略，包括城市土地再开发、棕地整理、土地功能转换、完善设施建设等措施。

（3）总结

纽约居住社区的规划发展从分异走向融合，融资途径从单一的政府财政转向激励性政策引导的多元化渠道，政策从提供直接援助转为鼓励目标主体参与整体社区的开发建设。

与政府财政包揽问题的方式相比，市场激励手段能充分、高效地调动各方面的积极性，但同时也带来了一些问题。为了争取住宅建设面积以适应中产家庭的需要，开发商大幅提高可负担住宅的比重，建造了许多大体量、高密度并伴随社区士绅化的住宅区，因其不适宜居住的特性而被称为"空气稀薄的可负担住宅"。该区域开发中采取的有效手段及其引发的相关问题，都值得当今规划体系参考与反思。

2.3.2 8b区划：工业遗产的开发再生

（1）区域概述

高线是纽约曼哈顿西区最具活力的工业区，一度对整个纽约的货运交通改善做出了重大贡献，并随20世纪50年代高速路网的完善面临废弃（图49）。区域在发展建设的进程中协同各方、不断变革，最终成功转型为曼哈顿西区的特色地标。

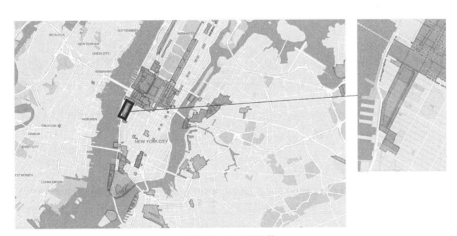

图49 8b区区位
（来源：NYC PLANNING 官网）

（2）发展阶段

阶段Ⅰ：1961—1964年单一功能分区

1900年，区域工业功能逐渐衰败，大量高档小区被低收入人群的住房替代，直到1934年随着高线的开通逐渐恢复活力。20世纪五六十年代，该片区因工业萧条再次衰落，随着大批保障性住房的修建转为工业、居住混合区。

阶段Ⅱ：1964—2005年混合功能开发

1999年，非营利组织"高线之友"（FHL）建立了高线公园。由于FHL极大地激发了当地企业和居民的保护积极性，原应负责管理的纽约市公园管理局给FHL颁发了运营管理执照，实现所有权与经营权的分离（图50、图51）。

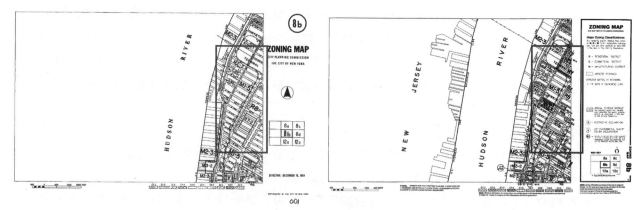

图50 8b区 1964—2005 年区划图

（来源：NYC PLANNING 官网）

阶段 III：2005 年至今开发权转移

为鼓励高线公园开发，纽约市通过"通知"或"许可"的方式简化程序，把这一区域的开发强度转移到外围西切尔西特别区，以"基础开发面积＋额外奖励"的方式计算容积率，在以税收补充建设资金的同时实现空间的充分利用（图51）。

图51 8b区 2005 年至今区划图

（来源：NYC PLANNING 官网）

（3）总结反思

高线公园（图52、图53）的建成开放有力刺激了私人投资，并成为重振曼哈顿西区的标志，其具体策略可以在工业遗产的存量更新方面为我国的控制性详细规划变革带来经验启示：以市场为主导推进所有权与经营权的分离；通过开发权转移平衡城市的保护和整体开发；公共主导下"多元参与"的开发管理机制等（表1）。

图52 8b片区鸟瞰图

（来源：Google 图片）

图53 高线鸟瞰图

（来源：Google 图片）

12c 区、8b 区比较表 表 1

分区	12c 区	8b 区
尺度	大	小
特点	混合居住区，复杂环境	工业遗产区，衰退环境
过程	完整街区与风貌控制—特殊意图区与住房对策—功能混合与住房对策更新	单一功能使用—逐渐混合开发—强化特别意图设置
区划工具	可负担性住宅、特殊意图区、容积率奖励、混合使用	开发权转移、容积率奖励、特殊意图区、混合使用
效果	居住导向的混合开发，渐进式更新	旧工业区的创新开发，公共重塑

3 我国控制性详细规划体系概述与对比分析

3.1 我国控规体系概述

中国的控制性详细规划产生于 20 世纪 80 年代，最初仅以单纯设计体量的方式制定规划管理依据，中期开始通过量化指标进行抽象控制，最终形成了结合文本、图则及法规的成果体系，以为各地块指定详细的规划指标作为法定依据，直接引导和控制地块内的各类开发建设活动（图 54）。

近年来，随着"多规合一"工作的开展，控制性详细规划部门也将统筹考虑各类规划的协同，形成新的工作机制。

3.2 对比分析

美国纽约区划设立较早，其内容从初期消极的土地利用导向发展为兼顾功能控制、城市设计、历史文化保护、社会公平等多个方面的综合性法规。中国的控制性详细规划在很大程度上参考了美国分区规划的经验，但在发展水平上仍然存在很大的差距，同时也面临着许多美国在城市建设过程中经历过的问题。

3.2.1 策略制定——从宏观到微观

我国传统区划以明确划分功能地块为基本理念。以上海闵行区土地利用规划为例，片区以约 1km×1km 路网尺度划分方形地块，每个地块中基本为单一控制标准（图 55）。

此类在微观层面设计不足的方式曾广泛应用于纽约市区划实行前期，容易使微观区域功能单一并带来利益纠纷，

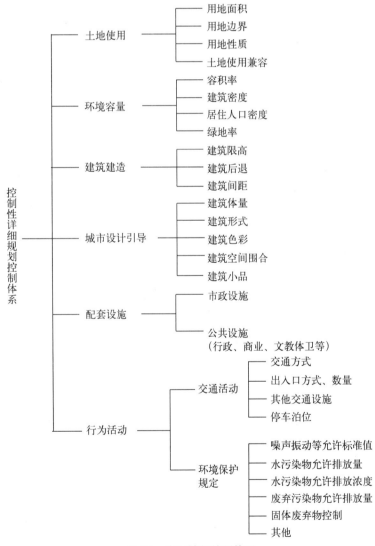

图 54 中国控规编制体系
（来源：参考文献）

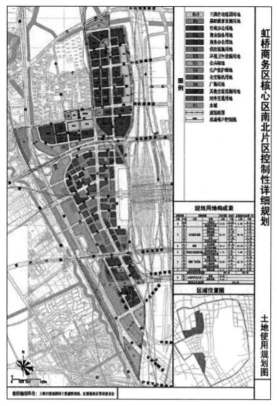

图 55　上海虹桥商务核心区控制性详细规划
（来源：参考文献）

导致控规及法定图则陷入调整频繁、执行困难的窘境，使区域表现出强烈的排他性。

20 世纪末，部分未遵守传统区划条例区域的活力复兴引发了广泛反思，许多塑造城市形态、强调传统街道的区划工具被引入其中，将提倡用地兼容性落实在住区规划中，同时以风貌控制确保城市的多样性和美学价值（图 56、图 57）。

因此，国内应当引入微观精确控制的概念，针对不同地段进行功能布局与城市设计，营造高质量的城市空间，构建城市风貌。

3.2.2　实施方法——从政府主导到多方合作

在完全市场经济的背景下，纽约市土地权属复杂、涉及利益群体众多，区划实施面临很多障碍；因此运用了很多基于实际问题的规划工具，最具特点的即为通过调整开发权激励建设者履行城市公共建设的职责，以充分调动各方面积极性、共同解决城市问题（图 58）。

目前中国的大型公共服务设施多由政府部门投巨资进行建设，规模较大、用地集中，与社区居民生活相结合的引导考虑较少（图 59）。在考虑土地利用背景差异的基础上，可以参考纽约区划中处理利益博弈的思路协调各方，促进规划有效执行。

3.2.3　实施过程——从封闭体系到开放协同

我国的城市规划为"自上而下"体系，由于成果的专业性较强，公众参与形式大多停留在过程型、建议型阶段，处于阿恩斯坦"市民参与的阶梯"中不参与决策的较低层级，属于象征性的"伪参与"。成套的控制指标措施缺少动态灵活的调整机制，使得规划难以应对利益群体诉求和现状变动进行调整，进一步加剧了整个体系的封闭性。

图 56　纽约市土地利用规划
（来源：NYC PLANNING 官网）

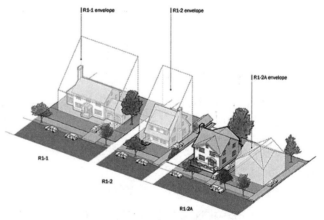

图 57　纽约 R2 区住宅高度控制
（来源：NYC PLANNING 官网）

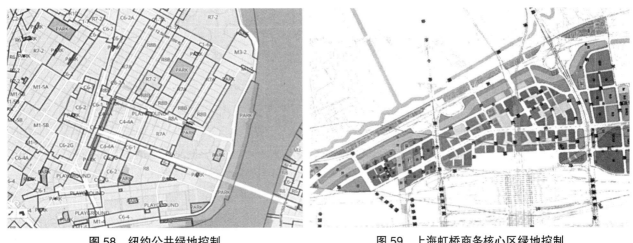

图 58　纽约公共绿地控制
（来源：NYC PLANNING 官网）

图 59　上海虹桥商务核心区绿地控制
（来源：参考文献）

　　在纽约的区划体系中，纽约规划部网站提供了结合 GIS 的用地区划开放平台 ZoLa 以降低公众参与门槛（图 60），任何人都可以对区划提出修改案，在通过公众审查和市议会批准后即可生效；调整部分可以使用特殊规划工具（图 61），在不对原有区划进行大范围调整的基础上通过叠加分区对指标进行再分配，从而实时调整规划指标。

　　在公众参与度较低的当下，优化信息获取渠道、开放参与平台是促进公众参与的初步手段。在确保控规体系完整、更新及时的前提下，可以将其与各种直观可视性技术手段相结合。

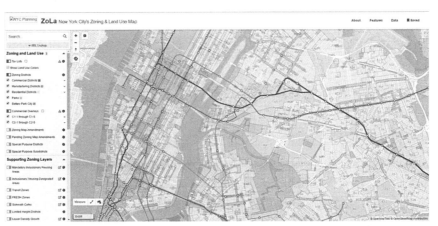

图 60　ZoLa 系统界面，从左至右依次为图层管理器、地图界面和区划条文链接
（来源：NYC ZOLA）

图 61　纽约保障性住房规划工具控制片区
（来源：NYC PLANNING 官网）

4 国土空间规划语境下美国控规体系的当代解读

4.1 国土空间规划体系下的控规要求

4.1.1 上位对接要求

以往，控规编制突破上位规划约束的现象时常出现，同时也带来了编而不批、编而不用、忽略可操作性等问题，往往导致规划编制与实施整体效率降低。

在"多规合一"的背景下，作为承接宏观发展与具体城市建设的中间环节，控规必须在总体控制、系统控制和地块控制层面严格与上位规划对接，最终起到承上启下的作用，指导规划的建设和实施。

4.1.2 控制层次要求

在中国城市发展初期，城市建设以新区扩张为主，控制性详细规划也多注重新地块、新城区的建设，最终形成了大规模蔓延的量产城市空间。

在国土空间规划新时期，城镇建设空间被严格限制，城市更新与存量建设用地利用成为控规设计的重点；控规也应采取功能混合和交通系统改善等方式，引入城市设计方法，强调土地的集约利用。

4.2 适用性分析与前景展望

4.2.1 中美控规应用的背景差异

美国的区划随着城市建设的进程不断发展，体现出了针对不同发展阶段和问题的修正探索。但是由于国情、政体和城市发展水平不同，该规划体系并不能完全适用于我国现状。

由于国情差异，美国分区规划的起点和根本原则都是维护土地私有基础上的主体利益，往往面对用地权属复杂、集中项目难以推进等问题。

由于政体差异，纽约规划部门更容易受到其他因素的影响，决策变更、政府人员变动、政治活动均可能导致城市建设项目实施或终止。

作为最早实行分区规划的城市，纽约的城市发展阶段也与中国当前的大部分城市存在差异，其强针对性的解决策略未必与我国当今的发展状况相适应。

4.2.2 借鉴经验与前景展望

在国土空间规划背景下，以纽约为代表的美国区划尚有我们值得借鉴的经验，其对于多样复杂用地的细微落实可在整体管控和城市内生增长方面提供参考，规划管理单元可以逐渐向精细化的小尺度逐渐过渡，以实现用地潜力的深层次开发，多方协作机制和公众参与 ZoLa 系统的建构有利于深化发展规划协同效应。在从纽约分区规划的技术工具和管制方法中吸取经验的同时，也应当结合国情进行针对性调整，使政策自身具备适应性特征，确保控规的制度架构、技术创新和实施策略能够充分顺应时代发展的需求。

参考文献

[1] 章征涛，宋彦．美国区划演变经验及对我国控制性详细规划的启示 [J]．城市发展研究，2014，21（09）：39-46.

[2] 曹哲静．美国区划对城市公共空间的控制及对中国的启示：以纽约区划控制体系和纽约滨水空间为例 [C] // 中国城市规划学会，沈阳市人民政府．规划 60 年：成就与挑战：2016 中国城市规划年会论文集（12 规划实施与管理）．北京：中国建筑工业出版社，2016：262-272.

[3] 韩朋序．国际化先进城市最新发展规划研究及城市发展指标体系构建：以纽约、伦敦、新加坡、香港、上海为例 [C] // 中国城市规划学会，杭州市人民政府．共享与品质：2018 中国城市规划年会论文集（14 规划实施与管理）．北京：中国建筑工业出版社，2018：858-871.

[4]　孙骅声，蔡建辉. 美国纽约市区划决议（1993 年修订本）的几个特点 [J]. 国外城市规划，1998（04）：41-42.

[5]　李强，王珊. 纽约的分区制及其启示 [J]. 城市规划学刊，2005（05）：95-97.

[6]　王珺. 纽约的区划法规及其对中国城市建设的借鉴 [J]. 上海城市管理职业技术学院学报，2009，18（06）：80-83.

[7]　蔺雪峰. 纽约区划条例简介 [J]. 城市，2001（01）：30-32.

[8]　吕品. 纽约市土地利用审批管理机制的启示 [J]. 城乡建设，2017（14）：63-65.

[9]　杨浚，边雪. 从规划编制到实施监督的贯通与协同：兼论北京国土空间规划体系的构建 [J]. 北京规划建设，2019（04）：10-14.

[10]　韩莉莉. 空间规划体系重构背景下天津市控规体系优化探索 [C]∥中国城市规划学会，重庆市人民政府. 活力城乡 美好人居：2019 中国城市规划年会论文集（15 详细规划）. 北京：中国建筑工业出版社，2019：133-145.

[11]　严超文. 新时代背景下控制性详细规划评估方法研究 [C]∥中国城市规划学会，重庆市人民政府. 活力城乡 美好人居：2019 中国城市规划年会论文集（15 详细规划）. 北京：中国建筑工业出版社，2019：330-336.

我国国土空间规划督察要点思考
——基于荷兰空间规划督察经验

于　洋　李艺琳*

【摘　要】从土地督察到自然资源督察，督察机构职责定位、督察内容和督察方式都发生了明显变化。开展国土空间规划督察是自然资源督察机构的一项主要职责和任务，通过督察可有效推动国土空间规划体系落地。本文首先梳理目前我国国土空间规划督察工作现状及面临的挑战，在借鉴荷兰相关督察制度经验的基础上，提出我国国土空间规划督察工作需要进一步整合各类督察任务，优化调整原土地督察方式；加强相关资源督察综合立法，推进督察机构独立；平衡央地权责关系，转变督察工作思路；引导社会力量积极参与，建立反馈机制及完善信息化平台，构建动态督察系统。

【关键词】土地督察；自然资源督察；国土空间规划督察；荷兰相关督察制度

1　引言

国土空间规划改革是在生态文明建设新理念下，党中央和国务院提出的重大改革之一。其重要内容是将主体功能区规划、土地利用规划、城乡规划等空间规划融合为统一的国土空间规划，实现"多规合一"。《中共中央　国务院关于建立国土空间规划体系并监督实施的若干意见》强调，国土空间规划是国家空间发展的指南、可持续发展的空间蓝图，是各类开发保护建设活动的基本依据。

国土空间规划的顺利实施离不开督察工作，建立完善的国土空间规划督察体系既有利于推进生态文明制度落实、实现社会高质量发展和人民高品质生活，同时也是国土空间治理体系和治理能力现代化的基本要求。然而当前我国国土空间规划督察工作面临艰巨的挑战，以土地领域为例，据国家自然资源督察机构于2019年开展的全覆盖耕地保护督察统计，共发现各类问题2.01万个，涉及土地面积714.42万亩，其中违法违规占用耕地114.26万亩。探索国土空间规划督察工作如何又快又好进行，既十分重要，又非常必要。

目前国内关于国土空间规划督查的研究比较少，本文首先梳理目前我国国土空间规划督察制度的发展历程与组织架构，分析督察工作面临的问题与挑战，之后通过介绍荷兰空间规划督察制度的经验，为我国国土空间规划督察工作提供借鉴与思考。

---

　*　于洋，中国人民大学公共管理学院城乡发展与规划系副教授。
　　李艺琳，中国人民大学公共管理学院城乡发展与规划系硕士研究生。

2　国土空间规划督察发展历程及问题挑战

2.1　自然资源督察发展历程与组织架构

2004 年国务院提出"完善土地执法监察体制，建立国家土地督察制度，设立国家土地总督察，向地方派驻土地督察专员，监督土地执法行为"①要求。2006 年国务院办公厅发布《关于建立国家土地督察制度有关问题的通知》（国办发〔2006〕50 号），规定国务院授权国土资源部代表国务院对各省、自治区、直辖市，以及计划单列市人民政府土地利用和管理情况进行监督检查，土地督察制度正式启动。

2018 年 3 月国家机构进行改革，组建自然资源部，将原国土资源部的土地督察、国家海洋局的海洋督察、住房和城乡建设部的规划督察等职责一并整合为自然资源部的自然资源督察职责。② 9 月，自然资源部公布《自然资源部职能配置、内设机构和人员编制规定》，确定在原国家土地督察机构基础上，成立国家自然资源督察机构，至此国家土地督察机构向自然资源督察领域实现角色转变。

自然资源督察相对土地督察而言，体制与格局基本没变。原土地督察机构由国家土地总督察办公室及 9 个派驻地方的国家土地督察局构成。土地督察宗旨是要维护和增进土地资源利用与保护社会整体利益，即国家利益。从"土地督察"工作性质来讲，国家土地督察机构不能取代地方政府土地利用和管理职权，只是对其履职情况进行监督。其运行与设计的逻辑在于土地督察机构通过相对独立的方式监督地方政府的土地利用与管理行为，促使地方国土部门摆脱地方政府掣肘。该运行机制是典型的运动式治理逻辑，通过打断、叫停国土资源系统中按部就班的常规运作过程，以自上而下、政治动员的方式调动各方资源、力量和注意力，整治、突破甚至替代原有科层体制中的常规机制，以落实中央法律法规与政策方针。

2019 年 5 月，自然资源部印发的《各派驻地方的国家自然资源督察局职能配置、内设机构和人员编制暂行规定》，明确各派驻地方的国家自然资源督察局内设机构由办公室、督察统筹室、督察监督室和各督察室四部分组成。与土地督察时期有所不同的是，督察统筹室和督察监督室是新设立的处室，取代了原来的调研处和审核处。其中，督察统筹室主要负责统筹管理督察业务，统一实施自然资源督察有关工作的衔接；拟订督察工作计划和实施方案，担负督察业务制度建设，提出组织实施建议；承担督察成果的汇总、分析、上报、利用及督察调研、信息化等工作。督察监督室职责包括对督察业务的监督检查；对督察工作计划和实施方案执行过程和质量的监督；拟订督察业务质量管控规范和标准；负责督察文书及约谈、移交移送、限期整改等建议的审核和实施情况的监督；对重大问题组织开展督察，组织办理领导批办、突发应急等业务相关事项以及牵头组织办理行政复议、诉讼、举报线索处理等工作。前四项职责是崭新的，后两项职责是与过去土地督察时期审核处的职责共通。可见，监督室的工作内容贯穿于各项督察任务实施的全过程，包括在督察任务完成后对督察成果的质量管控与应用。

2.2　国土空间规划督察面临的问题与挑战

部门整合后，原土地督察存在的部分问题会被解决，如：依靠技术平台"一张图"，实时监测共享，可以有效缓解外部监督缺乏的问题。但仍有相当一部分问题继续存在，如督察与被督察的矛盾长期存在。在过去的土地督察过程中，因为职责不同，所占的位置不同，具体的工作目标也不同，督查机构和地方政府在积极配合中难免有摩擦和需要协调的问题。督察问题时，有的表面配合，实际上"软"抵制，甚

---

① 《关于深化改革严格土地管理的决定》（国发〔2004〕28 号）
② 《关于深化改革严格土地管理的决定》（国发〔2004〕28 号）

至搞"敷衍整改""虚假整改",反督察的能力越来越强。无论是一直存在的问题还是新衍生的问题,都是国土空间规划督察重点思考的内容。

2.2.1 督察人员编制数量与督察任务不匹配

部门整合后,自然资源督察领域大大拓展,涉及土地督察、矿产督察、规划督察、海洋督察、自然保护地督察等多个方面,需要督察人员整合各类资源督察任务。国土空间规划督察作为自然资源督察的重要内容,既要对地方政府落实党中央、国务院关于自然资源和国土空间规划的重大方针政策、决策部署及法律法规执行情况进行督察,又要对"三区三线"管控、主要控制指标落实情况进行督察,还要对空间规划编制和实施情况进行督察。相较原土地督察,增加了许多新的督察业务。

根据"三定"方案(表1),自然资源部向地方9个督察局派驻行政编制人员336名,司局级领导职数64名(9个督察局按1正2副配备,对应的37个被督察单位各配备督察专员1名)。各督察局办公室人员编制最多的8人,最少的4人,意味着督察人员要面对"一岗多责",非常容易出现"事随人走"、换岗不换工作的局面。面对部分崭新而繁重的督察任务,督察人员容易出现因能力不足而引发本领恐慌的情况。

"三定"方案中9个派驻地方自然资源督察局的机构及人员编制情况　　表1

督察局	编制数	办公室	统筹室	监督室	一室	二室	三室	四室	五室	六室
北京局	48	8	5	4	4	4	5	5	5	
沈阳局	38	6	5	4	4	4	4	4		
上海局	42	6	4	4	4	4	4	4	4	
南京局	34	8	4	4	4	4	4			
济南局	30	4	4	4	4	4	4			
广州局	35	4	4	4	4	4	4	4		
武汉局	33	6	4	4	5	4	4			
成都局	36	5	4	4	4	4	4	4		
西安局	40	4	4	3	4	4	3	3	3	3

2.2.2 督察部门独立性不足

在组织领导工作方面,自然资源督察继承了原土地督察模式,自然资源总督察由自然资源部部长兼任,副总督察由副部长兼任。国家自然资源督察相对于地方政府具有一定独立性,但派驻地方的督察局的机构规格为正司局级,在监督省级或副省级政府时会出现"小官管大官"级别不对等的情况。除此之外,在地方自然资源督察局,督察人员一方面检查地方自然资源管理工作,另一方面又依靠地方部门开展审核工作。受人手限制,督察局的工作人员相当一部分借调自地方原国土部门。督察机构与地方政府及其职能部门的强烈交叉致使督察在实施过程中存在众多缓冲和模糊的空间,制度独立性受到影响。

除此之外,自然资源督察仅向自然资源部直接报告,报告内容会受到自然资源部党组的限制,而自然资源督察的报告难免会涉及自然资源部相关政策的不适宜性,最后对国务院的报告,是在妥协各方利益之后的间接报告,报告内容的客观性也面临挑战。

2.2.3 法律依据不充分

机构改革之前,自然资源和规划管理分散在多个部门,不仅各部门间存在政策法规冲突的情况,部门内部也依然面临长期无法可依的问题。

以原土地督察部门为例，原土地督察机构工作的依据仍然是主要由国办发〔2006〕50 号文件界定，该文件虽然由国务院颁布，但性质上并不属于规范性法律文件的范畴，效力层级上低于法律及行政法规。直至 2019 年 8 月修订新《土地管理法》，才将已实践十三年的土地督察制度正式上升为法律制度。

机构改革后，自然资源督察在职责方面尚未划分明晰的界线，各类督察领域的职权范围需要通过立法将有关调整内容进一步明确。目前各地方自然资源督察局之间工作开展的范围、程度不一，对发现的问题提出的整改标准也不尽相同，部分地方督察局除审核、督促纠正整改的权力外，对调查、检查等权力没有明确规定。

2.2.4 保护性督察思路限制城市发展

原土地督察工作重点为加强对地方政府耕地保护责任目标落实情况、永久基本农田动态监管情况、耕地占补平衡落实情况、高标准农田建设责任落实情况监督检查，工作思路简洁但也反映出该督察工作呈现出以"耕地保护"为主线的静态思维模式。除此之外，土地督察根据地方的违法用地情况对主管官员进行严厉的问责，表现出刚性执法的特点。这种方式虽然对遏制地方土地违法行为起到一定的作用，增加了土地督察部门的权威性，但某种程度上对城市的动态发展是一种限制。

国土空间规划督察也依旧面临刚性与弹性督察的平衡问题，实质上也是央地目标不一致的反映。从中央目标来讲，国土空间规划督察就是要保护国家自然资源和宏观政策的落实，而地方政府的目标在于通过对稀缺的自然资源的利用和管理促进该地区经济社会的发展。处理不好保护与发展这两者关系，督察工作的开展势必受到极大阻碍。

2.2.5 外部监督力量薄弱

无论是土地督察还是城乡规划督察，外部监督力量都很薄弱，公众参与性不足。土地督察部门没有设立诸如听证会之类的社会监督渠道，督察缺乏自下而上的监督机制。虽然每年国家土地总督察办公室会发布一次国家土地督察公告，但该公告主要揭露和查处问题，对于督促地方整改，追究相关单位的责任等方面并没有涉及，督察成果没有向社会完全公开。城乡规划督察虽然相较土地督察注重从社会渠道获取信息，如采取列席会议、查阅文件、约谈知情人、接受群众举报、听证会等方式，但竭力避免与权力正面冲突的督察员主观上并不愿采用群众举报的方式而破坏与地方政府的合作督察关系。

仅仅依靠自上而下的监督推动容易导致督察工作进入疲怠期，督察人员倦怠、素质参差不齐，地方整改不到位的情况。国土空间规划督察目前需要健全公众监督机制，以解决当下对工作内容、工作机制、违法违规行为的处理，问题的整改不到位等外部监督薄弱的问题。

3 荷兰空间规划体系概况

3.1 荷兰空间规划体系的构建

荷兰土地资源稀缺，且人口密度稠密（超过 400 人 /km²）。但长期以来，荷兰的空间环境品质受到广泛的认可，其空间规划管理体系发挥了重要作用。荷兰空间规划体系分为国家、省和市三个层次。国家层面的规划主要解决核心决策问题，包括国家空间战略等；省级空间规划本质上是区域规划；市级层面的规划包括结构规划与土地利用规划，主要解决不同土地利用的分配和使用方案，该规划对地方开发建设活动具有绝对的约束力，是整个规划体系的关键。

2008 年前，荷兰先后编制过五次国家级空间规划，培育出若干重大空间概念并在各政府层级与部委中得到较好应用。2008 年荷兰对《空间规划法》进行修编，为了简化编制程序，"结构愿景"（Structure

Vision）替换了原来的"国家重大规划决策报告"。由于"结构愿景"作为指导性文件，不具有法律效应，无法对地方政府战略规划及土地利用规划进行强制性干预，于是"介入性用地规划"工具被引入。

2010 年，荷兰进行机构改革，住房、空间规划和环境部（VROM）正式解体，成立基础设施和环境部。该部的职能主要包括三个方面：政策、实施和监察。该部拥有若干附属机构和大量的专职规划咨询人员，约有 8000 名雇员。

2012 年，基础设施和环境部颁布的《国家级基础设施和空间愿景规划》简化了与国家利益直接相关政策的清单，取消了上级对下级规划的审批。下级政府独立性进一步增强，同时上级政府对地方规划的指导与反馈意见也增加了。

2014 年，基础设施和环境部向议会提交了《环境规划法》（*Environment and Planning Act*）法案，该法案在 2016 年通过，于 2020 年 1 月 1 日生效。该法对住宅、空间、交通、自然环境等方面 35 部法律和 240 部法规进行整合，各种准建证合一为"环境许可证"。至今荷兰仍不断探索新的《环境和规划法》和"环境规划"，旨在整合更广泛的部门利益，恢复各级政府和民间社会之间的合作，并使规划规则（特别是有关环境法的规则）更简单、更有效。建立"多规合一"的国土空间规划体系，是我国在自然资源和空间规划领域推行的改革方向，我国可对荷兰空间规划相关经验进行借鉴。

3.2　荷兰空间规划体系的两个平衡

3.2.1　空间协调与经济发展平衡

荷兰空间规划体系的关注重点从空间协调到注重经济发展。1965 年《空间规划法》奠定了荷兰规划体系制度基础，在此背景下荷兰更多地关注空间协调而非经济开发，市场化程度很低。自 21 世纪初以来，国家政府在其规划战略中普遍采取了过度发展和放松管制的立场，荷兰国家行政政策科学委员会提出：政府不应该通过法规来控制发展，而应该积极地促进发展。在第五次国土空间规划中，认为经济社会的发展变化会产生对空间的不同需求及对空间规划的不同要求。之后的"空间备忘录草案（2004）"中也提出要"创造发展空间：下放一切可以下放的，集中一切需要集中的"。2012 年出台的《国家基础设施战略与空间规划报告》提出，荷兰 2040 年的目标是"有竞争力、可达、宜居和安全"。该报告使用大量经济概念替代了空间概念，主要目的也是促进经济增长。可以看出，荷兰空间规划在注重空间协调的基础上，不断强调要促进经济发展和提升区域竞争力。

3.2.2　集权与分权平衡

荷兰传统的空间规划体系是，国家政府制定国家重大规划决策；省政府制定省域战略规划；市政府制定结构规划，并在省政府的批示下制定土地利用分区规划。2008 年推行的新的《空间规划法》强调分权的同时又赋予中央、省级政府"介入性用地规划"这个新型工具。

一方面，新空间规划法重新划分了不同政府层级的职责，中央政府将审批权下放，下级政府的规划只要符合国家空间规划战略总体方针并通过地方议会审批，地方政府便可独立编制并实施规划。除此，国家级空间规划的管制内容被弱化，进一步放松对下级规划的约束。

另一方面，中央和省级政府通过"介入性用地规划"，可以对特定地区直接编制整合规划并直接取代地方政府之前编制的规划；还可以在特定范围内，针对地方政府偏离上级战略规划的项目进行纠正。

2012 年起，荷兰空间规划方针进一步调整：抓大放小，涉及国家利益的战略规划和重大项目仍旧由中央政府负责；权责下放，在空间规划调整时赋予区域和地方当局更大的灵活性。整体上，荷兰的国家空间规划体系改革的主体思路是以信任为前提，建立以沟通和鼓励为基础的多方合作模式，通过平衡分权（地方空间规划）与集权（介入性用地规划）激发市场活力。

4　荷兰空间规划督察制度经验

4.1　荷兰空间规划督察发展历史与组织架构

2002 年，荷兰住房、空间规划和环境部将空间规划督察、住房督察、环保督察以及刑事调查科合并为一个督察机构，将其命名为荷兰住房、空间规划和环境督察局。荷兰住房、空间规划和环境督察局总部位于海牙，督察人员数量庞大，大约 700 人，平均每 59km² （荷兰国土总面积 41864km²，占地大小与我国四川省接近）就有一个督察人员。总部设置了总督察办公室、政策遵守和执行处、国内管理处、风险管理中心、核安全局、VROM 情报和调查局，其中 VROM 情报和调查局的主要职责是督察信息的收集和反馈，与我国土地督察局设置的调研处类似。荷兰住房、空间规划和环境督察局还按照经济发展区域派驻了 5 个地区级督察机构，分别是位于阿纳姆的东部局、格罗宁根的北部局、哈勒姆的西北部局、艾恩得霍芬的南部局和鹿特丹的西南局。总部作为综合性机构，是地方督察机构具体督察工作的坚实支撑，与地方督察机构的工作内容相互补充。

2010 年，荷兰进行机构改革时，住房、空间规划和环境督察也随之改为基础设施与环境督察。该督察延续了之前"一站式"（one-stop-shopping）督察的混业监管监察模式，相较于分业监管体制是根据基础设施与环境部不同的机构主体及其业务范围的划分而分别进行监管的体制，"一站式"混业监管是指将原本独立的几个督察机构合并成统一的基础设施与环境督察，由这一家监管机构对全部基础设施与环境督察业务进行全面监管（图 1）。

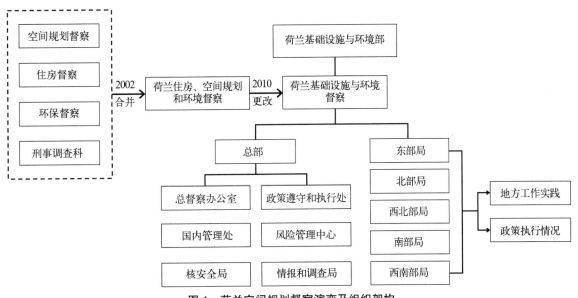

图 1　荷兰空间规划督察演变及组织架构

4.2　荷兰空间规划督察制度特点

4.2.1　职能整合程度高，督察对象广泛

荷兰 VROM 督察是将原来相互关联的执行监督职能的机构重新剥离整合成一个监管机构，是行政体制改革思想的重要体现。整合后，督察职能上更加侧重监督及注重对法律法规执行落实情况的监督。这种采用混业监管的模式不仅可以加大利益集团的交易成本，降低监管机构被捕获的可能性，还使监督的流程更清晰、监督职责更明确、监督力量更集中，从而提高督察的效率。

荷兰督察机构督察对象广泛，不仅包括公民、企业，还包括地方政府。根据督查对象，荷兰督察分为一级监督、二级监督及对政府政策文件的监督、观察、记录、通知和调查。一级监督主要对企业与个人行为进行监督，通过收集的信息将企业进行分类，建立执法数据库，之后按照分类选择出重点监督的企业；二级监督是对地方及有关部门对上级政策的执行情况进行监督。

4.2.2 部门独立性强，信息反馈通畅

荷兰 VROM 督察作为住房、空间规划和环境部中独立的机构，部门独立性很强，拥有相对独立的政策执行监督权，其最高长官督察局长直接对荷兰住房、空间规划和环境部部长负责。在政策制定过程中，荷兰 VROM 督察机构的意见极其重要，决策机关必须在决策过程中咨询 VROM 督察。

荷兰地方督察机构的主要任务是审查地方实施规划中涉及国家利益、国家安全、人民生命安全的规划设计、分区计划等工作实践。在督察政府政策执行情况方面，督察机构重点对各市的土地利用规划和城市结构规划执行情况进行督察。在督察涉及国家利益的规划方面，市级政府直接将所需审查的规划报给地方督察机构。派驻各地方的督察员通过观察、记录和通知等工作，进行信息采集和反馈，必要时将信息传递给荷兰基础设施和环境部理事会，从而为制定国家、省和地方政策提供重要参考和有效支持。

4.2.3 央、地权责关系不断调整，中央管控工具多元

2016 年颁布的新的《环境和规划法》（下文简称新法）延续了 2008 年《空间规划法》以来中央向地方分权的趋势：新法规定的职责和权力的行使一般由市行政机关负责，当市政府不能有效顾及省级、国家级利益时，省级机构与中央机构才可以介入。[①] 为保证中央层级的管控权，新法还对环境值（environmental values）、指令规则（instruction rules）、指令（instruction）三类规划干预工具进行了相关规定。

环境值是由国家政府、省级政府和市政府按照行政法规、环境条例以及环境规划制定的衡量各类环境要素的指标，由可测量或可计算的单位或其他客观条件来表示。环境值主要确定以下内容：a. 所需的环境条件或质量；b. 活动对环境造成的允许影响；c. 物质的允许浓度 / 沉积。[②] 在设定环境值时，需要明确环境值适用地点、适用期限以及是否需要有强制性任务等前提条件，除此还要提供为符合环境值要求需要执行某些职责的理由。需要注意，除非行政法规、环境条例另有规定，否则市政府不得补充或减少环境法规或议会命令已规定的环境条件；同样，省政府也不得随意补充或减少市政局命令所订立的环境条件。

指令规则由国家政府和省级政府通过行政法规、环境条例制定，以满足环境值或其他与环境相关的要求。在制定指令规则时，还要明确执行规则的期限以及当规则不适用或阻碍实现法律规定的目标时，在哪种条件下可以偏离规则。[③]

指令则是上级政府直接对地方政府下发的、要求地方政府履行职责或行使权力的指示，相较于指令规则，指令对下级政府的干预更为直接。当指令需要由多个行政机构重复执行时，该指令无效。

通过对环境值、环境值以外的其他值以及规划方案的进展、执行情况与完成程度进行监测，作为评估地方实施情况的重要参考，从而实现中央对地方的管控。

4.2.4 部门间及内部协作机制多样灵活，公众参与程度高

荷兰空间规划督察另一重要特色就是具有运转良好的协作机制，在与内部政策制定部门协作时，监督机构成立行政咨询部门，负责准备、贯彻、监督和调查国家需要优先执行监督的内容。在与其他部委合作督察方面，VROM 督察主要与劳动督察、交通水利督察、警察、海关、皇家军事督察、检察机关、

---

① 《环境和规划法》第 2.3 条
② 《环境和规划法》第 2.9 条
③ 《环境和规划法》第 2.23 条

荷兰法证研究所以及地方政府机构进行联合监督。在环保领域,VROM督察还会同相关部门签订协作盟约、框架协议与声明。

选举制度决定荷兰政府的角色必须代表公众利益,市民通过实际的生活体验对荷兰空间规划进行监督。涉及一般性问题时,民众可以通过电话、书信以及督察网站来反映。当涉及重大的资源环境问题,允许公民依据《行政法通则》(*The General Administrative Law Act*)和《环境管理法》(*Environmental Management Act*)对政府机关做出的环境许可决定和其他环境行政决定提起行政公益诉讼。荷兰一方面通过减免诉讼费用的方式鼓励公益诉讼,另一方面荷兰的环境行政公益诉讼案件只能由最高行政法院受理,并采取一审终审制,这些均有效控制了诉讼成本。荷兰还建立了一个数字平台——DOS开放系统,将环境文件信息与空间相结合、获取随时间变化的有关物理生活环境质量的信息、发放通知等。环境文件信息的公开以及环境质量信息的更新,使公众可以完全了解环境规划的内容以及特定区域允许和限制的活动,并通过环境质量变化来监督规划的执行情况。

在编写"国家重大规划决策报告"时,初步方案稿与环境影响报告会先公示,之后内阁与省、市级政府及区域水务局再一同讨论草案并收集公众意见。为更好地收集公众意见,中央在省级政府专门设置了"省级协助点",民众可以在国家空间规划征求意见稿颁布的12周内向有关部门提出意见和建议。新的《环境和规划法》颁布后,公众参与在规划过程中被前置,所有人都有针对环境文件的内容表达自己意见的权利。[①] 同时,新法还规定信息公开要贯穿制定的全过程,公众可以从准备制定规划到规划制定完成的任一环节就政府意向、规划内容等提出意见。除此之外,公众至少有四周的时间,通过电子方式还可就新法产生的理事会命令草案或部级法令提出意见。[②] 需要注意的是,该法对公众参与范围进行了限定,据第16.31条,公众的意见不得涉及减损环境规划草案中基本规定来获取环境许可证的各类活动。为了保证国家空间规划的实施和提出政策的有效落实,国家空间规划局还安排了5个监察员,赋予监察员向省级空间规划委员会和市级政府部门提出空间规划方面建议的权利。同时,荷兰由400多个城市组成了城市联盟。如果某个城市政府不遵守环境规划,与开发商妥协,会被认为是政府的失职,也会失信于城市联盟。

5 我国国土空间规划督察制度完善建议

5.1 整合各类督察任务,优化调整原土地督察方式

我国自然资源机构改革前,自然资源和规划管理分散在多个部门,造成政策法规冲突、规划底版不一、土地数据打架等现象。不仅对生态保护及土地合理利用造成负面影响,也给土地督察造成工作困难。机构改革后,执法监督上存在综合督察的可能,需要积极探索相关领域督察任务整合工作,同时对原土地督察方式进行优化调整。

如:例行督察坚持"统分结合"原则开展督察工作。督察人员有限,督察任务繁重,除统一开展的督察内容,各督察局根据本区域督察工作重点自行确定和组织开展其他督察内容。一方面依托信息平台对全国土空间规划统一督察内容基本情况有了基本掌握,另一方面对重点区域进行重点体检更有利于发挥督察效力,提升例行督察广度与深度。

充分发挥专项督察针对性强、见效快的优势,既可以由总督察统一部署,也可由督察局自行开展。主要针对突出问题或热点问题进行专项督察,如"以租代征"、擅自调整规划、违法占用基本农田、未批先用等违法违规问题。

---

① 《环境和规划法》第16.23条
② 《环境和规划法》第23.4条

沿用审核督察，从技术性审查转换到控制性审查。重点审查发展目标、约束性指标、管控边界、相邻关系四个方面。《若干意见》明确，直辖市、计划单列市、省会城市及国务院指定城市的国土空间总体规划由国务院审批。相关专项规划在编制和审查过程中应加强与有关国土空间规划的衔接及对"一张图"的核对，批复后纳入同级国土空间基础信息平台，叠加到国土空间规划"一张图"上。

除此之外，结合各督察局督察区域特征与地方核实举证有关情况，对问题突出、问题频发及整改不力的区域进行驻点督察。

5.2 加强相关资源督察综合立法，推进督察机构独立

法律制度是督察的前提和基础，也是督察有法可依的根本保证。我国督察制度实施了 13 年，但法律依据仍主要是《国务院办公厅关于建立国家土地督察制度有关问题的通知》（国办发〔2006〕）。

新修正的《土地管理法》从法律层面确立了国家自然资源督察制度的地位，仍需要重新研究起草《国家自然资源督察工作条例》，同时自然资源部在修改《土地管理法实施条例》时，要对国家自然资源督察工作做出细化规定。明确各督察部门的权限，扭转目前资源执法主体不清、职能交叉的局面。建立有效的沟通协调机制，畅通部门之间的沟通协作，尤其加强与审计、监察、公安、检察院、法院等政府部门及纪检、组织、巡视等党委工作机构的协作。

目前，派驻地方的国家自然资源督察局与地方政府之间依然存在"依附粘连"关系，督察人员面临行动困境。在立法中需要赋予督察机构更强的独立性，使其在体制上保持相对独立，最大限度地提高国土资源综合督察的效能。除此，还可考虑强化督察机构的政策建议权，将其纳入我国国土空间规划政策制定的程序中，以保证政策制定的科学性。

5.3 平衡集权、分权，树立"刚弹并济"工作思路

中央需要保留一定的自上而下的干预权，尤其应对涉及国家利益与安全等重大事项持有直接决定权。如针对基本农田保护线、建设用地规模等规划强制性内容，中央应牢牢把控住审批权和监督权。随着相关指导意见、法律条文的颁布，国土空间规划编制实施与督察都将具备法理基础，实现对自然、环境等要素的刚性管控，促进新时代生态文明背景下城乡可持续发展。我国还可以借鉴荷兰的自上而下干预工具，如介入性用地规划和环境值等，跳出指标这个单一的控制工具。

另一方面，土地和空间作为经济社会发展的载体，对其若进行全盘刚性管控，会导致规划无法适应地方社会经济的发展需要。涉及社会经济要素的规划，如城市规划方面，中央应适当放权，鼓励地方在不突破上位空间规划框架的前提下自主制定及调整规划。建立国土空间规划体系的根本目的在于"实现高质量发展和高品质生活""保障国家战略有效实施"。对空间规划管理体系权力关系的评价，应当着眼于它是否符合经济社会发展的需求。所以实施监督的落实还需要具备弹性思维以更好地服务地方发展。

刚性内容积极管控、发展内容弹性管控应是国土空间规划督察工作思路的两个基本点。三类空间中，生态空间土地用途管控及农业空间未来发展确定性较强，而城镇空间发展具有不确定性。厘清刚性与弹性管控内容既方便督察工作开展，也有利于平衡中央与地方关系。

5.4 引导公众参与，建立反馈机制

荷兰经验表明，引导社会监督，尤其是群众监督，关键是保证督察信息公开。通过贯穿规划编制—实施—监督—处置反馈过程的信息公开共享，使被监督对象接受公众的全面监督从而及时了解监督结果及意见。

通过构建奖励机制，如对督察工作中发现的重大问题实行积分制、奖金制，以鼓励社会公众对国土空间规划事项进行监督、举报。让公众成为督察队伍中的重要力量，可有效减轻督察员日常督察压力，提高督察工作效率与靶向性。

关于公益诉讼，目前我国已初步确立公益诉讼制度，《行政诉讼法》中规定特定社会组织有权提起行政公益诉讼，但公民个人是否可以代表公共利益提起公益诉讼在现有法律中都没有明确规定，我国可参考荷兰经验进一步放宽对公益诉讼原告主体资格的限制。

另外参考荷兰环境评估局这一相对独立的建议反馈机构，我国可以考虑建立规划矫正制度与独立的建议反馈第三方。既能够吸纳社会的智力资源，减少规划决策导致的不同利益主体冲突，又有助于提升规划评估审查的质量。

5.5 完善信息化平台，构建动态督察系统

国土空间规划督察需要依据土地督察信息化平台，实现与现有各系统无缝衔接，多系统优势互补。督察信息系统设计应从可操作性与效率出发，促进督察工作精准、高效进行。

首先，采用信息化、网络化等互联网技术首先完成"一张图"绘制。建设完善国土空间基础信息平台，结合第三次全国土地利用现状调查和各省市基础地理信息，梳理原国土、林业、草原、海洋、城建规划等部门土地数据交叉、重叠的要素。积极推进与其他信息平台的横向联通和数据共享，使空间管控要素精准落实在"一张图"上。这张图，也是空间规划督察工作的底图。

其次，设计与建立实时动态督察系统。基于国土空间基础信息平台及现有土地督察信息系统基础，设计与建立一套市域全覆盖、动态更新的国土空间规划督察系统。如综合运用卫片、无人机、移动现场核查设备、云计算设备与人工智能等高新科技手段和大数据信息对国土空间规划、土地利用情况等进行日常监测与分析。国土空间规划督察系统远期实现集督察业务数据存储、对比分析、外业核查、网上举证、统计汇总、报表输出于一体。

再次，做好数据及时更新入库。对土地整治、耕地占补、用途更改等数据及时更新报备，增强督察工作靶向性、实时性，同时提升国土空间规划督察工作效率。

除此之外，仍要做好外业核查工作。充分利用外业核查系统，对模糊、争议问题再确认，以做出合理判断。

参考文献

[1] 周雪光. 运动型治理机制：中国国家治理的制度逻辑再思考[J]. 开放时代，2012（09）：105-125.

[2] 张乃贵. 从土地督察迈向自然资源督察[N]. 中国自然资源报. 2019-12-19.

[3] 郭施宏. 中央环保督察的制度逻辑与延续：基于督察制度的比较研究[J]. 中国特色社会主义研究，2019（05）：83-91.

[4] 于洋. 公益性规划申诉制度的困局与消解：以规划督察制度为视角[J]. 城市规划，2018，42（04）：75-83.

[5] 牛赓，翟国方，朱碧瑶. 荷兰的空间规划管理体系及其启示[J]. 现代城市研究，2018（05）：39-44.

[6] Ministry of Infrastructure and the Environment.Spatial Planning Calendar 75Years of National Spatial Policy in the Netherlands[R].The Hague，2013.

[7] 周静，沈迟. 荷兰空间规划体系的改革及启示[J]. 国际城市规划，2017，32（03）：113-121.

[8] BALZ V，ZONNEVELD W. Transformations of planning rationales：changing spaces for governance in recent Dutch National Planning[J]. Planning theory & practice，2018，19（03）.

[9] 巩中来. 督察制度实施里程碑[N]. 中国自然资源报. 2020-03-26.

[10] 蔡玉梅，高延利，张丽佳 . 荷兰空间规划体系的演变及启示 [J]. 中国土地，2017（08）：33-35.

[11] VINK B，BURG A.New Dutch spatial planning policy creates space for development[J]. DISP-online，2006，164（01）：41-49.

[12] 苗婷婷，单菁菁 . 21 世纪以来欧洲国家国土空间规划比较及启示：以英德法荷为例 [J]. 北京工业大学学报（社会科学版），2019，19（06）：63-70.

[13] NEEDHAM B.The new dutch spatial planning act：continuity and change in the way in which the Dutch regulate the practice of spatial planning[J].Planning，practice and research，2005，20（03）：327-340.

[14] 于丽娜 . 荷兰空间规划做法及对我国的借鉴 [J]. 中国土地，2015（04）：33-34.

[15] 王秋元，欧文科 . 承前启后发展荷兰整体性长期规划：专访荷兰住房、空间规划与环境部国土规划司司长汉克·欧文科 [J]. 国际城市规划，2009，24（02）：14-19.

[16] 杜新波 . 基于国内外相关监管制度比较视角的土地督察体制创新研究 [D]. 北京：中国地质大学（北京），2013.

[17] 陈静，刘丽，苑晓光 . 国外土地督察的趋势及对我国的启示 [J]. 国土资源情报，2015（04）：19-25.

[18] 张书海，王小羽 . 空间规划职能组织与权责分配：日本、英国、荷兰的经验借鉴 [J]. 国际城市规划，2020，35（03）：71-76.

[19] 杨严炎 . 我国环境诉讼的模式选择与制度重构 [J]. 当代法学，2015，29（05）：149-160.

[20] 张书海，李丁玲 . 荷兰环境与规划法对我国规划法律重构的启示 [J]. 国际城市规划，2020：1-9.

[21] 周静，胡天新，顾永涛 . 荷兰国家空间规划体系的构建及横纵协调机制 [J]. 规划师，2017，33（02）：35-41.

[22] 胡宏，德里森，斯皮德 . 荷兰的绿色规划：空间规划与环境规划的整合 [J]. 国际城市规划，2013，28（03）：18-21.

国土空间规划编制与实施过程中的逻辑硬伤

徐佳芳 *

自《中共中央国务院关于建立国土空间规划体系并监督实施的若干意见》（中发〔2019〕18 号）发布以来，全国各地各级国土空间规划正如火如荼地展开，笔者在参与某省某区域国土空间规划（该规划在五级三类中属于省级特定区域专项规划，因项目尚在编制中，不宜公开具体信息。）过程中，发现几个关键问题，展开了一些思考，并给出了一些建言：

第一，"发展"问题是"三区三线"的前置还是后置？

"三区三线"应该是本轮国土空间规划最核心的成果输出内容，笔者目前接触到的一些国土空间规划，在双评价之后就划定了"三区三线"，然后在"三区三线"的限定内进行规划，这个在逻辑上存在问题，即"发展"问题是否是"三区三线"应考虑的重点？

原城乡规划更倾向发展导向，而原土地利用规划更倾向要素管控，现阶段"三区三线"划定似乎更遵循原土规逻辑。但笔者认为，发展永远是硬道理，放在生态文明时代亦不过时，生态保护是高质量发展的前提，但高质量发展才是最终的诉求，城市和区域的发展定位和目标会对空间提出要求，最终也会呈现在空间上，因此，"三区三线"的划定必须将发展因素考虑进去。至少在确定城镇开发边界时，应遵循发展的逻辑，将各项因素统筹协调，制定空间方案之后再确定，而不是先给定一个空间，在既定空间内做文章。

因此，笔者建议，生态保护红线、永久基本农田这两条保护线应从生态本底和土地要素出发，前置性地划底线，而城镇开发边界控制线应遵循发展导向思维，作为规划最终的成果输出。

第二，新增建设用地指标分配方案是否应由国土空间规划制定？

笔者参与的项目所在省，各级各类国土空间规划同步在编，全省新增建设用地指标在 2019 年逐级分配，该指标当然是各级地方政府编制国土空间规划的重要依据，但如何分配指标，是否应由主导分配的这一级国土空间规划来确定？

这就牵扯到现阶段编制国土空间规划的难点之一：自上而下和自下而上的问题。目前普遍采取的方法是，自上而下约束指标，自下而上划线定界。那么，在省级国土空间规划尚未编制完成时，指标分配的依据是什么？指标既已分配，指标决定空间规模，那国土空间规划是否成为命题或半命题作文？

因此，笔者建议，在本级国土空间规划成果输出之前，不应粗暴地分配本级指标，尤其是新增建设用地指标，这有违本轮改革的初衷。

---

* 徐佳芳，女，上海同济城市规划设计研究院有限公司，工程师，副主任规划师。

国土空间规划体系下城市发展战略研究
——以马鞍山市为例

娄晓峰 *

【摘　要】市级国土空间规划编制正处于探索阶段，应秉持战略引领与管控保护并重的思维方法。城市发展战略研究在新的国土空间规划体系下，如何梳理识别当前核心问题和发展优势，并为城市制定目标定位？本文将聚焦马鞍山市发展动力、都市圈区域协同，通过战略引领，助力马鞍山城市功能的跃迁和发展；聚焦山水林田湖草生命共同体资源的保护，明确各类资源红线和底线，秉持生态优先，开展生态修复，加强保护管控；完善配置各类城市设施和要素资源，提高城市运行效率和居民获得感。

【关键词】国土空间规划；城市发展战略；马鞍山；长三角一体化

传统的城市发展战略更多强调的是发展维度，给城市找动能、明确城市发展方向；在新一轮国土空间规划的背景下，城市发展战略开始转向发展与保护并重，从增量思维转向增存并举，同时强调城乡全域统筹与全要素管控。马鞍山作为传统的工业城市，在过去的发展中造就了富足与宜居的城市，但随着供给侧改革的压力与全球经济的下滑，马鞍山城市发展难以维持原有的发展路径，尤其是在本轮国土空间规划的编制中，需要以城市发展战略明确发展方向，提出未来发展的战略思路。

1　国土空间规划下的城市战略规划

城市发展战略是关于现代城市发展目标和实现目标的方针、政策、途径、措施和步骤的高度概括，是城市管理中具有全局性、方向性的根本大计；对城市发展具有方向性、长远性、总体性的指导作用，是城市各项工作的指南和纲领。

中国城市的发展战略在规划体系上非正式地成为规划体系中位于城市总体规划之前、确定城市发展框架的"顶层设计"，并基于实践形成了一套共同的规划范式。由于触及城市发展的根本性与系统性问题，城市发展战略对宏观环境和城市发展阶段与特征更为敏感，并与之形成紧密的内在联系。因此，准确把握宏观环境和城市发展的内涵，对于理解不同时期战略规划范式以及寻求当下战略规划转型的方向都具有重要启示。

在新一轮国土空间规划重构的背景下，2019 年《中共中央国务院关于建立国土空间规划体系并监督实施的若干意见》中强化了"战略引领"的规划要求，明确提出"对空间发展做出战略性系统性安排"等核心任务。国土空间规划时代的到来，实质是真正的"整体规划"时代的到来，这是国家经济社会发展到当前阶段的必然要求。机构和规划体系的调整，为编制真正的整体规划提供了体制支撑。原有的城

---

　*　娄晓峰，男，东南大学建筑学院，博士研究生，注册城乡规划师。

乡规划法下，城市发展战略注重城市发展的需求、定位，而在新的国土空间规划下，城市发展战略更加侧重发展存量用地，考虑生态，反省开发与保护的关系，更注重区域、全域的整体发展。因此，在准确把握新的国土空间规划体系的背景下，我们应当重新理解城市发展战略的新内涵。

2　马鞍山城市特征再认识

战略的确定需要对城市特质的深度剖析。通过系统梳理马鞍山的城市发展历程，结合新技术与大数据的应用，本文认为马鞍山的城市特征离不开以下四个方面。

2.1　钢铁传家、基础雄厚的工业城市

马鞍山的发展离不开马鞍山钢铁，马钢的兴衰影响着马鞍山经济发展速度和水平。2008 年，马钢发展达到顶峰，也带来了马鞍山 GDP 全省比重、人均 GDP 的历史双顶峰。在经济结构的统计中，马鞍山钢铁相关行业占全市经济半壁江山。从工业增加值视角来看，金属冶炼压延及采掘业占比重，1999 年达到 2/3，2010 年近 1/2。但近几年的发展受国家供给侧改革的影响，钢铁相关产业发展趋缓，2018 年马鞍山钢铁产业占比不到 30%（图 1）。

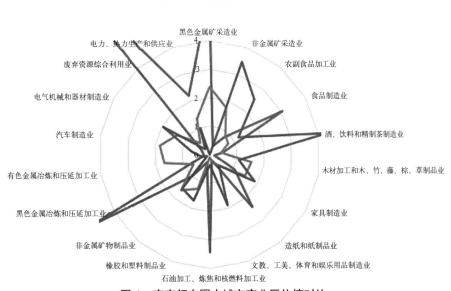

图 1　南京都市圈内城市产业区位熵对比

2.2　体量小、但相对强的中等城市

马鞍山市域面积小，仅辖三区三县，在长三角 41 个城市中排倒数第五位，仅高于舟山、淮北、铜陵和镇江。而且全市人口规模也小，全市约 236 万人，市区仅 99 万人，从城镇规模中看属于典型的中等城市。仅在长三角城市中排倒数第八位。但从人均 GDP 和城乡居民收入水平来看，马鞍山的发展质量相对较高，马鞍山的人均 GDP 在安徽省内位居第三位，在南京都市圈内也仍次于宁波、镇江、扬州三市，排在第四位；城乡居民收入上，马鞍山居安徽省内第一位，在南京都市圈内也仅次于南京和镇江两市。此外马鞍山的市区发展水平也高。马鞍山市辖区地均 GDP 在安徽省内仅次于合肥、在南京都市圈仅次于南京（图 2）。

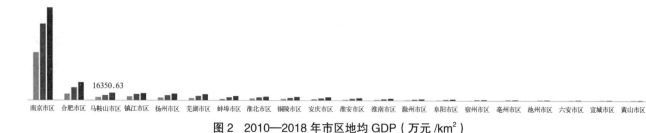

图 2　2010—2018 年市区地均 GDP（万元 /km²）

2.3　山水本底好、文化底蕴厚的生态城市

生态方面，马鞍山市域范围内山水资源丰富，生态基底良好，生态用地占比超过 80%；基本农田面积达到 1847km²，森林覆盖率达到 15.56%，江河湖圩等水体发达，体现出两脉青山、长江中流的风貌。从中心城区层面来看，沿江六座山丘，逶迤相连，峰谷相间；内部雨山、佳山、霍里山山山相望；襟三河三湖，形成九山环一湖的格局（图 3）。

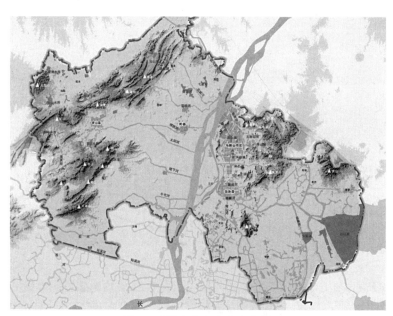

图 3　马鞍山市山水本底资源

同时马鞍山也是著名的人文之城。李白、刘禹锡、王安石曾分别在马鞍山留下了《望天门山》《陋室铭》《游褒禅山记》等名篇。其中,李白在此留下了 22 处游踪遗迹和 50 多篇诗文,最后死于马鞍山当涂县,葬于大青山。同时，马鞍山还是充满人文故事的城市。霸王乌江自刎，马鞍遗落之地得名马鞍山；伍子胥过昭关，一夜愁白头；曹操四越巢湖，开挖漕河等等故事均发生于马鞍山及其周边地带。

2.4　面向长三角、依托宁合的腹地城市

从近几年长三角的发展趋势来看，从南通到合肥一线的北沿江城市经济占比上升，传统的长江沿线城市经济占比下降。马鞍山地处长三角沿江发展带，是安徽省对接江苏的桥头堡。对企业的调研显示，马鞍山是长三角企业产业转移的偏爱地区，马鞍山具有"南京的区位、安徽的成本、长三角的市场"三大优势。而且长三角核心城市如上海、南京、苏州等，开始将马鞍山作为转化中试的基地。

从大数据看经济联系和人口联系两大维度，马鞍山整体联系在长三角的关联度并不高。但从关联结构上来看，马鞍山呈现出经济联系合肥、人流联动南京的特征。经济联系上，马鞍山作为安徽的城市，与省会的高度联系，反映了经济的地域性。人群联系上，以国际都市圈的界定标准，以到中心城市通勤的人口占本地就业人口5%以上即算作通勤圈来看，马鞍山大半城市已进入南京通勤圈，尤其是江宁与博望、浦口与和县的联系（图4、图5）。

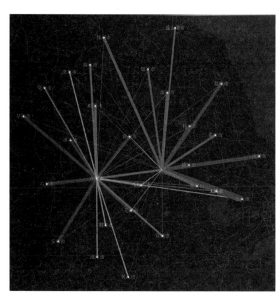

图4　南京与合肥两大都市圈的经济联系

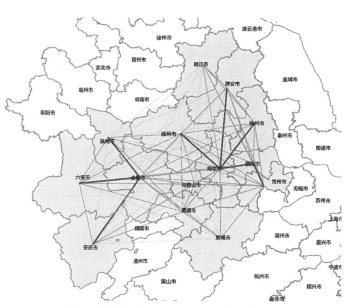

图5　南京与合肥两大都市圈的人口联系

3　马鞍山城市发展机遇与挑战

随着长三角一体化上升为国家战略，区域协作正成为城市本轮发展的新方向。从过去单个城市自身产业体系与动能培育，转向抱团取暖、创新合作、产业协作的发展模式。马鞍山作为传统工业城市，虽然有一定的产业基础，但面向未来需要从区域吸收更多的新动能，才能在本轮发展中保持应有的水平。

3.1　区域协同发展的契机

马鞍山作为南京都市圈、合肥都市圈中的重要城市，需要在长三角一体化国家战略中抓住机遇，聚焦与核心城市南京、合肥在功能、交通、民生、生态、体制等多方面，开展多层次、多阶段的协同共享。目前《长三角区域一体化发展规划纲要》中明确构建区域性的示范地区，马鞍山的江宁—博望即被列为一体化的示范区，作为探索都市圈合作的重要试点和平台。马鞍山应立足区域寻求城市动力，谋求城市战略地位的突破、承担区域战略性功能，这是此轮城市国土空间规划需要关注的重点。谋求通过区域战略，确立在区域中的战略定位、承担的战略功能、承载的战略空间，通过融入区域发展大局，实现城市发展的再度跃迁。

3.2　两大都市圈的建设

马鞍山一直是南京都市圈的重要城市，在最新的南京都市圈规划中明确提出构建宁马滁和宁镇扬两大同城化先行区的战略思路，代表着南京都市圈的建设进入了新的合作阶段。此外合肥都市圈强调向东联动长三角核心城市，主要构想三条对接通道，即北沿江、南沿江和沪嘉湖三条，其中南沿江通道主要途经马鞍山。两大都市圈的建设对马鞍山而言是融入区域的重要机遇与平台（图6、图7）。

图 6　南京都市圈规划的结构

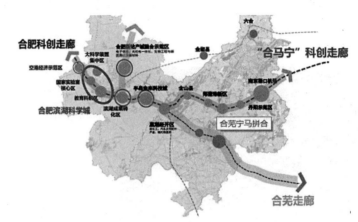

图 7　合肥提出的科创走廊

3.3　工业城市转型的压力

在区域的发展机遇之外，马鞍山也面临着多重挑战。马鞍山有很好的产业发展基础，但近年来面临着经济下行和资源城市转型的"双重压力"。经济增速面临换挡，转型发展给传统制造业强市带来严峻挑战，马鞍山产业结构偏重，钢铁、化工、装备制造业等主导产业面临竞争力下降问题，传统优势产业支撑作用减弱，创新支撑能力不足。需要在传统优势基础上，寻求具有地方特色的创新经济新动力。因此本轮国土空间规划需要从马鞍山自身发展条件入手，结合当前区域发展的趋势与机遇，明确未来马鞍山的战略方向与路径，对国土空间规划的编制提供长远性、总体性的指导。

3.4　山水城市生态保护的要求

马鞍山山水资源丰富，生态基底良好，但与此同时城市在能源利用、废旧矿坑处理等方面问题突出。因此马鞍山需要在未来的发展中树立底线思维，保护好原有的生态本底，挖掘生态资源要素的价值，构筑生态安全格局，形成统一的、整体保护、系统修复的国土开发保护格局。

4　本轮国土空间规划急需解决的问题

4.1　沿江工业与长江大保护要求的矛盾

作为一座资源型城市，马鞍山的发展经历了"先有矿后有市、先生产后生活"的过程，沿江产业布局密集、产业结构偏重、污染排放较大。"一钢独大""一马拉城"的局面，让马鞍山一度"滨江不见江、临水不亲水"。因此，处理好高水平保护和高质量发展的关系显得尤为迫切。随着国家长江大保护要求的提出，马鞍山沿江段工业的生产压力与拓展受到极大的挑战，未来马鞍山沿江工业的发展方向需要在本轮国土空间规划中加以明确。而且要解决马鞍山的环保问题，不能只用环保手段，还必须调整经济结构、升级落后产业，从源头进行治理。只有环境治理好了，马鞍山才能引进低污染的高科技产业，从而从调整经济结构的更高层面来解决环保与发展的问题。

4.2 矿山开采与生态修复要求的矛盾

马鞍山向山地区的矿山开采支撑了马鞍山钢铁产业的发展，也可以说支持了中国钢铁行业的快速发展。但近年来随着马钢产业要求的提高，向山矿的供应量逐渐下滑，马钢主要原材料转向进口，向山地区的矿山采矿权也已快到期限。而且向山地区长期开采矿山在获取巨大资源的同时，也造成了巨大的污染与生态破坏。由于无序开采石料，形成了大量陡峭边坡及开采窑口，岩层外露，地形破碎严重，存在地质灾害隐患，对周边群众生命财产安全造成威胁。国土空间规划也要求推进矿山地区的综合整治与生态修复工作，因此矿山地区的发展也需要在本轮国土空间规划中予以明确。

4.3 产业空间拓展与城市发展方向的不确定

马鞍山面山拥江，从历史发展脉络来看，主要沿江向南拓展延伸，目前城市发展向东和向南仍有空间。随着我国城市发展进入存量时代，大规模的扩张不再持续，马鞍山的发展方向需要在本轮国土空间规划中加以明确，尤其是面向 2035 年近十五年的发展周期。总体而言，马鞍山向南是以产业区为主，向南对接芜湖；向东是以新区模式为主，可向北对接南京，而且可衔接江宁—博望一体化示范区。

4.4 城市区域交通设施有机遇与公服设施存短板

近几年，随着马鞍山区域地位的提升，扬马巢、宁马等城际线的确定，马鞍山的城市发展迎来了新的发展契机，区域轨道线对城市格局的影响会产生较为深远与明显的影响。同时随着南京都市圈和合肥都市圈的建设，城市交通线路的对接也迫在眉睫。高速公路整体衔接情况较为完善，但城市快速路间的衔接仍有较多工作需要推进，也需要在本轮国土空间规划中进行衔接。此外马鞍山国土空间开发保护现状评估显示，城市的卫生医疗设施、中小学、社区体育设施、消防救援设施覆盖率方面仍有一定提升空间，也是规划需要衔接的方面。

5 城市发展战略思路

本轮国土空间规划的编制强调战略与目标导向，所以单独编制城市发展战略专项规划。马鞍山市委九届七次全会提出了"生态福地、智造名城"的目标，已经在全市范围形成共识。因此在战略规划中围绕此目标，明确形成围绕区域、产业、生态和人文四大维度的分目标，即"宁合都市圈的联盟城市、高质量发展的智造名城、高水平治理的生态江城、高品质生活的宜居福地"，并围绕四大分目标分别明确对应的发展思路。

5.1 宁合都市圈的联盟城市

通过梳理国家与安徽省内的各类政策文件，摘录对马鞍山在国家与区域中发展的定位，可以发现基本围绕长三角中心城市、南京都市圈同城化的核心城市、安徽皖江城市带龙头城市等定位展开。同时南京都市圈和合肥两大都市圈也在国家区域一体化号召下进入深层次的推进阶段，包括划定协同示范区、规划协同等行动。未来提高城市体系的整体规模是城市发展战略的重点。因此马鞍山未来的发展战略核心就是要围绕联动长三角、深度融入宁合两大都市圈，来不断提高马鞍山的区域地位与影响力。长三角层面，从国土空间规划编制时的调研来看，马鞍山开始担当长三角制造与创新转化基地的角色，主要原因是马鞍山是南京和合肥周边唯一的资金密集型工业城市，马鞍山是长三角核心城市的创新转化地区，包括上海、苏州、南京等城市在内的企业研发中试后将投产在马鞍山，如生物医药类、电子信息类企业。因此未来通过预留创新产业空间，补足各类设施短板，打造面向长三角的创新转化与产业中试的重要基地。"中国城市群是经济发展最具活力和潜力的地区，是主体功能区规划重点开发区和优化开发区，在构建优势互补高质量发展区域经济新格局中起着战略支撑点、增长极点和核心节点的作用"。此外《长三角城市群一体化发展规划纲要》中明确了马鞍山与芜湖共建长三角江海联运枢纽的任务，未来马鞍山应抓住面向长江经济带和一带一路的契机，分时序推进江北郑蒲港的建设与发展，成为马鞍山服务区域、融入区域的重要战略空间。

南京都市圈层面，宁马同城化现状已经形成了一定的基础。一是功能上的对接，面向南京提出的五大地标产业，重点培育马鞍山的创新产业体系。新能源汽车产业，以市经开区为重点对接南京新能源汽车产业，重点围绕新能源关键零部件，增加产业竞争力。集成电路产业，以慈湖高新区和郑蒲港新区对接江北新区"芯片之城"定位，推进半导体园区建设，打造"屏—芯—端"的电子集群。人工智能产业，以慈湖高新区、秀山中央创新区为重点，对接南京软件谷等产业地标，推进产学研深度合作。软件与信息服务产业，以马鞍山已有的软件园为发展重点，积极推进南京软件信息服务产业溢出，提升"互联网+"的综合应用能力。生物医药产业，以慈湖高新区为重点，对接南京生物医药相关产业研发溢出与转移，

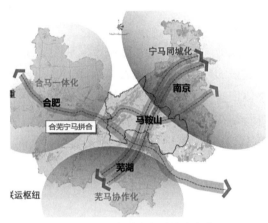

图 8　马鞍山深度对接宁合芜

建设专业产业园区。二是空间上的对接，聚焦临界地区与枢纽地区，形成对接长三角、南京的江博一体化示范区、郑蒲港区域平台和乌浦一体化区域平台。其中，江博一体化示范区在功能上面向南京，进行创新转化；面向机场，提供新会议、新消费的机会；面向未来，大力发展新基建产业、互联网、物联网等方面。慈湖—滨江一体化区域平台，重点是沿袭南京沿江功能的外溢，发挥慈湖高新区原有的产业基础条件，重点承接南京创新转化与产业中试类空间，促进原有化工类产业升级改造。乌浦一体化区域平台是对接南京江北新区的主战场（图8）。

合肥都市圈层面，考虑到合肥当前发展的能级与两者的地理区位条件，短期内合肥都市圈很难形成强有力的发展合力。从发展时序来看，马鞍山将优先通过郑蒲港形成与合肥合作的战略领域。一是加强交通设施的便捷联系；二是承接产业功能，促进产业园区合作；三是强化航运功能，建设面向安徽腹地的江海联运枢纽。

5.2　高质量发展的智造名城

马鞍山作为传统的工业城市，工业基础扎实，已形成门类完整、相对完善的产业体系，围绕高质量发展智造名城的目标，提出"超越钢、强传统，聚新兴、育未来"的产业战略升级路线。超越钢，即在围绕传统钢铁产业基础上，促进上下游的延伸、强化非钢产业的发展，力争到"十四五"末、钢铁产业集群产值达到两千亿级，其中钢铁主业和钢铁配套产业各1000亿。强传统，围绕马鞍山当前已经形成的轨交装备、高端数控机床以及食品等产业，加强行业的支持力度，强化供应链体系，促进本地产业集群的形成与优化。聚新兴，即对标南京五大地标产业以及马鞍山产业基础，重点发展机器人、人工智能、电子信息制造以及新材料等行业，不断提高产业的影响力与竞争力。育未来，即结合新的产业发展趋势与方向，将定点重点放入面向未来的产业，不断积累产业基础与优势，为未来产业体系的迭代升级奠定基础（图9）。

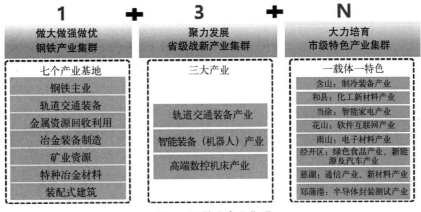

图9 马鞍山产业集群

马鞍山建设用地规模增量空间相对有限，尤其是工业用地基本已经形成了三面围城的格局，因此未来马鞍山工业用地的发展导向是增存并举，同时作为工业城市，也应保护工业用地底线，为未来产业项目的落地预留空间。具体方向上，一是用好增量，重点向三大高绩效开发区、临界地区新增工业用地；二是做优存量，腾笼换鸟，盘活现有未利用的工业用地；三是绩效导向，以亩均论英雄，结合 ABCD 企业评级机制，建立企业退出的年度考核机制。同时未来产业园区的开发提倡创新嵌入的模式。一是以秀山中央创新区为核心，作为未来市区的重要创新空间，未来要持续促进创新要素集聚，引入高校、储备人才，并搭建应用创新平台。二是在全域范围内结合制造基地的两化融合创新单元，植入专业化园区创新单元，包括建设标准厂房、公共创新平台、人才公寓、绿地公园等。

5.3 高水平治理的绿色江城

马鞍山作为典型的山水城市，未来国土空间规划的编制始终要贯彻生态优先的发展理念。一是坚守底线，保障自然资源永续发展。通过划定生态红线，守好发展底线；同时衔接周边城市，完善形成"一轴五源、六区多廊"的生态格局。"一轴"即长江生态轴带，是落实国家长江大保护战略的重要空间。"五源"即大鱼滩、江心洲、雨山湖、金河口、护城河生态源，它们是城市发展的重要生命线空间，需要重点保护、提高保护要求。"六区"即鸡笼山—褒禅山、太湖山—苍山、围屏山、大青山、横山、石臼湖生态保育区，"多廊"即滁河、裕溪河、姑溪河、青山河、运粮河等生态廊道，"六区"和"多廊"皆是衔接区域生态保护廊道、保护本市生态本底的重要空间与廊道（图10）。

围绕长江大保护的发展要求，结合南京提出的"构建南京长江客厅"设想，提出马鞍山长江沿岸的建设要求，塑造马鞍山段长江气质。马鞍山段长江沿线山江资源丰富、人文底蕴深厚，但同样产业升级转型迫切、城市需要回归滨江生活，因此未来需要重点以四个关键词（生态、转型、风景、人文）建设马鞍山自己的长江客厅，一是重点建设生态绿色带，通过沿江增绿、廊道补绿、保护洲岛，塑造6颗"绿色

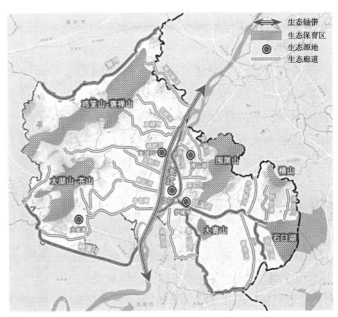

图10 马鞍山生态格局

明珠"。二是结合产业优化优先对滨江低效用地进行腾笼换鸟，设置长江沿线工业企业正负页清单，同时强调工业园区植入创谷单元，重点塑造慈湖、乌江、当涂、郑蒲港四大创谷。三是重塑人文，延续城市记忆，回归滨江生活，重点打造金家庄、薛家洼—采石矶—采石河、姑溪河、郑蒲港四大城市客厅。四是打造全长 13km 的皖江画卷，围绕山水、都市、田园三种类型，展现不同长江段的皖江风景（图 11）。

图 11　马鞍山发展行动抓手

5.4　高品质生活的宜居福地

马鞍山人文底蕴深厚，本次战略规划应充分挖掘马鞍山人文资源，重点突出城市特色，围绕传统与新兴两大维度构建高品质的宜居生活环境。

一是保留城市记忆，打造"城市源"。明确城市空间演变的既有规律和延续的趋势。例如金家庄可以打造城市记忆、源头地区。唤醒"被遗忘的角落"，保护更新城市历史记忆的地方，老厂房改为艺术时尚地标，类似上海的"外滩源"，景德镇的"陶溪川"；借助老火车站改造，货运外迁，使市郊铁路具备人行功能；改造工人电影院、工人大剧院、百货大楼、幸福广场、中医院等历史建筑或场地，打造金家庄工业文化品牌；改造雨山河、幸福路，打造联通滨江的风景路。

二是塑造链接历史与未来的城市廊道，即城市历史文脉和新兴廊道。延续城市发展演进的既有趋势，打造一条对话古今的城市历史廊道。历史廊道以 15km 铁路遗址公园串联金家庄、老火车站、解放路商圈、大学城、南山矿坑；同时连接两大城市源头，即金家庄、向山矿。面向未来的新兴主廊道，包括宁马轻轨发展廊道、扬马巢发展廊道、湖南路发展廊道，分别串联城市各级中心区，塑造品质服务的现代化商圈与发展廊道。三是打造社区生活圈，塑造宜居城市、健康城市。以 15 分钟社区生活圈建设为抓手，补足城市服务短板，同时结合不同人群的特色需求，重点打造三类社区生活圈，即青年型、文化型、旅游型三类（图 12）。

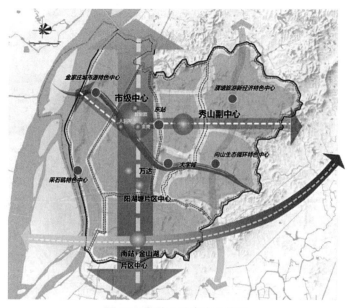

图 12　马鞍山城市中心体系

6　结语

　　本轮国土空间规划的编制是城市规划史上一次重大变革，同时也处于我国经济社会发展的一大转型期。城市发展战略也从传统的发展思维转向发展保护并重，在国土空间规划背景下同时更加关注空间要素，强调全域与全要素的管控，也是战略规划在新背景下最大的转变。此外，对于众多城市而言，本轮规划改革也是重新思考城市发展方向、研判城市发展空间问题与优化方案的一大时机。因此马鞍山国土空间规划的编制着眼于历史发展脉络，结合马鞍山当前城市发展的特征与问题、机遇与挑战，明确本轮规划亟须解决的问题，然后形成了本次规划的核心思路与战略方向。面向未来，传统路径下的工业城市需要重新审视，挖掘在新时代背景下的自身优势，在本轮国土空间规划的编制中强调战略与目标导向，寻找经济增长的新动能。而且，随着国家提出构建国内国际双循环的战略调整，未来供应链体系日趋区域化，对于城市而言，也是产业发展再分配的一大契机，因此对国内城市而言，本轮国土空间规划的编制将是一大挑战，也是一大契机，能否在新的城市竞争中脱颖而出，城市发展战略的定位异常重要。

参考文献

[1]　梁兴辉.关于城市发展战略的思考[J].现代城市研究，2004（09）：22-28.

[2]　陈昭，王红扬.中国城市发展战略规划转型：结合汕头城市发展战略规划的探讨[J].城市规划，2020，44（05）：9-18.

[3]　梁兴辉.城市发展战略的理论与方法探讨[D].大连：东北财经大学，2005.

[4]　国务院.中共中央国务院关于建立国土空间规划体系并监督实施的若干意见[EB/OL].http：//www.gov.cn/zhengce/2019-05/23/content_5394187.htm.

[5]　王玮，文爱平.全面解读《北京市城乡规划条例》　明确首都城市发展战略[J].北京规划建设，2019（05）：189-190.

[6]　国务院.长三角区域一体化发展规划纲要[EB/OL].http：//www.gov.cn/home/2019-12/01/content_5459043.htm.

[7]　孙晓敏，张振广.城市建设新理念下的中等城市规划应对：以马鞍山为例[C]//中国城市规划学会，杭州市人民政府.共享与品质：2018中国城市规划年会论文集（11城市总体规划）.北京：中国建筑工业出版社，2018：185-197.

[8]　蔡之兵，张可云.中国城市规模体系与城市发展战略[J].经济理论与经济管理，2015（08）：104-112.

[9]　杨孟禹，杨雪.规划引导型城市群战略深化路径研究[J].区域经济评论，2020（03）：90-98.

[10]　南京市政府.南京一江两岸"九大城市客厅"设计规划（征求意见稿）[EB/OL].http：//www.nanjing.gov.cn/zdgk/202005/t20200512_1872679.html.

国土空间规划许可制度创新探讨

严于茹*

【摘　要】在国土空间规划体系构建和机构改革背景下，我国初步形成了全域覆盖、逐级分类的国土空间规划许可体系，但仍处于国土空间规划编制和实施初期，存在规划许可制度重叠冲突，许可审批程序复杂，许可权威性不够，规划编制、审批、实施三权合一，缺乏有效的公众参与和监督机制等现实问题。本文阐释国土空间规划许可有关概念，分析当前我国国土空间规划许可制度的现状和面临的问题，借鉴规划许可的境外经验，探讨建立有效有序国土空间规划许可制度的优化思路和制度设计，提出未来国土空间规划许可制度中引入独立的城乡规划委员会等创新性的政策建议。

【关键词】城乡规划委员会；国土空间规划；规划许可；详细规划；行政许可；多规合一

1　引言

2019年5月24日，国务院颁发了《中共中央国务院关于建立国土空间规划体系并监督实施的若干意见》（下称《意见》），强调"将主体功能区规划、土地利用规划、城乡规划等空间规划融合为统一的国土空间规划，实现'多规合一'，强化国土空间规划对各专项规划的指导约束作用"。这不仅标志着国土空间规划体系构建工作的展开，也对完善我国规划许可制度提出了要求。

国土空间作为一切自然资源和建设活动的载体，有学者将其定义为："国土空间是指国家主权与主权权利管辖下的地域空间，是国民生存的场所和环境，包括陆地、内水、领海、领空等。"由此定义来看，国土空间规划是一种对国土全域的空间用途管制。而作为国土空间用途管制的重要执行环节，规划许可在限制国土空间开发行为、保护自然资源等方面发挥了重要作用。新时期下，梳理、分析和研究我国的规划许可制度具有重要意义。

目前我国的国土空间规划体系比较混乱，正处于国土空间规划编制和实施初期，各规划许可之间关系不清。据有关学者的不完全统计，当前中国具有法定依据的各类空间规划有80多种，规划内容重复的情况比较严重。《意见》也在开篇指出，目前各级各类空间规划存在规划类型过多、内容重叠冲突，审批流程复杂等问题。2018年国务院机构改革后，城乡规划管理职能转到自然资源部，但实际上城乡规划许可的具体管理办法仍然按照住房和城乡建设部的规定，仅实现了部门的合一而没有实现职能的合一。

随着国土空间规划体系建设的推进，各级政府对于改革国土空间规划、改进规划许可制度对统筹城乡发展、解决生态问题和保护自然资源的重要作用有了进一步的认识，近年来多次开展"多规合一"和"空间规划试点"，积累了有关经验，学者们也做了众多相关研究，但针对国土空间规划许可的深入探讨还很欠缺。本文将阐释国土空间规划许可的有关概念，分析现阶段我国规划许可制度的现状和存在的

---

　*　严于茹，女，中国人民大学公共管理学院土地资源管理系本科生，现就职于四川省国土空间规划研究院市县规划所。

问题，同时借鉴规划许可境外经验，探讨建立有效有序国土空间规划许可制度的优化思路和制度设计，以期为新国土空间规划体系下有关部门制定决策提供政策性建议与有益参考。

2　规划许可概念分析

2.1　行政许可与行政审批

现有的许多文献将行政许可和行政审批混用，使用"行政审批许可""审批许可"等词，或将行政许可和行政审批等同，没有对二者进行明确的区分。混合使用行政许可和行政审批不利于我们理解规划许可，也影响了研究的准确性，因此笔者在此进行相关论述，以厘清二者关系。根据《中华人民共和国行政许可法》（下称《行政许可法》）第二条，行政许可是指："行政机关根据公民、法人或者其他组织的申请，经依法审查，准予其从事特定活动的行为。"国土空间规划中的行政许可是针对许可申请者提出的独立个别行为和事件（如用地申请），实现对国土空间资源数量和指标的管控，根据所申请事项是否符合国土空间规划相关要求，决定是否颁发对特定国土空间开发、用途变更等行为的规划许可，是一种外部许可行为。如城乡规划许可、土地规划许可等就属于行政许可。行政审批则是一种程序性事务，是规划行政机关内部的审批事务，不针对被管理者和申请者，不涉及具体的申请行为，是一种内部行政行为。如上级政府审查下级政府编制的国土空间规划是否法定合规，并批准规划是否可以使用，这种政府间的审批就属于行政审批。

2.2　规划许可有关概念界定

规划许可是行政机关做出的一种行政行为，用于准许、允许相关人从事某项活动。对于"规划许可"一词，目前尚没有统一的概念界定，是一个涵盖很广的概念。在英语中"规划许可"多用 planning consent, planning permit 或 planning permission 来表示。我们可以从具体的规划许可形式来理解规划许可，例如有学者认为城市规划许可是城市规划部门通过颁发许可证等形式，按照城市规划法的要求赋予建设单位或个人进行建设活动的资格的行为；土地利用规划许可是土地管理部门根据当事人的申请，在一定条件下解除禁止，准许个人或组织从事土地利用的行为，通常以证书形式表现。

从常见的规划许可中可以总结出，规划许可具有以下几个特征：一是它是一种依申请的准许行为，如果没有申请，行政机关无法做出许可；二是它赋予申请人从事一定活动的资格，如修建建筑、使用土地、使用海域等；三是它是一种强制性的行政行为，没有依法依规取得规划许可的活动是违法的；四是它以国土空间规划为依据，如根据详细规划颁发许可；五是它通常以颁发相应的许可证书为规划许可的结果和凭证，如建设工程许可证。规划许可涉及的主体包括规划许可机关和规划许可相对人。目前我国的规划许可机关是自然资源部和各级自然资源（城乡规划）行政主管部门。规划许可相对人分为规划许可申请人和利害关系人：规划许可申请人在实践中主要为开发商和建筑单位；利害关系人则是与该规划许可有法律上的直接利害关系的人，如规划项目周边居民。

我国的规划许可根据不同的分类方法可分为多种：按许可管辖地域可分为城市规划许可、乡村规划许可；按许可准许行为可分为国土空间开发许可、土地用途变更许可；按许可内容可分为行为许可和资格许可，行为许可针对建设单位或个人，表现为"一书三证"；资格许可针对规划编制单位，表现为城乡规划编制单位资质证书。在实际生活中，诸如建筑功能转换、房屋外观改建、建设屋顶花园等建设与开发活动，会对所在地区的公共环境造成影响，应被认为是规划许可。目前存在的部分"审批""批准""准许"和一些不称之为许可的行为，若符合规划许可的定义，也应将其视为规划许可，如对鱼塘使用的准许行为，林地、草原、湿地、农用地改变土地用途的审批等都是规划许可的各种形式。有些被称为"许可"

的环节实际上并不承担许可的职能，应根据上文中规划许可的概念界定和行政许可与行政审批的论述加以区别。

　　在我国，国土空间用途管制是以行政许可为主的管理方式。本文讨论的国土空间规划许可作为国土空间用途管制的执行环节，属于行政许可的范畴。具体来说，国土空间规划许可是指负责管理国土空间资源的有关部门依公民、法人或者其他组织的申请，根据国土空间规划的要求依法审查，准予其从事特定活动的行政行为，通常表现为许可证书的形式。

3　现行规划许可制度

3.1　现行规划许可制度的现状

3.1.1　现行体系

规划许可是落地实施国土空间用途管制、管控国土资源合理利用的有效手段。按照《国务院机构改革方案》要求，我国于2018年组建了自然资源部，统一行使所有国土空间用途管制和生态保护修复职责。由国土资源部到自然资源部的这一转变标志着我国由注重许可"土地"这一单要素扩展到了"山水林田湖草"等多要素，正逐步建立起对国土全域全覆盖全要素的国土空间规划许可制度。本文所认定的国土空间包括陆地、内水、领海、领空等，但针对国土空间规划许可，主要将其分为陆域和海域，空域暂时没有被划到国土空间规划许可范围中，也不在自然资源部门的管辖范围。

　　目前我国国土空间规划许可大体可以分为战略发展规划许可、国土资源规划许可、生态环境规划许可、城乡建设规划许可、海域规划许可和基础设施规划许可六种类型，初步形成了全域覆盖、逐级分类的国土空间规划许可体系（表1）。

我国现行主要国土空间规划许可梳理　　　　　　　　　　　表1

许可类型	规划名称	法律依据	规划期限／年	规划许可管制内容	主管部门（改革前）	主管部门（现行）
战略发展规划许可	主体功能区规划	无法律，仅有中央和地方政府出台的相关文件	10	优化开发区、重点开发区、限制开发区、禁止开发区	国家发展和改革委员会	自然资源部
国土资源规划许可	土地利用总体规划／土地利用专项规划	土地管理法、土地管理法实施条例	15	建设用地预审、农用地转用审批（包括永久基本农田转用许可）、未利用地开发许可等	国土资源部	自然资源部
	矿产资源总体规划／矿产资源专项规划	矿产资源法	5～10	勘查许可证、采矿许可证		
	煤炭生产开发规划	煤炭法	5～10	安全生产许可证		
	林地保护利用规划	森林法、森林法实施条例	10	林木采伐许可证、林地占用征用审批	国家林业局	
	草原保护建设利用规划	草原法	15	境外引进草种审批、草原使用审批	农业部	农业农村部
	养殖水域滩涂规划	渔业法、环境保护法等	15	水域滩涂养殖许可		
	水资源综合规划	水法	10～20	取水许可和水资源有偿使用制度、河道采砂许可、水工程建设审批	水利部	水利部

续表

许可类型	规划名称	法律依据	规划期限／年	规划许可管制内容	主管部门（改革前）	主管部门（现行）
生态环境规划许可	防洪规划	防洪法	15	符合防洪规划要求的规划同意书	水利部	应急管理部
	湿地保护规划	湿地保护管理规定	10～15	湿地占用审批	国家林业局	自然资源部
	防沙治沙规划	防沙治沙法	10	五大类型区防沙治沙管理		
	矿山地质环境保护规划	矿山地质环境保护规定	7～10	批准采矿权申请人办理采矿许可证时编制的矿山地质环境保护与土地复垦方案	国土资源部	
	防震减灾规划／地质灾害防治规划	防震减灾法	5	为城乡规划主管部门向地震观测环境保护范围内的建设工程项目核发"一书三证"提供的地震预防监测意见	中国地震局	应急管理部
	海洋环境保护规划	海洋环境保护法	3～18	海洋倾倒废弃物许可、入海排污口设置审批	国家海洋局	生态环境部
	水污染防治规划、水功能区划	水污染防治法	5～10	废水污水排污许可证	环境保护部	
	环境保护规划	环境保护法	5	建设项目环境影响报告书审批、排污许可		
	生态功能区划	环境保护法	5	生态功能区划分与管理		
城乡建设规划许可	城镇体系规划	城乡规划法	10～20	三区四线：适宜建设区、限制建设区、禁止建设区，绿线（绿地）、蓝线（河海湖泊）、黄线（基础设施）和紫线（文物保护区）一书三证：建设项目用地预审与选址意见书、建设用地规划许可证、建设工程规划许可证、乡村建设规划许可证	住房和城乡建设部	自然资源部
	城市规划					
	镇规划					
	乡规划					
	村庄规划					
海域规划许可	海洋功能区划	海域使用管理法	10	用海预审、围填海审批、海域有偿使用制度下的海域使用权证书审批	国家海洋局	
	海洋主体功能区规划	海域使用管理法	5	优化开发区、重点开发区、限制开发区、禁止开发区		
	海岛保护规划	海岛保护法	10	海岛开发利用许可		
基础设施规划许可	公路规划	公路法	7～18	公路建设许可	交通运输部	交通运输部
	港口规划	港口法	15～20	港口建设、经营许可		
	民用机场建设规划	民用航空法	10	机场使用许可、新建改建扩建民用机场建设许可、公共航空运输经营许可		
	铁路发展规划	铁路法	5～15	铁路建设许可	国家铁路局（交通运输部管理）	国家铁路局（交通运输部管理）
	管道发展规划	石油天然气管道保护法	5	管道建设许可	国家能源局（国家发展和改革委员会管理）	国家能源局（国家发展和改革委员会管理）
	电力发展规划	电力法	5	电力建设许可		

注：

1. 表中所列主管部门均为国务院层级，地方主管部门为各省、自治区、直辖市人民政府有关行政主管部门，如国务院为自然资源部，地方为自然资源局／厅等。

2. 表中所列法律均为简称，所有法律全称均有"中华人民共和国"，如土地管理法全称为《中华人民共和国土地管理法》。

3. 规划期限有差别的原因是各种规划有全国规划和地方规划等，规划期限不一。

4. 城乡规划中城市（镇）规划包括总体规划和详细规划，详细规划包括控制性详细规划和修建性详细规划。

3.1.2 许可程序

目前我国的国土空间规划许可程序大体可分为以下 8 个步骤。

（1）申请。公民、法人或其他组织向对应规划许可机关提出申请，申请具体内容可查看本文表 1 "规划许可管制内容"一栏。

（2）受理。我国国土空间规划相关法律，如《土地管理法》《城乡规划法》等并未对申请的受理做出明文规定。但根据《行政许可法》第三十二条，行政机关对申请人提出的行政许可申请，应当根据不同情况分别做出处理。

（3）审查。规划许可机关收到申请后在法定期限内依据相关法律规定对申请进行审查，相关部门内部需相互协调，最后做出是否允许其从事相应活动行为的决定。审查分为程序性审查和实质性审查。程序性审查审核申请事项是否符合法定程序和法定形式、申请材料是否完备；实质性审查针对申请事项的内容，审查其是否符合相关法律规定和国土空间规划，并提出审核意见。

（4）公示。规划许可机关向公众公示规划许可申请的过程、预期结果并加以说明，公开听取公众意见并进行相应的反馈。

（5）发证。颁发规划许可。根据《行政许可法》第三十八条："申请人的申请符合法定条件、标准的，行政机关应当依法做出准予行政许可的书面决定。行政机关依法做出不予行政许可的书面决定的，应当说明理由，并告知申请人享有依法申请行政复议或者提起行政诉讼的权利。"

（6）公布。向公众公布规划许可的颁发情况，接受公众监督。

（7）异议申诉。如申请人对于规划许可内容、程序、结果等存在异议，符合行政复议和行政诉讼的要求，可依照法律有关规定提出申诉。

（8）竣工验收。规划行政主管部门对建设单位在建设活动中是否遵守规划许可要求进行监查，对符合条件者予以竣工验收。

此外，根据 2019 年 4 月最新修订实施的《城乡规划法》和 2019 年 9 月自然资源部出台的《关于以"多规合一"为基础推进规划用地"多审合一、多证合一"改革的通知》（下称《改革通知》），我国城乡规划许可制度以"一书三证"为基础，"一书三证"贯穿于城乡规划许可始终，其程序主要分为申请、审核颁发和取得三个步骤（图 1）。

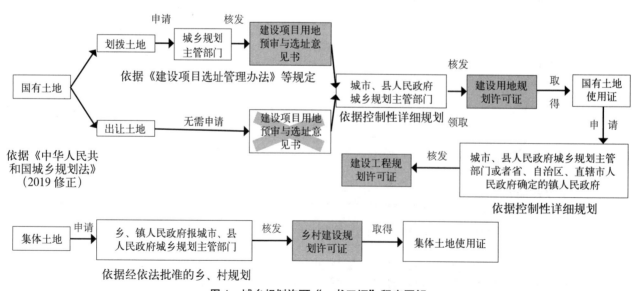

图 1　城乡规划许可"一书三证"程序图解

3.2 现行规划许可制度的问题

3.2.1 许可制度重叠冲突

首先，我国正处于国土空间规划编制和实施初期，体系尚未完善、内容表述不一、措施不够到位。在新国土空间规划形成体系之前，现有的规划仍然有效。目前我国的国土空间规划已形成多区域、多部门的庞杂体系。规划许可设置过多、内容重叠冲突、"空间规划打架"的局面仍然存在，各项规划的目标、内容、方案等缺乏整体性。其次，现有规划许可制度存在技术标准打架、数据矛盾、信息平台不一的问题，不同规划技术标准不同，基础数据不一，缺乏共享交互的平台，导致规划许可之间的衔接不够，出现各部门"重复做工"的现象（表2）。

我国主要规划许可类型比较

表2

规划许可类型	战略发展规划许可	国土资源规划许可	生态环境规划许可	城乡建设规划许可	海域规划许可	基础设施规划许可
技术标准	无	《国土资源标准体系》（2016）	《规划环境影响评价技术导则总纲》（HJ 130—2019）	《城市用地分类与规划建设用地标准》等	《区域建设用海规划编制技术规范（试行）》	无统一标准
数据来源	发展与改革委员会	自然资源部全国土地调查（三调）	自然资源部、应急管理部、生态环境部	住房和城乡建设部	国家海洋局	交通运输部
使用软件	GIS	GIS	Marxan、C-Plan、GIS等	CAD	GIS	CAD

3.2.2 许可审批程序复杂

近年来我国进行了多项改革推动完善规划许可流程，精简许可事项，提升行政效率，已取得一定成绩。但现有各类国土空间规划许可审批流程还比较复杂；审批依据不一；各规划关系不清、各部门权利义务不清；规划许可审批核发周期较长，"马拉松式审批"时有发生，审批程序的繁杂导致现有审批效率还比较低。

3.2.3 许可缺乏权威性

2019年颁发的《意见》要求："强化规划权威，规划一经批复，任何部门和个人不得随意修改、违规变更，防止出现换一届党委和政府改一次规划；坚持先规划、后实施，不得违反国土空间规划进行各类开发建设活动。"2020年最新修订实施的《土地管理法》也规定："经依法批准的国土空间规划是各类开发建设活动的基本依据，已经编制国土空间规划的，不再编制土地利用总体规划和城市总体规划。"尽管法律和公文有所规定，但目前国土空间规划许可实施过程中仍存在地方规划朝令夕改，规划可随意修改，甚至"政府一换届、规划就换届"的问题，规划许可（尤其是控制性详细规划）权威性、稳定性不够。

3.2.4 规划编制、审批、实施权合一

目前的空间规划存在政府一手包办规划编制、审批和实施的问题。政府自编自审、自己许可自己；既是球员也是裁判；自由裁量权大；规划编制滞后于规划许可发展等，引发了诸多问题。政府在规划许可中行政权过大，对国有土地财政收入过分依赖，导致规划许可公权力滥用和"权力寻租"。规划许可不应三权合一，审批和实施在空间规划领域应相互独立，由技术专业部门研制空间规划，人大等立法部门审议并批复空间规划，政府实施空间规划。

以城乡规划许可为例，我国《城乡规划法》规定，国务院和地方各级人民政府编制规划，与各行政层级对应的上一级人民政府审批规划，再由编制机关实施规划；省域城镇体系规划和城市、镇总体规划，在报上一级人民政府审批前，应先经本级人民代表大会（常务委员会）审议，村庄规划在报送审批前应

经村民会议或者村民代表会议讨论同意；同时还规定城乡规划组织编制机关应当委托具有相应资质等级的单位承担城乡规划的具体编制工作。

但上述规定并没有解决我国规划许可编制、审批、实施三权合一的问题，导致部分规划编制科学性差、操作性差、规划许可过程缺乏有效的监督制约机制等问题。

3.2.5 公众参与程度较低

近年来我国越来越关注规划许可中的公众参与问题，目前的公众参与方式主要有参加专题会议、听证会、电话热线、基层组织建议征集、网络投诉、现场公示等，公众参与取得了一定的成效。但仍应看到，我国规划许可的公众参与仍处于公众参与八级阶梯的最底层和中间层，多为事后和被动参与；参与人数较少，多为相关利益群体；规划部门缺乏对公众意见的反馈或反馈不及时，参与有效性存疑；信息公开公示不到位，未全面发挥民众的监督作用。

4 规划许可境外经验

目前世界各国普遍采用规划许可制度实现对国土空间资源的管制，境外发达国家和地区比我国更早建立国土空间规划体系，我们可借鉴境外已有的经验，在结合我国国情的基础上加以改进创新，建立适合我国的国土空间规划许可制度。

4.1 注重上下级规划协调衔接

德国国土空间规划分为四级，在欧洲空间发展设计指导下编制空间规划。上级规划以制定空间发展政策为主，对下级规划起引导作用，是一种战略性规划，包括联邦空间秩序规划和州域规划。下级规划包括区域规划和地方规划（城镇规划），区域规划主要根据本级区域发展的实际需求，落实上级空间规划政策。地方规划则结合地方现状，编制能落实到具体地块的实施性规划，是规划许可管理和审批的直接依据。

4.2 规划许可适用范围明确

境外的规划许可对于许可适用的范围有明确规定，易于执行。新西兰将土地开发活动分为六类，针对不同活动明确其是否需要规划许可。当开发活动符合允许开发活动（permitted activity）的定义，开发人可提交建筑许可申请，由规划主管部门核发《开发活动符合规划要求证书》；当开发活动被认定为控制开发活动（controlled activity）、限制性任意开发活动（restricted discretionary activity）、任意开发活动（discretionary activity）、不符合规范的开发活动（non-complying activity），开发商需向规划主管部门申请相关规划许可证；对于严禁开发活动（prohibited activity），规划部门不受理任何规划许可申请。

英国的规划许可适用范围体现在规划部门制定的各项实施规则中，主要包括《用途分类规则》（*Use Classes Order*）、《一般开发规则》（*General Development Order*）和《特别开发规则》（*Special Development Order*）。根据这些细则，需要规划许可的开发活动必须提出申请，不需要规划许可的则无需申请，可直接开发。如今，公众也可以直接在规划部门网站上根据官方指南和网站提示来判断开发活动是否需要规划许可，并可在网站上直接申请。与我国不同，英国对于建筑使用性质的改变（如破墙开店、房屋外观的明显改变）也需申请规划许可。

与英国类似，中国香港采用"法定图则"规定了规划许可的适用范围。法定图则（与大陆的控制性详细规划相似）是唯一具有法律效力的规划许可依据，依法成立的独立的城市规划委员会是批准法定图则的机构。法定图则一经批准立即生效，申请改变法定图则需城市规划委员会批准。对于符合法定图则要求的开发建设活动，无须许可直接开发；对于法定图则规定的需要申请的项目，需向城市规划委员会申请规划许可获得批准才可开发。需要明确的是，不需要许可并不意味着不许可，无须许可本身就是一种特殊的许可。

4.3 具备规划许可申诉制度

英国地方规划部门在授予规划许可时可要求规划许可申请人（多为开发商）支付规划条款规定义务以外的利益，如建造基础设施、配建保障房、支付现金等，以克服社区阻力、推动规划许可申请的通过，这就是规划得益（也称规划协议、规划义务）。申请人若对规划部门要求的规划得益内容不满，或对规划许可申请被否决不服，可与政府谈判达成共识获得许可，也可向中央政府规划主管部门提出申诉。进入申诉后该规划许可的决策权就在中央，由规划督察员代表中央政府介入处理申诉，决定签发规划许可与否。

日本的规划许可上诉由相当于我国省级行政层级的都道府县和独立设置的开发许可审查会裁决。开发许可审查会委员由 5～7 人组成，包括多行业的专业人士。中国香港成立了独立的上诉委员会，处理不服城市规划委员会就规划许可申请所作决定而提出的上诉。但我国并没有类似的相对独立的第三方裁决上诉机构或部门，而是依照一般意义上的行政复议和行政诉讼制度处理规划许可的申诉。

4.4 公众参与程度较高

国土空间规划许可关系到广大公众的利益，实现有效的公众参与是规划许可过程中必不可少的环节。英国在规划许可申请过程中有两个主要的公众参与环节，一是地方规划局公布规划许可申请，以供公众对项目提出异议；二是组织规划委员会审议许可申请，公众可到场参加并发言。英国所有开发项目的规划许可申请都在规划部门网站公开，且规划主管部门会主动告知与规划许可申请相关的利害关系人，公众可在规划许可申请提交后、规划许可核发前通过网站、现场告示、书信和电子邮件知晓规划许可，实现尽早参与。同时，政府在规划部门网站提供许多有关公众参与规划许可的介绍，并制定了详尽的官方指南，指导和帮助公众了解规划许可的程序、内容、运作方式，实现有效的公众参与。

5 国土空间规划许可制度设计

5.1 建立独立的城乡规划委员会

目前的国土空间规划许可存在政府自由裁量权过大，规划许可不够透明的问题。为限制和规范政府的自由裁量权，应逐渐将规划编制、审批和实施分权设置，政府部门不应承担国土空间规划的全过程职能。近年来有学者呼吁应在国土空间规划许可过程中引入城市规划委员会制度，改变政府在规划许可中"决策"与"执行"合一的角色，政府不能既做"运动员"又做"裁判员"，在未来的规划许可体系中，城市规划委员会是可以扮演"裁判员"的重要角色。

我国的国土空间规划是城乡一体化的规划，因此应在城市依法成立独立的城乡规划委员会，其不隶属于任何行政机关，权力高于市县级自然资源主管部门，低于省级自然资源主管部门，由政府人员、专家学者、人大代表、社会人士等各类人员按比例组成，其中政府人员和人大代表占比之和应少于 50%，以保证委员会的独立性。城乡规划委员会负责审批市县自然资源主管部门编制的城市控制性详细规划和乡镇政府编制的乡镇详细规划和村庄规划，我们可将其统称为城乡详细规划。

城市控制性详细规划是在已经批准的市县级国土空间总体规划指导下和协调衔接有关专项规划的基础上，对指定片区内具体地块的用途和开发建设强度等细则做出的实施性和控制性安排，包括指定地块的位置、面积、分区、土地利用类型、容积率、绿化率、建筑密度、建筑高度、建筑红线、基地出入口等。未来要把现有的建设工程规划许可中涉及空间利用和建设强度的内容纳入详细规划，使详细规划本身就能实现规划许可。同时随着城市土地资源的消耗，在规划地上空间的同时要更加注重地下空间的规划统筹与设计。乡镇详细规划和村庄规划则是乡镇政府根据当地实际对乡镇和村庄具体地块的用途和开发使用做出的实操安排。城乡详细规划经过法定程序由城乡规划委员会批准后即成为规划许可的直接依据，具有法律效力和普遍约束力，须严格执行，不得随意修改。如申请对城乡详细规划进行修改，必须按法定程序报该委员会审批通过，改变过去政府部门甚至个别领导对规划"说改就改"的弊端。

5.2 国土空间规划体系设置

未来我国将建立"五级三类"的国土空间规划体系，五级指与我国行政管理层级相对应的国家、省、市、县、乡镇，三类包括总体规划、相关专项规划和详细规划。总体规划是全局战略性总纲，专项规划是对特定区域（流域）空间开发保护利用做出的安排，详细规划是对具体地块细化的实施性规定，三类规划的相互关系见图2。

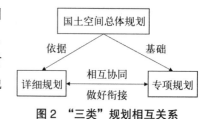

图2 "三类"规划相互关系

新国土空间规划体系体现了一级政府一级事权，各级侧重点不同，下级规划要服从上级规划。结合《意见》要求和城乡规划委员会的建立，自然资源部会同相关部门编制全国国土空间总体规划，侧重战略性，由党中央、国务院审定后印发；省级政府编制省级国土空间总体规划，侧重协调性，经同级人大常委会审议后报国务院审批；市县政府编制市县级国土空间总体规划，侧重实施性，经同级人大常委会审议后报省级政府审批。跨行政区域或流域的专项规划，根据实际情况由所在区域或上一级自然资源主管部门牵头组织编制，报同级政府审批；其他国土空间利用领域的相关专项规划由相关主管部门组织编制，报同级政府审批。市县政府编制城市控制性详细规划，乡镇政府结合当地实际编制"多规合一"的乡镇详细规划和村庄规划，各地可因地制宜，将市县与乡镇国土空间规划合并编制，也可以几个乡镇为单元编制乡镇详细规划，或以一个或几个行政村为单元编制村庄规划，注重操作性，由城乡规划委员会审批。

新国土空间规划体系应协调多部门，整合现有的各类空间规划，将其融入"五级三类"的框架，采取纵向的规划结构，构造从宏观到微观完整综合的城乡一体化规划体系，秉持生态保护、节约用地、可持续发展和动态的理念，在保证国土空间规划具备足够刚性的同时为规划预留足够的弹性空间，实现对国土空间资源的开发、利用、整治和保护。表3整理出了新国土空间规划体系的具体内容，图3则展示了笔者对新国土空间规划体系的基本设计。此外，为了确保规划编制符合当地实际、规划能够真正落地实施，上级政府应向下级政府明确规划相关约束性指标和刚性管控要求，对下级政府进行国土空间规划编制方面的指导，如制作国土空间总体规划和相关专项规划、详细规划编制指导手册、开展国土空间规划学习培训、派专人专组协助下级政府编制规划等。

新"五级三类"国土空间规划体系内容　　　　　　　　　　　　表3

国土空间规划类别	主管部门	新空间规划分类	现有空间规划细分
国土空间总体规划 （国家、省、市、县、乡）	自然资源部	主体功能区规划	
		土地利用总体规划	
		城乡总体规划	城镇体系规划
			城市总体规划
			乡镇总体规划
		海洋总体规划	海洋功能区划
			海洋主体功能区规划
国土空间专项规划 （国家、省、市、县）	自然资源部	土地利用专项规划	
		生态保护专项规划（包括陆地、内水和海洋）	海岛保护规划
			防沙治沙规划
			矿山地质环境保护规划
			湿地保护规划
	生态环境部		环境保护规划
			生态功能区划
			水污染防治规划
			海洋环境保护规划
			水功能区划
	农业农村部	林业草原农业专项规划	养殖水域滩涂规划
	自然资源部		林地保护利用规划
			草原保护建设利用规划
	水利部	水利专项规划	水资源综合规划
	应急管理部	自然灾害专项规划	防洪规划
			防震减灾规划／地质灾害防治规划
	国家能源局	能源专项规划	管道发展规划
			电力发展规划
	自然资源部		矿产资源规划（矿产资源总体规划／专项规划、煤炭生产开发规划）
	交通运输部	基础设施专项规划	公路规划
			港口规划
			民用机场建设规划
			铁路发展规划
国土空间详细规划 （市、县、乡）	市县自然资源主管部门	市级详细规划	
		县级详细规划	
	乡镇政府	乡镇详细规划	
		村庄规划	

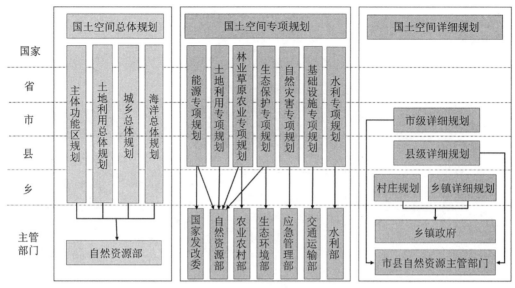

图 3   新"五级三类"国土空间规划体系设想

5.3   国土空间规划许可设置

我国国土空间规划许可制度不在国家和省级设立规划许可，只在市、县、乡镇级设立规划许可。在制度设计中要提高城乡详细规划的法定地位和权威性，推动法定层面详细规划的城乡全覆盖，将规划许可的适用范围在城乡详细规划中予以明确，实现需要申请规划许可和无须申请规划许可的活动"清单化""明晰化"。已生效的城乡详细规划在政府网站上进行有限、有偿和有条件的公开。要查看详细规划需在网站注册实名登记，认证用户身份，说明查看事由（须为正当理由），如"我是规划许可相对人""我近期有改建房屋计划""我近期有购房计划"等。详细规划的公开范围可以分为完全公开、部分公开、不公开三种。根据用户的身份不同和需要了解详细规划的程度不同，用户所支付的查询费用、详细规划显示的内容详细程度也不同。涉密的指标选择不公开，部分公开的指标中未公开的部分要加以说明，告知查询人某些指标被隐藏，以免产生误导影响个人决策。

对于城镇开发边界内的城市地区，实行"详细规划＋规划许可"的管理方式，取消城市"一书两证"，采用默认许可制。当开发建设活动符合城市控制性详细规划的要求，无需向规划部门申请规划许可，实现默认许可或自动许可，可直接按照控制性详细规划的要求进行开发，具体建设过程（如建设工程设计方案审查等）和其他相关的审批与监管由相关主管部门（如住房和城乡建设部门、生态环境部门等）负责。对于控规中规定的需要申请规划许可的项目和没有明确规划条件的地块（如规划留白），开发人向城乡规划委员会申请，城乡规划委员会审批该申请是否符合规划许可要求，如符合则颁发"城市建设规划许可证"，作为规划许可凭证。

对于城镇开发边界外的乡村地区，实行"详细规划＋规划许可"和"约束指标＋分区准入"的管理方式。当开发建设活动符合乡镇详细规划和村庄规划的要求，可直接开发，但需要到乡镇政府进行项目备案和登记，明确各项约束指标要求。对于乡镇详细规划和村庄规划中规定的需要申请规划许可的项目和暂未做出规划的地块，开发人向城乡规划委员会申请，城乡规划委员会结合规划约束指标和分区准入规则审批该申请是否符合规划许可要求，如符合则颁发"乡村建设规划许可证"。

综上所述，建议未来深化改革方向是：国土空间规划部门委托具有相应资质等级的专业技术单位（如国土空间规划院）承担国土空间规划的具体编制工作；编制好的规划送上一级政府或城乡规划委员会审批；最后由地方政府制定具体政策和措施实施规划，实现对国土空间全域全要素的许可管控。

6　国土空间规划许可政策建议

6.1　完善规划许可法律

加快制定作为总法的《国土空间规划法》，协调好新《国土空间规划法》与《土地管理法》《城乡规划法》等法律的关系；整合与国土空间规划相关的法律法规和部门规章，如合并《矿产资源法》《石油天然气管道保护法》《煤炭法》《电力法》，制定为统一的《能源法》；修订《城乡规划法》，将城乡规划委员会确定为合法的城乡详细规划审批主体，将其纳入国土空间规划许可体系，赋予其独立于行政机关的法律地位，使城乡规划委员会制度法定化；加快制定和实施与新规划许可制度配套的实施条例、办法细则等，地方《城乡规划条例》应把城乡规划委员会确定为常设机构，赋予其对城乡详细规划的审批权；制定对违反规划许可的行为（如默认许可制下不按照详细规划进行建设、需要申请规划许可而没有申请、规划许可已失效等）进行处罚的法律条文，不断推动规划许可制度民主化和法治化，用完善的法律保障国土空间规划许可的有效实施。

6.2　健全规划许可体系

6.2.1　整合规划许可制度

建立全国统一、相互衔接、分级管理的国土空间规划"一套"体系，在现有几十种空间规划的基础上整合形成一套新国土空间规划制度；通过"多规合一"的实用性详细规划实现对"山水林田湖草"生命共同体的国土空间规划许可全覆盖，推动生产、生活、生态空间科学布局；整合地上地下空间规划许可，实现对地上地下立体空间的许可管控。

6.2.2　统一技术标准、数据和平台

制定全国统一、上下服从关系清晰的国土空间规划技术标准体系，实现国土空间规划领域自上而下一个标准、一套数据、一个平台；优先搭建县级以上国土空间基础信息平台，逐步推动乡镇国土空间规划信息化，继续推进各部门数据共享和信息交互工作，逐步形成全国国土空间规划"一张图"。

6.2.3　简化规划许可程序

深入推进"放管服"改革，规范许可程序、压缩许可事项、减少许可材料；以"多规合一"为基础，推动"多审合一""多证合一""多验合一""多测整合"，逐步实现空间规划"一张图"审批；做到"能跑一趟就不跑多趟，能线上办就不线下办"，严格按照国家规定收取相关费用，减少收费项目，切实提升规划许可审批效率；提高作为规划许可直接依据的详细规划的操作性和科学性，通过详细规划默认许可制度实现许可程序的简化。

6.3　强化规划许可权威

近日，国务院用地审批权下放的改革既是一次大胆的改革，又存在改革后规划改动更随意的可能，规划许可的权威性面临挑战。在日后的国土空间规划许可工作中要强化许可的权威性和有效性，尤其是城乡详细规划许可的权威性。有关部门要做好监管和监督工作，确保规划许可能用、有用、管用。

6.4　加强公众参与

实现规划许可各个环节信息公开，提高规划许可的透明度，保障公众的知情权、参与权、监督权；在国土空间规划相关法律制定中明确公众参与的原则、方法和措施，并制定地方性法规对公众权利予以保障；完善政府网站，增加有关公众参与规划许可的介绍，制定官方指南指导公众实现有效地参与；规

划许可申请提交至城乡规划委员会后，将有关内容在线上和线下公示数日，征集社会各界意见，及时对意见进行反馈，在审批过程中充分考虑公众意见，申请结果也应进行相应的公示，确保公众参与的有效性和通达性。

参考文献

[1] 中共中央办公厅．中共中央国务院关于建立国土空间规划体系并监督实施的若干意见 [N]．人民日报，2019-05-24 (001)．

[2] 林坚，吴宇翔，吴佳雨，等．论空间规划体系的构建：兼析空间规划、国土空间用途管制与自然资源监管的关系 [J]．城市规划，2018，42 (05)：9-17．

[3] 严金明，亚库甫，张东昇．国土空间规划法的立法逻辑与立法框架 [J]．资源科学，2019，41 (09)：1600-1609．

[4] 林坚，武婷，张叶笑，等．统一国土空间用途管制制度的思考 [J]．自然资源学报，2019，34 (10)：2200-2208．

[5] 杨亚．论我国城市规划许可制度的完善 [D]．武汉：华中科技大学，2012．

[6] 肖莹光，赵民．英国城市规划许可制度及其借鉴 [J]．国外城市规划，2005 (04)：49-51．

[7] 朱明君．关于建立土地利用规划许可制度的探讨 [C]．中国土地学会，1998：58-64．

[8] 庞晓媚，周剑云，戚冬瑾．城市规划行政许可及审批探讨 [J]．规划师，2014，30 (12)：54-58．

[9] 樊杰．我国空间治理体系现代化在"十九大"后的新态势 [J]．中国科学院院刊，2017 (04)：396-404．

[10] ARNSTEIN S R. A ladder of citizen participation[J]. Journal of American Planning Association, 1969, 35 (04)：216-224．

[11] 林坚，陈霄，魏筱．我国空间规划协调问题探讨：空间规划的国际经验借鉴与启示 [J]．现代城市研究，2011 (12)：15-21．

[12] 窦箏．中国与新西兰规划行政许可制度比较研究 [M]//城市时代，协同规划：2013中国城市规划年会论文集 (06-规划实施)．北京：中国建筑工业出版社，2013：328-339．

[13] 唐子来．英国的城市规划体系 [J]．城市规划，1999 (08)：37-41，63．

[14] 张俊．英国的规划得益制度及其借鉴 [J]．城市规划，2005 (03)：49-54．

[15] 童彤，朱莉萍．规划许可注重保护性开发：英国土地利用与管理政策看点 [J]．资源导刊，2019 (01)：52-53．

[16] 李名扬，孙翔．城市土地利用控制开发许可制度比较研究：以英国、日本、中国为例 [J]．中国建设信息，2005 (17)：26-28．

[17] 李庚．香港地区规划制定与实施系统 [J]．城市问题，1997 (05)：39-42．

[18] 赵丛霞，朱海玄，周鹏光．英国规划许可中的公众参与：以英国谢菲尔德市为例 [J]．国际城市规划，2019：1-10．

[19] 袁奇峰，唐昕，李如如．城市规划委员会，为何、何为、何去？[J]．上海城市规划，2019，144 (01)：64-70，89．

[20] 焦思颖．国土空间规划体系"四梁八柱"基本形成：《中共中央国务院关于建立国土空间规划体系并监督实施的若干意见》解读 [J]．资源导刊，2019 (06)：12-17．

指导教师：

张占录，男，教授，博士生导师。主要研究方向为土地利用与管理、城乡土地利用规划、土地政策。

国土空间规划视角下公众参与的重构
——以总体规划为例

王婷婷　赵守谅　陈婷婷 *

【摘　要】国土空间规划体系的改革促生了相应制度体系重构的需求，其中公众参与是很重要的一个环节。故而本文将传统的总体规划和新国土空间总体规划加以对应研究，在传统总体规划中公众参与问题的研究下，探索了国土空间总体规划中公众参与的重构思路。研究得出，现今传统公众参与存在政府忽视公众参与价值、公众被动参与城市总体规划编制以及规划师丧失其协调者角色等问题，并进而提出了未来公众参与在政府、公众及规划师三个层面的转变方向。

【关键词】国土空间规划改革；总体规划；公众参与

1　引言

2019 年中共中央颁布的《关于建立国土空间规划体系并监督实施的若干意见》正式拉开了国土空间规划体系建构的序幕，然而尽管规划的新基础框架已具雏形，但相应的运行制度尚缺乏相关研究，例如配套法律法规、规划编制与实施机制，等等。故而在新的发展背景下，以往的规划管理制度和实施机制迫切需要跳出传统的框架束缚，探索新的建构路径。

公众参与最早来源于西方规划界，一经引入便被置于很高的学术地位，同时被视作城市规划的必备环节。然而理念上的重视与实践上的落后并不冲突，大多数情况下规划中的公众参与仍流于形式表面，难以起到真正的作用。此外，近年来规划界开始出现一个错误的观念倾向，即将公众参与当作包治百病的"灵丹妙药"，仿佛只要公众参与程度够高，最终成果就是公平合理的。以往有关公众参与的学术研究十分丰富，但在新的国土空间规划框架下，旧规划体系下的制度重构思路似乎缺乏一定的耦合性。故而本文尝试以新的视角去重新审视现今规划公众参与中的种种矛盾点，以为未来国土空间规划的实施提供一定参考。其中由于城市总体规划与国土空间总体规划的对应改变最大，故而以其为例进行具体研究。

2　国土空间规划下的公众参与

2.1　规划公众参与的由来

公众参与作为一种民主制度，最初发端于美国 20 世纪六七十年代激烈的社会矛盾。故而公众参与原

* 王婷婷，女，华中科技大学建筑与城市规划学院，硕士研究生。
　赵守谅，男，华中科技大学建筑与城市规划学院，副教授。
　陈婷婷，女，武汉大学城市设计学院，副教授。

本就并非一种理想崇高化的"民主理论",而是解决政府、公众等多主体之间利益矛盾的一种"权力分配"方式。民主制度或者说公众参与的程度与某些政府事务在公众心中的"可靠性"紧密相关,可靠性越低,政府便需要给公众分配更多的"权力"去保证双方在城市规划建设中的交易承诺可信性。

由于公众参与在规划所扮演中的独特角色,西方学术界对其报以了极大的关注。例如谢莉·安斯汀(Sherry Arnstein)的梯子理论,她在《市民参与的梯子》中将公众参与分为八级和三种状态,即"不是参与的参与""象征性的参与"与"有实权的参与"。同一时期,达维多夫(Davidoff)提出倡导性规划的概念,强调公众参与的重要性以及弱势群体需要被特别关注。而后经过多年的发展,20世纪80年代左右公众参与正式进入了中国规划界的视野。

然而公众参与作为一项制度政策,其实施受到经济、社会、政治等多重因素的限制,故而形式化的套用并不能取得很好的实施绩效,这也是现今公众参与中仍亟待解决的"中国化"问题。例如美国的公众参与建立在契约式民主的背景之下,故而其在一定程度上类同于个人私利的博弈。然而中国的公众参与建立在社会主义民主之上,其宣扬"公利优先"的原则且公有制影响深远,中国公众长期缺乏个人民主意识。故而当公众感觉城市规划与自身利益关系不大时,公众参与自然效果不彰(图1)。

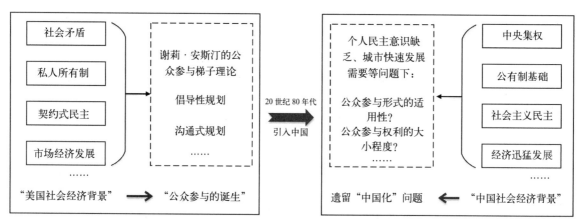

图1 西方公众参与引入后遗留至今的"中国化"问题
(资料来源:作者自绘)

2.2 国土空间规划的建构

由于很长一段时间内,国内多种规划并行,存在空间规划冗余、内容交叉重复等现象,故而为了解决这些问题,2014年8月政府部门发布了《关于开展"市县"多规合一试点工作的通知》,2015年中央颁布《生态文明体制改革总体方案》,明确提出要"构建以空间规划为基础、以用途管制为主要手段的国土空间开发保护制度"。一系列的地方试点工作为现今改革工作的开展打下了基础,而2019年中央《关于建立国土空间规划体系并监督实施的若干意见》的颁布则让国土空间规划体系(图2)正式登上了城市的发展舞台。

随着国土空间规划一词成为新的"规划热点",相关学术研究也呈井喷式发展。例如杨保军等人从本体论、认识论、方法论认识国土空间规划的本质,提出生态文明建设是核心价值观、全面实现高水平治理是根本依据等内容;张京祥等人提出国土空间规划不仅是空间技术层面的规划,它作为一项公共政策,更是政府、社会和市场等多个利益主体博弈的平台。尽管不同学者研究的侧重点不同,但仍然可以得出一些共识,例如国土空间规划的公共政策属性和它对于提高国家治理水平的重要性。同时由于公众参与天然具有"公共"这一属性,故而将是探索国土空间规划管理制度重构的有效着力点。

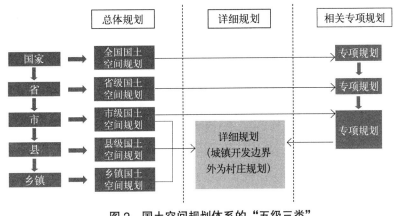

图2　国土空间规划体系的"五级三类"
（资料来源：作者自绘）

2.3　未来公众参与的发展

然而在传统规划公众参与尚且存在问题的同时，国土空间规划体系的改革为公众参与的发展又带来了新的挑战。国土空间规划体系具有更高的综合性，故而也具有更高的专业性要求，例如新双评价分析方法和"三区三线"等的划定，这意味着更高的专业门槛。此外，国土空间规划要求更高水平的治理能力、更有效的规划实施绩效，换句话说即更有效的公众参与。然而专业门槛的提高必然意味着公众参与难度的提高，这也是为什么以往公众参与在很多情况下成为"行业盛宴"的原因之一。至此，国土空间规划在公众参与上好像形成了一个"悖论"，其既要求更高的专业效率，又要求更好的公众参与。

现今已有的研究多关于国土空间规划中公众参与方法的改善，例如GIS和PPGIS，但尚缺乏以规划实施为导向的公众参与制度重构的相关研究。故而研究如何通过制度设计平衡"效率与公平"，实现规划决策权力的适当下放，使国土空间规划可实施性提高就成了一个亟待解决的问题。本文为了应对传统遗留问题和规划改革所带来双重挑战（图3），以传统的城市总体规划为例，具体研究了其中公众参与的种种矛盾点，进而在新国土空间总体规划框架下探索了公众参与的转变方向。

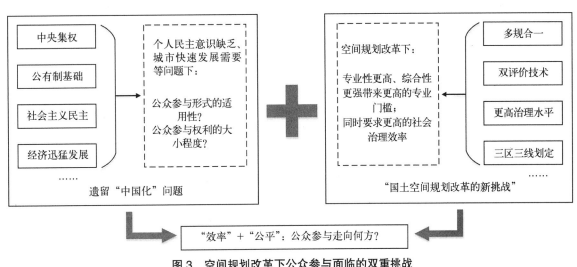

图3　空间规划改革下公众参与面临的双重挑战
（资料来源：作者自绘）

3 传统城市总体规划中的公众参与

尽管小部分城市在规划公众参与中已取得了一些优秀的成果，例如深圳市、上海市等，但仍有相当比例的城市政府将自身置于绝对"权力中心"的位置。它们将自己的意愿凌驾于公众的发展意愿之上，最终致使公众参与往往表现出自上而下的形式感甚至直接被忽略，规划则自然难以取得公众的认同，例如有名的厦门市 PX 事件。为了理清传统城市规划框架下公众参与问题背后的逻辑，本文以甘肃省天水市、四川省什邡市和山东省曲阜市三地在城市总体规划层面的公众参与工作为例展开深入研究，以便了解各主体在其中的博弈机制。

3.1 政府——政治权力中心，占据统管地位

3.1.1 公有制下的价值体系

中国五千年发展历史中，"公利为先"的价值理念由来已久，并且时常被推崇为一种高尚的品德。这种价值倾向体现在众多的文学作品或传统典故之中，例如范仲淹提出的"先天下之忧而忧，后天下之乐而乐"，又或者是大禹"三过家门而不入"的故事。延伸到生产生活领域，这种"公"思想则体现在宗族、族田、官田等要素之上。个体的生活融于家国大背景之中，显得微不足道。

随着民主制度的发展，社会中个人利益或者说私利的比重逐渐增加，但"公义"并未退出历史的舞台，例如公有制为中国社会主义民主打下了基础。而政府作为"公共利益"的代表则拥有绝对的权威地位和巨大的管理权力。故而，中国独特的社会经济背景使得来源于西方的公众参与模式在转译过程中出现了一些误差。例如西方对公众参与一词的解释中提到了"stakeholder engagement"这一概念，即利益相关人的参与，而中国的公众参与则往往指代 public participation，即公众参与政策制定和实施的一种民主模式。尽管中国规划的公众参与中往往也提到了要征求利益关系人的意见，但不同的语境直接决定了公众参与价值体系的基础。

在中国背景下宣扬公共利益即集体利益，故而在公众参与中更加重视政府的管理作用。而公众作为个人"私利"的代表，有时便会遭到政府的质疑。这也就是在某些公众参与中，政府将其当作"制度冗余"，轻视或忽视普通公众价值的原因之一（图 4）。而西方的公众参与本身便建立在私有制和契约式民主的基础之上，个体为了自己的利益自然便需要积极发言，参与决策活动。

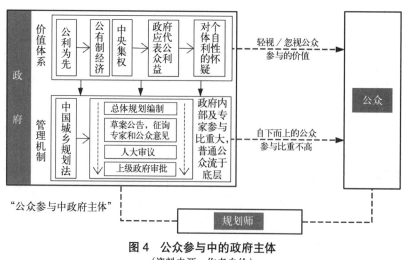

图 4 公众参与中的政府主体
（资料来源：作者自绘）

3.1.2　自上而下的统管机制

中国在公有制之下的价值体系中，逐渐形成了一种以自上而下为主导的公众参与管理机制。在国土空间规划改革之前，《中华人民共和国城乡规划法》（2008 年）是指导城乡规划公众参与的主要依据。其中提到，城市总体规划应先经本级人大常务委员会审议，然后报上级政府审批。此外，规划提交审批前，应先将规划草案予以公告，并采取听证会、论证会等形式广泛征求专家和公众的意见。尽管不同层级的规划有所差异，但可以总结得出，法律中主要规定的公众参与主体包括人大代表、规划相关专家和普通公众三部分，相关意见采纳情况则随同规划内容一起上交审批（图 5）。

首先，《城乡规划法》确实为地方政府保留了很大的自主裁量权，但正因如此，使得条文中有关规定的建议性和倡导性过重，例如有关公众参与方式的规定。因为上级政府无法准确地进行监督，故而地方政府可以自由地根据自身情况采取相应的参与方式，这使得某些公众参与流于表面形式。

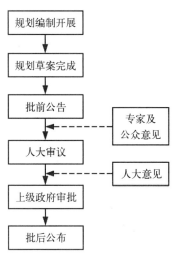

图 5　城市总体规划一般流程
（资料来源：作者自绘）

其次，尽管公众参与中包含了对普通公众意见的征集，但由于政府对公众意见合理公平性的怀疑、公众参与需要耗费相当的制度成本以及城市快速规划发展的需要等原因，普通公众发挥的作用逐渐弱化。专家等的意见具有相当的参考价值，但他们并非真正的利益关系人，故而不能很好地代表普通公众。最终致使围绕政府运行的"内部"参与机制越来越强大，而真正作为利益关系人的公众却被置于底层。公众并不了解自己的意见是否被采纳以及为何没被采纳，自下而上的公众参与比重实际很低。

天水市城市总体规划纲要编制历程　　表 1

时间	2014 年	2015 年 12 月	2016 年 1 月	2016 年 4 月	2016 年 8—10 月	2016 年 11—12 月	2018 年 8 月
进程	开始修编	初步方案完成	部门和区县意见征集	专题研讨会及专家咨询	开展公众参与活动	部门和专家评审	纲要审查
公众参与方式	—	—	座谈会	研讨会	问卷、征文等多种	座谈会	—
意见征集情况	—	—	78 条	—	51 条	—	—

资料来源：作者自绘

以《天水市城市总体规划（2015—2030 年）纲要》（后改为 2016—2035 年）为例（表 1）进行分析，2014 年省建设厅同意总体规划修编，2015 年 12 月规划研究院完成总体规划纲要初步方案，2016 年 1 月市规划局在市部门和各区县进行意见征集，共收集到 78 条，随后规划院进行相应的修改工作。2016 年 4 月，市政府召开专题研讨会并进行专家咨询。2016 年 8—10 月，政府正式开展"城市让生活更美好"公众参与活动（图 6），并通过问卷调查、征文、线上线下互动以及走访、座谈会等方式征集公众意见，共收集到 51 条。2016 年 11—12 月，市规划局再次开展部门和专家评审工作，征集相关意见。2018 年 8 月省建设厅对总规纲要进行审查，予以通过并提出进一步的完善意见。

可以看出，天水市城市总体规划编制过程中呈现出完全的"自上而下"公众参与模式。尽管过程中采取了多种公众参与形式，但一方面，公众参与自初步方案形成后才正式开展，另一方面专家或部门座谈会、研讨会所占的比重其实远远大于普通民众中的公众参与活动。例如 2016 年仅部门和区县便征集到意见 78 条，而 2016 年 8—10 月间丰富的参与方式下却隐藏了惨淡的参与情况，最终仅收集到意见 51 条，公众意见的后续采纳情况也不得而知。这不得不令人怀疑政府开展公众参与的意图是否只是为了满足法律流程的需要，缺乏利益关系人参与的公众参与也只是一种"伪"参与。

图 6　天水市城市总体规划公众参与活动

(资料来源：https://tianshui.news.fang.com/2016-08-15/22456005.htm)

3.2　公众——个体被动参与，认知能力界限

3.2.1　自利性下的价值体系

公众作为个体参与城市规划决策时，必然会从自身的利益视角出发进行考虑，即通常意义上的"自利性"。尽管部分公众主体成熟度较高，即拥有一定的知识和道德素养基础，能为维护公共利益提出较公平的建议，例如社会公益组织、校园志愿团队等，但仍有相当一部分公众缺乏相应的"公共意识"。这种现象与人的本性有关，故而无可指责，公众参与一定程度上就是个体利益与集体公共利益之间的协调，但过度的自利性却会导致公众形成错误的价值体系。例如部分公众难以认识到公共利益的价值，而将公众参与当作自己"宣泄"或者说博取利益的平台，如果政府不采纳自己的建议便发起抗议或反对活动。尽管不能以偏概全，但某些城市拆迁中顽固的钉子户与这种价值观念并非毫无关系。

与此同时，自利性也决定了公众往往会更关注与自己有切身联系的城市建设领域，例如基础设施、公共服务设施、保障性住房建设和公园绿地，等等，故而其提出的建议也会更微观、更具体。这也是对于城市总体规划这类较宏观的规划，公众往往被动参与、公众参与程度不高且效果不彰的原因之一。然而城市未来的规划发展实际上与公众利益紧密相连，但中国特殊的社会体制掩盖了这一特征。我国城市的公共服务建设主要由间接税支持，而不同于国外以房地产税为基础的直接税对城市建设的支持。既然与自身利益"无关"，公众自然会考虑对自身有利的决策而不会考虑相应的成本，例如各种公共服务设施越近、越多越好，进而影响到公众参与的质量（图 7）。

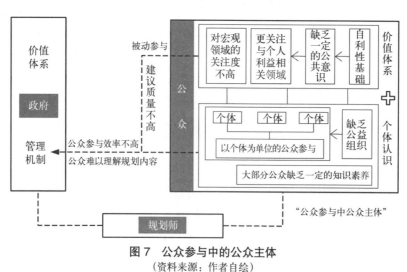

图 7　公众参与中的公众主体

(资料来源：作者自绘)

曲阜市城市总体规划编制历程 表2

时间	2016年4月	2016年4至8月	2016年5月	2017年4月	2017年8月	未知	2018年10月
进程	规划动员	公众调查	部门座谈	初步方案汇报	向规划监督员汇报	批后公布并征求意见	纲要审查及通过
公众参与方式	—	微信问卷	—	—	—	—	—
意见征集情况	—	—	—	—	—	无	—

资料来源：作者自绘

以《曲阜市城市总体规划（2017—2035）》纲要编制过程（表2）为例，其中涉及公众参与的仅有2016年4月编制前的问卷调查以及2018年批后的公布工作，规划基本上是在政府内部完成的。编制前的问卷调查效果和意见采纳情况不得而知，但从公布时竟然毫无反馈意见可以看出，公众对于参与城市总体规划编制的意愿不高，更多是在政府主导下的被动参与。

3.2.2 个体单位的认知不足

随着时代的发展，部分公众自发建立起各种社会组织，例如各种遗产保护科普团体等，它们在城市规划公众参与中往往能提出比较有建设性的意见。然而我国的社会公益组织或者说非官方组织仍处于早期发展阶段，数量较少且多集中于城市发展基础较好的大中城市。故而，在公众参与中普通公众多以"个体单位"出现，即政府需要统筹多个零散的建议，公众参与的制度成本随之增加，并直接影响到其实施效率。

另一方面，由于城市规划具有一定的专业门槛，故而并非所有的公众都具有足够的知识基础去理解规划的相关内容，而个体的认知能力一定程度上影响到公众参与的效果。例如城市总体规划的内容多与城市的宏观发展有关，很少涉及微观层面，且图纸较专业复杂。故而公众往往难以真正读懂规划且多提出微观层面的建议，难以与规划师形成有效的沟通，建议参考性不高。例如曲阜市总体规划纲要的内容专业且丰富，但公示时基本未考虑公众阅读的需求，难免流于形式（图8）。

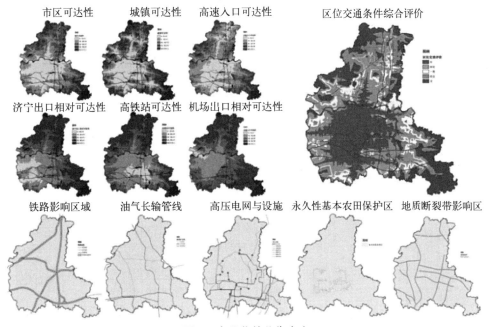

图8 专业化的公告内容
(资料来源：《曲阜市总体规划》纲要)

3.3 规划师——协调作用弱化，丧失公众信任

3.3.1 价值体系与实践冲突

规划师在城市规划语境中实际上只能发挥有限的作用，即辅助协调各方的利益。规划师应尽力寻求各方的理解共识，并促进公共利益的最大化，这也是现今得到公认的价值观念。然而，现实的规划实践往往与规划师的价值体系形成明显的对比，例如实施绩效较差的城市总体规划公众参与基本发生在政府与公众之间，规划师作为直接的方案制定者却很少与公众沟通联系。

什邡市城市总体规划编制历程　　　　　　表 3

时间	2017 年 7 月	2017 年 10 月	—	2018 年 9 月	2019 年 13 月
进程	规划启动	部分草案展示及意见征集	方案修改	公众意见征集及方案修改	完整规划方案公示
公众参与方式	—	展览会及问卷	—	线上线下等多种	电话或投递邮箱等
意见征集情况	—	—	—	—	—

资料来源：作者自绘

以《什邡市城市总体规划（2017—2030 年）》的编制过程（表 3）为例，什邡市的公众参与中，普通公众的意见征集明显持续时间较长，从规划编制前期一直到规划方案的完成。无论规划的最终成果如何，什邡市在公众参与流程上明显较为完善。然而，其中也存在传统公众参与的一个典型问题，即规划师的协调作用无形之中渐渐弱化了。规划师采纳或不采纳公众的意见仅会向政府反映，规划的意图以及为什么不采纳某些意见却不会向直接提出人，即公众反映。政府基本上全权包揽了规划师和公众之间应有的交流过程。尽管这可能并非规划师本人的意愿，但与公众之间的"隔阂"使得规划师在公众心中逐渐成为"政府的代言人"（图 9）。

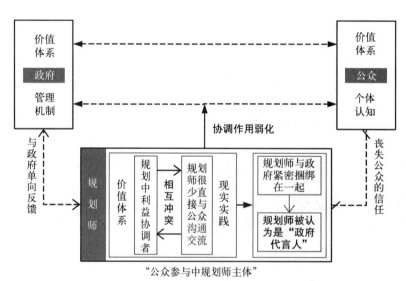

图 9　公众参与中的规划师主体
（资料来源：作者自绘）

3.3.2 丧失公众的中立信任

规划师失去独立的地位后，其在公众心中便逐渐丧失了原本应有的中立性。规划师本应作为一个相对中立者进行规划编制，尽管在现实中，其必然受到一定制度因素的制约。然而，不够完善的公众参与

制度使得规划师无法在政府与公众之间协调利益，最终致使公众逐渐失去对规划师的信任，往往将其与政府一同当作批判的对象，而不愿意与其建立良好的交流渠道。

3.4　小结

在传统的城市规划框架下，政府、公众与规划师作为城市总体规划中公众参与的三个主体，丧失了原本应有的紧密联系，而这种割裂的状态直接导致了现今公众参与时的种种问题。而在现今国土空间规划体系改革之际，城市总体规划体系如何与国土空间总体规划良好地衔接转换为公众参与的重构带来了更大的挑战。故而本文在国土空间总体规划框架下，以规划实施为导向，从三个不同的主体角度探索了公众参与的改革方式。

4　国土空间规划视角下公众参与的转变方向

4.1　政府

4.1.1　中国语境下公众参与价值体系的定义

一方面，尽管未来应加大普通公众在公众参与中的比例，使总体规划利益更接近"公共利益"，但是在中国语境下，"公利为先"的思想基础仍然有着深远的影响。这也就决定了中国的公众参与并非私利博弈的途径，也不应以西方公众参与程度或民众参与权的大小作为准则。公众参与是一种过程途径，而并非最终目的。在理想情况下，如果能不依赖公众参与过程便达成好的规划设计，相反正是一种更好的选择。

另一方面，公众参与作为制度成本耗费极多的规划程序，如果进行无差异化的制度设计，就可能会导致规划效率低下。而在现今中国规划改革之际，城市规划建设需要仍然庞大的背景下，这种人为程序的拖延可能会为国土空间总体规划的编制带来一定的阻力。例如南京市城市总体规划编制中开办的大量专题讲座获得了公众的广泛参与，但同时也造成了规划与原本时间安排的错位。故而，政府需要明确中国规划中公众参与所扮演的角色，进而通过差异化的制度设计来达成更好的实施效果（图10）。

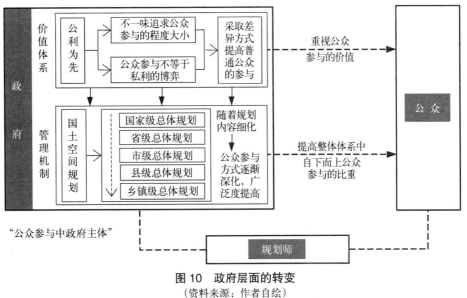

图10　政府层面的转变

（资料来源：作者自绘）

4.1.2 国土空间总体规划框架下的制度重构

国土空间总体规划比起传统的城市总体规划体系综合性及专业性更强，其规划内容不可能面面俱到，尤其是国家级和省级总体规划必然会更侧重于战略层面的内容。故而，政府应根据规划的不同层级和内容深度确定公众参与的具体方式。普通公众或者说自下而上公众参与的比重应在整体体系中取得提高，某些层级的公众参与甚至应该进行适当的"缩水"。

国家级和省级总体规划涉及的范围广阔，与公众的日常生活直接联系度不大，所以过于广泛的公众参与实际上并不会有助于规划的提升。所以在这两个层级，普通公众的参与度没有必要提高，相反可以进行一定的"减低"。例如在日常时期便建立城市规划委员会，委员会中政府人员、专家和公众代表各占一定比例，公众代表由群众公开推选而出。通过大众媒体，城市规划委员会对规划方案修改过程进行全面展示及讲解，有兴趣参与的公众也可以向委员会提出意见。

市、县及乡镇级总体规划接近原本的城市总体规划，其内容会更为细致、贴近生活，这也就决定了公众的天然关注度会更高。故而在这三级总体规划中，政府应采取线上线下，即尽可能多的方式来增加公众的参与度，进而使公众参与广泛度提高。其中，由于不同层级及不同区域的城市发展基础不同，故而可选择适合当前阶段的参与方式，后续通过规划宣传教育，再逐步进行过渡（图11）。

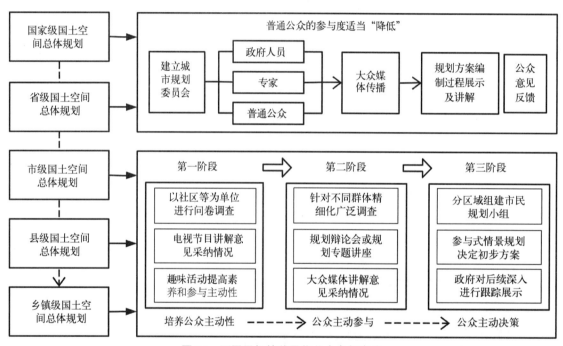

图11 不同层级的差异化公众参与方式
（资料来源：作者自绘）

第一阶段，针对公众参与基础较差的城市，可先以社区或学校等为单位，进行广泛的问卷调查。等级下降后的调查单位更有利于相关工作的开展。同时可通过本地电视节目为公众讲解意见采纳及方案修改情况。最后，通过日常的规划知识有奖竞答等趣味活动提高公众的知识素养和参与主动性。

第二阶段，针对具有一定公众参与基础的城市，首先，可将社会调查细化到不同群体，例如教师、企业家、上班族、残疾人、儿童等，直接聚焦到社会核心问题。其次，政府可开办规划辩论会或规划讲座节目等，政府人员或规划师可作为嘉宾，公众代表则作为辩论者直接提出意见。通过这种公开透明的方式，普通公众可以积极主动地表达自己的看法。最后，对各阶段公众意见的采纳情况同样应进行公开讲解。

第三阶段，普通公众规划素养较高，朝向"市民规划师"发展。在这种较理想的情况下，除了广泛的社会调查之外，可分行政区进行市民规划小组的构建。市民小组由不同群体代表组成，配置相应的规划专家。不同市民小组在规划编制初期提出己方的大致构想并进行辩论，最终由政府及规划师等综合评判，决出最合理的方案，再进行进一步的深化。这种公众参与式情景规划可以有效降低后续修改过程中公众参与将消耗的成本。

4.2 公众

4.2.1 规划宣传教育下个体价值观念的提升

通过日常规划的宣传教育，公众的知识素养得到提升，开始萌生"公共意识"。进而使公众开始关注除与个人利益直接相关以外的其他规划领域，例如总体规划。此外公众规划知识的增加也会使其意见更贴近规划内容、更加专业化，进而与规划师或政府达成更有效的沟通。

4.2.2 社会组织建立下的不同公众参与单位

随着公众向"市民规划师"的转变，社会中各类第三方组织逐渐活跃起来，例如由高校师生组成的社会组织、第三方媒体或者居民自发形成的社区组织等。这些社会组织的中立性较高，故而能有效取得普通公众的信任，进而对公众起到一定的组织带领作用。公众意见在内部层面便经过第三方组织得到了一定的整合，故而可以降低政府与公众之间的沟通成本，有效提高公众参与的效率（图12）。

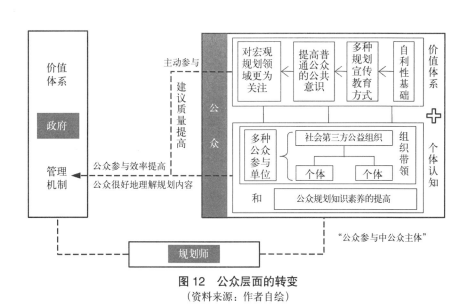

图12 公众层面的转变
（资料来源：作者自绘）

4.3 规划师

4.3.1 大众媒体宣传下公众沟通渠道的形成

凭借着现代化的大众媒体，规划师可以与公众恢复良好的沟通。规划师不再是政府的"代言人"，其在与政府密切交流的同时，也应积极听取公众的意见反馈。同时，规划师应将总体规划公示内容转译得更加通俗易懂，进而降低公众与规划师沟通交流的现实门槛（图13）。例如上饶市城市总体规划在草案公示阶段便采用了生动有趣的卡通手册来加以展示（图14）。

4.3.2 规划中不同利益协调地位的重新建立

随着规划价值体系与现实实践的逐渐一致化，规划师的中立性逐渐增加，将有助于恢复公众对其的信任。尽管规划师仍将受到现实因素的制约，但其最终将重新明确规划中不同利益协调者的地位。

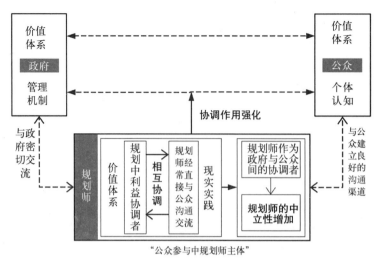

图 13　规划师层面的转变

（资料来源：作者自绘）

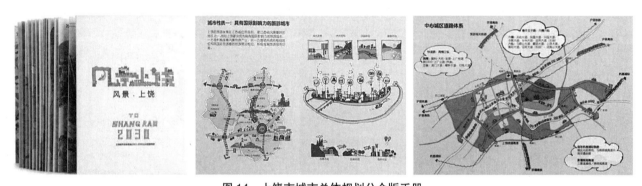

图 14　上饶市城市总体规划公众版手册

（资料来源：http://k.sina.com.cn/article_2191008662_p8298239602700de3o.html?from=cul）

5　结论

　　传统城市总体规划中存在政府包揽规划、忽视公众参与价值、公众被动参与规划、个体规划知识素养受限制，以及规划师与公众的交流渠道断裂等问题，并且最终导致现今公众参与偏形式化的现象。本文从三个主体角度，分别探索了国土空间总体规划框架下公众参与应如何解决旧顽疾、应对新发展，将为未来国土空间规划中公众参与的实施提供一定的参考。

参考文献

[1] 梁鹤年．公众（市民）参与：北美的经验与教训 [J]．城市规划，1999（05）：48-52．

[2] 赵燕菁．制度经济学视角下的城市规划（下）[J]．城市规划，2005，（07）：17-27．

[3] 莫文竞．西方城市规划公众参与方式的分类研究：基于理论的视角 [J]．国际城市规划，2014，29（05）：76-82．

[4] 韦飚，戴哲敏．比较视域下中英两国的公众参与城市规划活动：基于杭州和伦敦实践的分析及启示 [J]．城市规划，2015，39（05）：32-37．

[5] 陈锦富．论公众参与的城市规划制度 [J]．城市规划，2000（07）：54-57．

[6] 张丽梅，王亚平．公众参与在中国城市规划中的实践探索：基于 CNKI/CSSCI 文献的分析 [J]．上海交通大学学报（哲学社会科学版），2019，27（06）：126-136．

[7] 赵民 . 国土空间规划体系建构的逻辑及运作策略探讨 [J]. 城市规划学刊, 2019 (04)：8-15.

[8] 张彤华 . 构建国土空间规划法律制度的一些思考 [J]. 城市发展研究, 2019, 26 (11)：108-115.

[9] 杨保军, 陈鹏, 董珂, 等 . 生态文明背景下的国土空间规划体系构建 [J]. 城市规划学刊, 2019, (04)：16-23.

[10] 张京祥, 夏天慈 . 治理现代化目标下国家空间规划体系的变迁与重构 [J]. 自然资源学报, 2019, 34 (10)：2040-2050.

[11] 沈体壮 . 参与式 GIS 在国土空间规划中的应用研究 [D]. 荆州：长江大学, 2015.

[12] 胡奥, 何贞铭, 沈体壮, 等 . PPGIS 在国土空间规划中的应用研究 [J]. 测绘与空间地理信息, 2015, 38 (05)：77-79.

[13] 刘江璐 . GIS 技术在国土空间规划公众参与中应用研究 [J]. 城市建设理论研究, 2018 (07)：76.

[14] 赵民, 刘婧 . 城市规划中"公众参与"的社会诉求与制度保障：厦门市"PX 项目"事件引发的讨论 [J]. 城市规划学刊, 2010 (03)：81-86.

[15] 赵燕菁 . 公众参与：概念 · 悖论 · 出路 [J]. 北京规划建设, 2015 (05)：152-155.

[16] 中华人民共和国城乡规划法 [Z]. 2007-10-28.

[17] 孙雅楠, 吴志强, 史舸 .《城乡规划法》框架下中国城市规划公众参与方式选择 [J]. 规划师, 2008 (08)：56-59.

[18] 莫文竞, 夏南凯 . 基于参与主体成熟度的城市规划公众参与方式选择 [J]. 城市规划学刊, 2012 (04)：79-85.

[19] 罗鹏飞 . 关于城市规划公众参与的反思及机制构建 [J]. 城市问题, 2012 (06)：30-35.

[20] 许凌飞 . 公众参与如何避免"参与者困境"：基于 S 市城市总体规划编制过程的观察 [J]. 甘肃行政学院学报, 2019 (06)：68-79.

[21] 徐明尧, 陶德凯 . 新时期公众参与城市规划编制的探索与思考：以南京市城市总体规划修编为例 [J]. 城市规划, 2012, 36 (02)：73-81.

[22] 邹兵, 范军, 张永宾, 等 . 从咨询公众到共同决策：深圳市城市总体规划全过程公众参与的实践与启示 [J]. 城市规划, 2011, 35 (08)：91-96.

[23] 章征涛, 宋彦, 查克拉博蒂 . 公众参与式情景规划的组织和实践：基于美国公众参与规划的经验及对我国规划参与的启示 [J]. 国际城市规划, 2015, 30 (05)：47-51.

[24] 吴祖泉 . 解析第三方在城市规划公众参与的作用：以广州市恩宁路事件为例 [J]. 城市规划, 2014 (02)：62-68.

国土空间规划体系建立背景下的村庄规划探讨
——以宜昌市长阳土家族自治县两河口、晒鼓坪村为例

周 萌*

【摘 要】随着中央有关乡村振兴战略以及国土空间规划体系建立的若干政策文件的颁发，村庄规划编制工作的方式也应有所调整。以往的村庄规划编制工作，重点和重心在村庄居民点的物质空间上，而对乡村产业发展的需求以及人文历史保护的关注甚少，往往忽视了村民对于美好生活及优美环境的向往。本文在新时代国土空间规划背景下，对乡村规划编制的分类、规划体系以及其他编制问题进行了初步探讨，旨在符合新时代国土空间规划要求，编制"多规合一"的实用性村庄规划。本文以宜昌市长阳县龙舟坪镇两河口、晒鼓坪村村庄规划为例，探讨和反思村庄规划如何更好地服务于乡村振兴工作，服务于村民对于美好生活的向往。

【关键词】国土空间规划；村庄规划；两河口、晒鼓坪村；多规合一；乡村振兴

1 政策背景与项目背景

1.1 政策背景

1.1.1 新时代 、新战略

党的十九大报告中提出了实施乡村振兴的战略。2018 年 1 月，国务院发布了《中共中央国务院关于实施乡村振兴战略的意见》，由此乡村振兴成为社会经济发展的热点议题。2019 年 5 月，《关于建立国土空间规划体系并监督实施的若干意见》发布，文件中关于村庄规划提出了"在城镇开发边界外的乡村地区，以一个或几个行政村为单元，由乡镇政府组织编制'多规合一'的实用性村庄规划"。

1.1.2 相关文件指导

《中共中央 国务院关于建立国土空间规划体系并监督实施的若干意见》明确了村庄规划的定位及作用：明确村庄规划是法定规划，是国土空间规划体系中乡村地区的详细规划，是开展国土空间开发保护活动、实施国土空间用途管制、核发乡村建设项目规划许可、进行各项建设等的法定依据。在城镇开发边界外的乡村地区，以一个或几个行政村为单元,由乡镇政府组织编制"多规合一"的实用性乡村规划（图 1）。

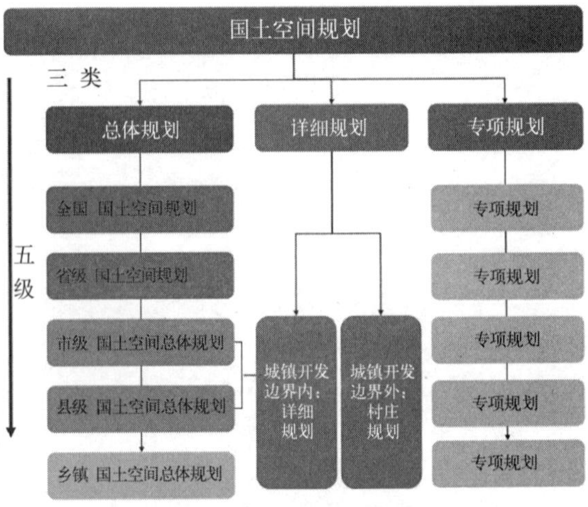

国家五部委发布《中央农办 农业农村部 自然资源部 国家发展改革委、财政部关于统筹推进村庄规划

图 1 国土空间体系图

---

* 周萌，女，华中科技大学，硕士在读。

工作的意见》，明确总体要求，统筹谋划村庄发展。

建立县级党委政府主要领导负责的乡村规划编制委员会，将村庄规划工作情况纳入市县党政领导班子和领导干部推进乡村振兴战略实绩考核范围。

自然资源部发布《自然资源部办公厅 关于加强村庄规划促进乡村振兴的通知》，明确村庄规划主要任务，明确在县域层面基本完成村庄布局工作，实现乡村地区国土空间规划"一张图"管理要求。

1.2 项目背景

两河口、晒鼓坪村位于宜昌市长阳土家族自治县龙舟坪镇镇域东部，沿头溪小流域下游，小流域包含 7 个行政村，产业主要以农业和工矿业为主，文化、旅游资源丰富。

两河口村村域面积 14.98km²，现有 11 个村民小组，总人口 3777 人。目前主导产业以农业为主，村域内建成李子基地、蔬菜基地、脐橙果园及花卉基地等农业种植基地，第二产业、第三产业处于起步发展阶段，村域内建成清河农庄和葡萄园农庄等服务业项目，同时综合型的文旅驿站项目也在规划落实中。两河口村村域高程大致 80 ~ 200m，地势较为平坦，高差不大。

晒鼓坪村村域面积 18.22km²，现有 5 个村民小组，总人口 2445 人。目前主导产业以农业为主，村域内建成生态养猪基地和药材基地等农业种植基地，第二产业、第三产业仍处于起步发展阶段。晒鼓坪村村域高程大致 80 ~ 400m，4组、5组海拔较高，其他地区较低。

两河口、晒鼓坪村作为长阳龙舟坪镇沿头溪小流域的重要节点及长阳两大主要景区——清江画廊景区和清江方山景区的重要门户，承接镇域旅游与综合服务发展等各项要求。

2 村庄概况

2.1 自然与人文资源现状

2.1.1 自然资源现状

龙舟坪镇自然资源丰富，有"两山夹一溪，三脉贯七村"的自然景观优势。两河口村和晒鼓坪村人均林地资源均较为丰富，空间地域大，景观生态资源丰富。两河口村域内有方山和白柱山两处山林景观资源点；晒鼓坪村域内有上巫灵一处高山平坝资源点及若干湿地景观资源点。

2.1.2 人文资源现状

长阳位于荆楚与巴蜀的交界地段，同时也是土家族与汉族聚居区，具有丰富的历史文化资源和极具特色的民族文化资源。沿头溪又名龙源溪，与流域内厚丰溪形成二龙环绕意象。流域内有下渔口、顶脚起等 8 处龙源文化传说点，佐证了这一龙源传说。此外，流域内还有 4 处 200 年以上树龄的古树，其中晒鼓坪村有向王天子庙巴蜀文化遗存及 1 处古柳树。

（1）巴楚文化交汇地

纵观长阳县历史文化遗址，仍古至今，长阳县人类聚居在临水地带，过着逐水而居的生活，衍生长阳县渔猎文明。尤其巴人时代（历经新石器、夏商周、秦汉时代）沿清江逐渐形成了巴姓五氏（廪君时代）、巴方部落联盟以及到周天子封巴国，渔猎文明更是得到较大范围的传播。据相关历史考究，长阳龙舟坪地区曾为巴国第四代国都。沿头溪小流域紧邻龙舟坪地，早期受巴文化的渔猎文明影响较为深厚（图2）。

长阳自古是荆楚通巴蜀要津，迄今仍是江汉平原通达鄂西山区的主要通道之一。由于巴地自古以来就盛产食盐，导致楚争巴地盐利引发巴楚相争；同时，随着楚入主巴地后，秦地的供盐又成为问题，于是引发后来的巴蜀秦之间的战争（图3）。

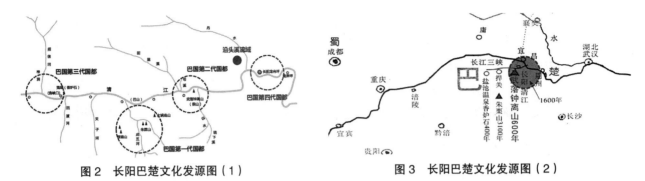

图2 长阳巴楚文化发源图（1） 图3 长阳巴楚文化发源图（2）

沿头溪流域现有巴楚古盐道、项王天子（廪君）等历史文化遗存，结合县域范围内文化研究，不难看出沿头溪流域作为巴楚"盐通道"，必然存在巴楚文化的碰撞与融合（图4）。

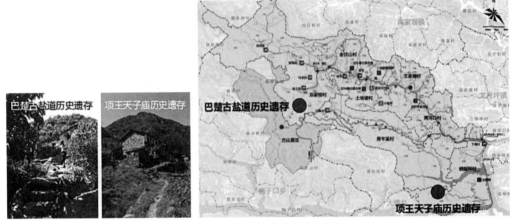

图4 长阳巴楚历史遗存分布图

（2）土汉民族聚集区

长阳龙舟坪自隋以来作为县治所在地，政治经济活动较为活跃，与汉来往密切。尤其是清朝实施"改土归流"政策以及开展了"江西填湖广，湖广填四川"的强制性移民，致使大量的湖北江汉平原及江西居民迁入县域内，土汉融合趋势愈演愈烈（表1）。

长阳历史沿革汇总表　　　　　　　　　　　　　　　　　　　　表1

时期		县名	隶属	县治所在地
夏、商、周		—	荆州（记天下为九州）	—
春秋战国		—	巴国、楚国	—
秦		—	黔中郡	—
汉	西汉	佷山	武陵郡	同昌市（州衙坪）
	东汉	佷山	南郡	同昌市（州衙坪）
三国	魏	佷山	荆州临江郡	同昌市（州衙坪）
	蜀	佷山	荆州宜都郡	同昌市（州衙坪）
	吴	佷山	荆州宜都郡	同昌市（州衙坪）
晋		佷山	荆州宜都郡	州衙坪
南北朝		佷山	荆州宜都郡	两河口
		宜昌	荆州宜都郡	州衙坪
		盐水	资田郡	资丘

时期	县名	隶属	县治所在地
隋	长杨	南郡	龙舟坪
	清江	江洲及津州	州衙坪
	盐水	江洲及津州	资丘
	巴山	清江郡	州衙坪
唐	长阳	南郡、睦州、东松州、峡州夷陵郡	龙舟坪
	盐水	清江郡、睦州	资丘
	巴山	清江郡、睦州、东松郡	州衙坪
五代	长阳	江陵府	龙舟坪
宋	长阳	峡州	龙舟坪
元	长阳	峡州路	龙舟坪
明	长阳	荆州府夷陵州	龙舟坪
清	长阳	归州及宜昌府	龙舟坪
民国一至今	长阳	宜昌地区行署或宜昌市	龙舟坪

　　沿头溪流域现有小秦寨、徽派大宅院等历史文化遗存，充分证明沿头溪小流域曾吸收过部分汉文化，如徽派文化等（图5）。

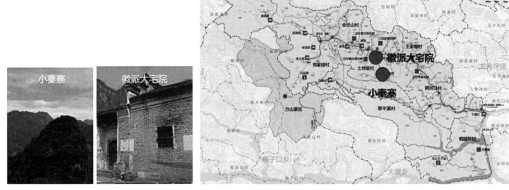

图5　长阳历史文化遗存分布图

　　沿头溪小流域民俗以汉族习俗为主，目前留存下来的民俗文化集中于社会生活民俗和精神生活民俗两方面。其中，社会生活民俗主要包括饮食、居住、岁时节庆、人生礼俗；精神生活民俗主要包括民间艺术和游乐民俗（图6）。

　　（3）龙源文化相形地

　　沿头溪即具有多个龙头的"水龙"，又名龙源溪。讲述了二龙盘旋而上，孕育后代、守护一方的故事。龙形山势：整个沿头溪流域山形呈二龙戏珠之势。沿头溪南北脉分别为雄龙（南）和雌龙（北），自晒鼓坪的下渝口盘旋而上，至郑家塝的回龙套。回龙套：两条龙脖子交汇的地方，位于郑家塝村。顶角起：龙头交汇的地方，一处岩石像火焰般耸立的山，即"二龙戏珠之珠"，亦作"龙卵"。龙王洞：山林里一处常年流水的洞穴，象征雄龙之口。母龙洞：山崖上一处常年流水的洞穴，象征雌龙之口。下渔口：渔，古时候作"两条鱼"讲，此处表示位于沿头溪南北两条龙的尾部，位于晒鼓坪村。雌雄龟：全伏山村河道两侧的两座小山包形似两只龟，为双龙之子，一雄一雌向上游爬行。五僮山：为雄龙肩拉纤的水火木金土"五龙"人，正拉着雄龙脚上石龙船（方山，即小秦寨）。

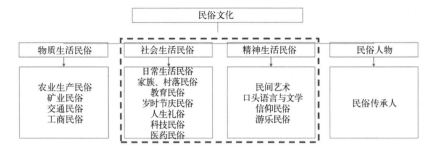

民俗文化		内容
社会生活民俗	饮食民俗	多喜食腊肉、醉广椒、豆鱼、豆腐乳、腌菜、辣椒酱、炕洋芋、金包银饭、懒豆腐、过年吃猪头肉等，来客宴请摆"盘子席"等
	居住民俗	吞口屋、撮箕口屋、一字屋、四合院屋
	岁时节庆民俗	春节、元宵节、清明节、端午节、六月六、过月半、中秋节、过小年
	人生礼俗 诞生礼仪	孩子刚满一岁过生日"抓周"。36岁或者60岁、80岁、100岁等"整生"（男进女满），生日则尤为隆重
	人生礼俗 丧葬礼仪	传统的丧葬复杂，一般有烧收殓、入材、封殓、出柩、开路、抬重、打井、掩棺回灵等。晚间盛行打丧鼓，亲朋守孝吊丧，坐夜伴亡，通宵达旦
精神生活民俗	民间艺术 民间音乐	吹打乐
	民间艺术 民间舞蹈	薅草锣鼓、舞狮子、划旱船、打腰鼓、打鱼鼓、九子鞭
	民间艺术 民间工艺	根雕艺术
	游乐民俗	踢毽子、打陀螺、走高跷、拔河、抵杠、爬杆

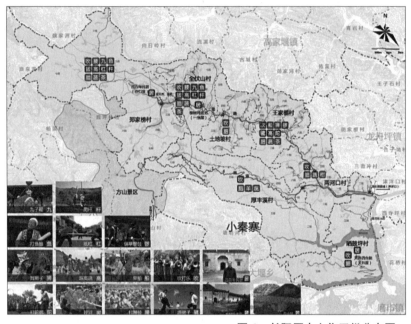

图6 长阳历史文化习俗分布图

图7 长阳龙源文化示意图

沿头溪历史地名传奇、古老建筑和原生态山水自然环境孕育了深厚的龙源文化，而有人类起源之说的中武当道教，为龙族本土宗教，自形成之初就与龙崇拜有不解之缘（图7、图8）。

（4）红色革命足迹地

"土地革命"战争时期，革命形势如火如荼，土家族李勋等创建了中共领导下的全国第一支以军为建制的少数民族武装——中国中农革命军第六军。这一时期，长阳参加红军赤卫队的土汉儿女达1.3万人，为革命捐躯者6200余人。1929年7月9日，李勋在西湾大沙坝主持召

图 8　长阳龙源文化分布图

开了 3000 多人参加的军民大会，庄严宣布县保卫团起义，成立中国共产党领导的工农革命军。高唱《国际歌》，宣布贺龙命令：长阳起义部队和游击队正式编为中国工农革命军第六军。全军编一师三团，共 1100 多人，枪 400 余支，史称"西湾起义"。西湾起义在沿头溪留下了诸多红色印记（图 9）。

2.2　人口与经济产业现状

2.2.1　人口现状

（1）两河口村

两河口共计 11 个村民小组，外出务工 875 人，留守村庄 2820 人。4 组、6 组、10 组人口较多，其他

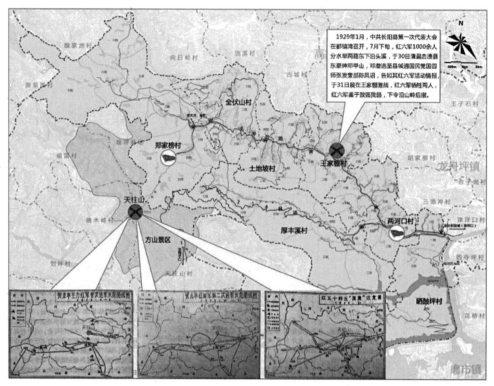

图 9　长阳红色历史遗存分布图

组比较平均。

（2）晒鼓坪村

晒鼓平共计 5 个村民小组，外出务工 856 人，留守村庄 1480 人。1 组、2 组人口较多，1 组高达 500 人，其余小组人口较为平均，均在 200 人以上。

2.2.2　经济产业现状

两河口村、晒鼓坪村目前主要以农业为主，落地农业项目数量少，第二产业、第三产业几乎没有，农业作为基础产业的地位仍然突出，产业活力有待提高。文化、旅游资源丰富，却未带动相关产业发展。经济发展滞后，在龙舟坪镇处于较低水平。

2.3　国土与生态现状

两河口村村域高程大致为 80 ~ 200m，地势较为平坦，高差不大。晒鼓坪村村域高程大致为 80 ~ 400m，4 组、5 组海拔较高，其他地区较低。

两河口、晒鼓坪村域范围内，居住斑块主要分布在 0 ~ 25° 的坡度范围内。坡度高于 42° 的区域居住斑块分布很少，坡度高于 70° 的区域没有居住斑块。适宜居住的坡度面积占极少比例，以高山为主，坡度较大，能投入建设的土地面积较少。

2.4　土地利用现状

目前，两河口、晒鼓坪村村域土地主要包括四类：村镇建设用地、村居民点用地、耕地、林地。两河口、晒鼓坪村以农业为主导产业，龙舟坪镇七村在耕地保有量中，两河口的耕地保有量占村域面积比达到 15%，而晒鼓坪则不到 10%；村域林地分布广泛，所占比重较大，两河口和晒鼓坪的林地总规模占比均达到 70% 以上，林地资源丰富。两村整体山多地少，七山二田半水半路，土地资源贫乏，土地整理不够。

3　规划对策

本次规划旨在探索符合新时代国土空间规划要求的村庄规划，编制"多规合一"的实用性村庄规划，包括以下四点对策：

（1）精确底图、摸清家底——工作底图精准化，为规划管理"一张图"打好基础；

（2）构建体系、纵向传导——构建村庄规划体系，与国土空间规划全面对接；

（3）分类推进、抓住重点——明确各类村庄规划编制内容和深度，形成可复制、可推广的编制模式；

（4）成果简洁、实用好用——规划成果简洁、更精准，探索符合地方实际的成果模板。

3.1　精确底图、摸清家底

3.1.1　精确底图底数

平面坐标系采用 2000 国家大地坐标系；采用第三次全国国土调查数据成果或最新土地变更调查数据成果、数字线划地图和比例尺不低于 1：2000 的地形图或国土数字正射影像图作为工作底图，并用农村地籍调查数据、地理国情普查及监测数据作补充。

3.1.2　摸清家底，掌握各类资源及红线

摸清山、水、林、田、湖、草各类资源情况，掌握基本农田、生态保护红线、各类自然保护区、天然林、公益林等空间范围（图 10）。

3.2　构建体系、纵向传导

进一步完善乡村地区的规划体系，统筹乡村发展，强化资源管控，边界管理构建县域布点规划——乡镇规划导则——行政村规划导则——居民点规划导则，四级传导体系（图 11）。

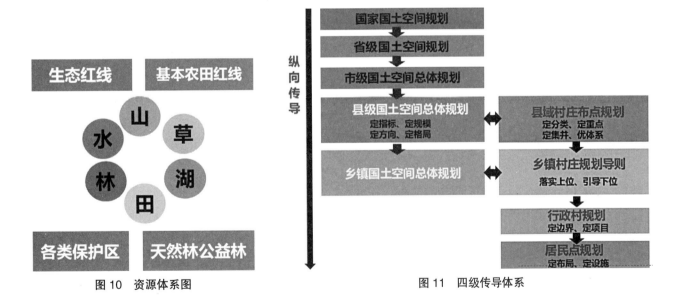

图 10　资源体系图　　　　　　　　　　　图 11　四级传导体系

3.3　分类推进、抓住重点

对县域村庄进行合理分类，分为集聚提升类、城郊融合类、保护类村庄、一般类。确定不同类型村庄的规划重点及要求。引导用地指标、公共设施、产业项目优先向集聚提升类、特色保护类、城郊融合类村庄配套。

3.4 成果简洁、实用好用

在县域、乡镇层面，形成"六图一书一库"的成果框架，包括土地利用现状图、土地利用规划图等；行政村规划层面形成"两图一库"的框架；在居民点规划层面形成一般居民点"一图则"，重要居民点"八图一书"的成果体系（图12）。

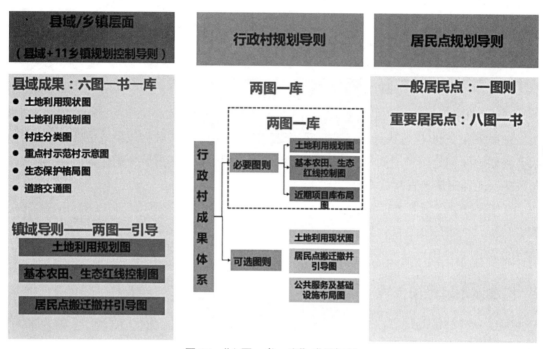

图 12 "六图一书一库"成果框架

4 以往村庄规划存在问题思考

4.1 问题总结

在本次村庄规划的过程中对以往村庄规划的不足和缺失进行反思，发现如下问题和不足：

（1）村庄规划缺乏全面统筹，与上位规划缺少有效衔接和反馈；

（2）规划中片面地重建设，缺少对历史文化遗产等资源的有效保护，没有立足自身因地制宜谈发展；

（3）与土规成果不统一，进一步导致村庄规划难以落地；

（4）规划底图数据不精确，规划过程中忽视了农村特定的土地权属关系；

（5）规划过程烦琐，规划成果复杂，缺乏有效的管理实施措施。

4.2 规划反思

4.2.1 新增宅基地无法落实国土指标

在村庄规则中普遍存在农村新增宅基地无法落实国土指标的情况，导致这种情况的原因主要有两个：

（1）在没有国土指标的情况下，新增的宅基地落实到了已经建成村民住宅的土地上。

（2）新增宅基地占用了已经在土规中确定的一般农用地及林地等用地上。

4.2.2 村庄基础设施的经济性

经济性和必要性的矛盾是村庄基础设施配置过程中一直存在的问题，尤其是市政设施方面。例如：

在污水设施的配置上，在没有工业、制造业等产业的村庄，水污染主要来自农户自家的养殖业，然而在村庄自然生态系统中，没有严重污染源（工厂、采矿业）的村庄实际上没有必要通过建设污水厂来解决排污问题。

4.2.3　城镇与村庄的矛盾

城村矛盾主要体现在村庄用地规模超标上，其主要原因是以往的村庄建设缺乏相应规划及部门的有效管制，村民盲目地扩大宅基地的占地面积。同时村庄居民点的拆除会面临经济补偿的压力，保留居民点的位置及具体住宅是由大多数村民的意向决定的，老旧居民点因用地规模很难进行腾移，导致新村的建设缺乏相应的建设用地指标，使得规划新村无法落实。

4.2.4　编制资料的缺失

缺失翔实的底图及数据资料导致在村庄规划的过程中对于现状的梳理和分析不够深入、精准。特别是如农村宅基地的建筑位置及规模要求十分精确，精度不够为规划的实施及后期的管理带来了问题。

5　国土空间规划背景下村庄规划编制的思考

5.1　总体要求

国家五部委转发自然资源部发文，明确总体要求，统筹谋划村庄发展。

（1）切实提高对村庄规划工作重要性的认识

习近平总书记强调，实施乡村振兴战略要坚持规划先行、有序推进，注重质量、从容建设。一张蓝图绘到底，久久为功搞建设。实现乡村振兴战略，首先要做好法定的村庄规划。

（2）合理划分县域村庄类型

合理划分县域村庄分为集聚提升类、城郊融合类、保护类村庄、搬迁撤并类，引导公共设施优先向集聚提升类、特色保护类、城郊融合类村庄配套。

（3）建立健全县级党委领导政府负责的工作机制；

（4）坚持县域一盘棋，推动各类规划在村域层面"多规合一"；

（5）实现村庄建设发展有目标、重要建设项目有安排、生态环境有管控、自然景观和文化遗产有保护、农村人居环境改善有措施；

（6）统筹谋划村庄发展定位、主导产业选择、用地布局、人居环境整治等安排等，做到不规划不建设、不规划不投入；

（7）充分发挥村民主体作用，建立县级党委政府主要领导负责的乡村规划编制委员会。

5.2　目标与任务

湖北省五厅办发布《省委农办、省自然资源厅、省农业农村厅、省发展改革委、省财政厅关于加快编制村庄规划促进乡村振兴的通知》，明确村庄规划的主要目标和主要任务。

（1）主要目标。2019年，以县域为单位，完成全省集聚提升类、城郊融合类、特色保护类、搬迁撤并类等村庄布局工作，率先在沿长江8个市州开展村庄规划编制工作，确保全省1000个左右美丽乡村示范村编制完成村庄规划。

（2）主要任务。合理确定村庄功能定位和发展目标；严守生态保护和耕地红线；统筹国土空间开发利用；统筹生态保护修复。

5.3   重点关注问题

5.3.1   乡村土地分类问题

对于村庄土地利用分类的问题，国土部门和住建部门都有自己的标准。早在 2014 年，住房和城乡建设部颁布的建村〔2014〕98 号文件就对村庄用地进行了细致的分类；而国土资源部在 2017 年 9 月也颁布了《村土地利用规划编制技术导则》，对村庄的土地利用性质作出了相关规定。

5.3.2   乡村规划编制的分类

《关于统筹推进村庄规划工作的意见》（农规发〔2019〕1 号）指出：力争到 2019 年底，基本明确集聚提升类、城郊融合类、特色保护类等村庄分类。原则上应采用《关于统筹推进村庄规划工作的意见》中集聚提升类、城郊融合类、特色保护类等的村庄分类。

6   总结与感悟

在乡村振兴战略和国土空间规划体系建立这两大政策背景之下，村庄规划作为国土空间规划体系中的重要组成内容，其编制及实施必然会受到越来越多的重视，这也要求规划人改变思维方式，不断探索更实用更合理的村庄规划方法和路径。如何以乡村振兴战略的方针和目标为导向，以满足村民的实际需求为重要目标，编制"多规合一"的实用性村庄规划，将是规划编制工作者在未来的村庄规划工作中的前进方向。

"多规合一"视角下国土空间用途管制工作的认识与思考

赵 丹*

【摘 要】统一行使所有国土空间用途管制是自然资源系统履行"两统一"职责的重要环节,在构建国土空间规划体系的背景下,国土空间用途管制工作同样应该兼容并蓄,置于"多规合一"的语境下。本文以"多规合一"为视角,结合江苏省用途管制工作实践,尝试提出对国土空间用途管制工作的认识与思考。

【关键词】用途管制;多规合一;主体功能区规划;土地利用规划;城乡规划

中央赋予自然资源部"两统一"职责,统一行使所有国土空间用途管制是其中的重要环节,是保护自然生态环境、统筹开发利用自然资源的有效措施,是解决先前空间规划重叠、管制缺乏合力的必然要求。构建"多规合一"的国土空间规划体系,就是将主体功能区规划、土地利用规划、城乡规划等空间规划融合为统一的国土空间规划,实现"多规合一",空间规划是基础、用途管制是手段,因此对于用途管制工作的认识同样应该置于多规合一的背景下。

1 基于多规合一的用途管制体系认知

无论是土地利用规划、城市规划还是主体功能区规划,总体而言空间用途管制体系都可以分为三个层次:

第一个层次是用途分区,即将空间依据用途区分开来。用途分区是一个广义的概念,可以包括宏观层面的功能分区(如土规限制建设区)、中观层面的控制单元(如部分研究提出的用途管制单元、部分城市总体规划提出的控制单元)、微观层面的用地分类(如基本农田、居住用地)。用途分区是通过编制规划来实现的,不同规划的侧重不同,土地利用规划的用途分区为"四区"(即允许建设区、有条件建设区、限制建设区、禁止建设区),简捷有效,而土规的规划用地分类虽然与用途分区是匹配的,但在规划实施中除基本农田、三大类用地外,其他用地类别的实际作用相对较小;城市总体规划的用途分区也有类似适建区、限建区、禁建区的划分方法,但无论在规划审批、实施或是督查中可以说都并非核心内容,相反城市规划真正起到用途分区作用的是用地分类,划分得较为精细,市域城乡用地共分为 2 大类、9 中类、14 小类,城市建设用地又划分为 8 大类、35 中类、42 小类,这成为指导下位规划的直接依据。主体功能区规划的用途分区也是政策分区,分为优化开发区、重点开发区、限制开发区、禁止开发区(表 1)。

值得一提的是,用途分区可以调整,需要通过规划修改实现,不同规划编制办法均提出了相应的修改前提与途径。

---

* 赵丹,博士,江苏省自然资源厅用途管制处。

土规与城规的用途分区对比

表 1

土地利用总体规划的用途分区 宜兴市现行土地利用总体规划用地规划图（2006—2020）	城市总体规划的用途分区 宜兴市现行城市总体规划市域空间利用规划图（2008—2020）

第二个层次是管制规则，即明确在不同用途分区中的管制要求，根据其刚性与弹性可以划分为主导规则和兼容性规则。土地利用规划管理的管制规则主要是解决"能不能建设"的问题，与用途分区相得益彰，如《江苏省国土资源厅关于进一步加强土地利用总体规划实施管理的通知》（苏国土资发〔2018〕183号）明确提出，城、镇、村建设项目用地应在允许建设区选址。土地利用规划管理虽然没有明确提出用途分区兼容性管理的概念，但在规则中实已暗含，例如限制建设区也可以进行重点建设清单中的项目建设（需在规划设定的交通廊道或空间布局内）。城市规划既有类似土规自上而下的体系，每个层次也有纵向的深化，即城市总体规划—控制性详细规划—修建性详细规划，城市规划管理的管制规则就是通过编制控制性详细规划，针对城市总体规划提出的用途分区（也就是用地分类，可以在控规中进一步调整和细化），明确具体的开发强度和空间环境，也就是常说的容积率、建筑密度、绿地率等指标，解决"建什么""建多少""如何建"等问题。用地之间可以混合兼容（如居住用地可以兼容部分商业），控制性详细规划都会通过"新增用地混合使用表"加以明确。主体功能规划的管制规则是通过对用途分区提供差异化政策和资金实现的。

第三个层次是审批许可，即以用途分区中的管制规则为依据，对土地使用者对空间资源的使用进行资格审查。一是准入审批许可。原国土部门的手续主要为建设项目用地预审及建设用地批准书；原规划部门为"一书三证"（建设项目选址意见书、建设用地规划许可证、建设工程规划许可证、乡村建设规划许可证），它们的审查依据都是建设项目是否与所在规划的用途分区中的管制规则相符。不同在于审批的层级和内容，如预审主要的审查依据是土地利用总体规划，以立项级别为主采取分级审批；"一书三证"审查依据是城市规划，多以项目具体空间位置为分级审批依据，因此多为地方事务（江苏省省级部门只发部分选址意见书）。二是涉及用途的转用。不同的是，原国土部门面向土地一级市场，所以审批许可主要通过国家和省级部门完成，依据《土地管理法》，农民集体所有的土地转化为国有土地需要办理征地审批，审批前提是被征用土地的所有者的利益不损失；涉及农用地转为建设用地的建设，应当办理农用地转用审批，前提是通过实施占补平衡或增减挂钩来实现耕地保有量不减少。而原规划部门面向的是土地二级市场，用途转用多采取"规划＋市场化"方式，如在政策允许范围内将商业调整为居住用地、增加地块容积率等都需要先编制或修改控规，再补齐土地出让金。值得一提的是，国土部门管理一级土地发展权，以资源保护为出发点，因此无论是建设的许可还是用途转用的审批，都必须以空间规模管控和土地利用计划管控为前提，这也可以理解为在大分区中的管制规则，即新增建设必须要符合一定的规模总量和建设进度（图1）。

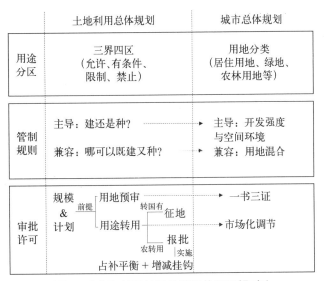

图1　土规与城规的用途管制体系逻辑对比

2　对于用途管制工作的几点思考

2.1　加强与规划编制环节的互动

从既有空间用途管制体系来看，无论是哪个部门，管制工作与规划编制都是密切相关的，可以说规划是管制的前提。机构调整后，编管分离的好处无需多言，但潜在的问题同样值得警惕。其实编管分离的方式在某些市县原规划局早已实施：规划处、总工办等负责规划编制，用地处、工程处等负责规划审批，规划编制要求由规划处提出，成果审查往往以规划处自查和专家审查为主。这带来的一个问题是编制方和审查方的重点往往在于战略愿景而弱化了可实施性，规划管制工作只能依据规划编制被动进行，时有规划不适用于规划许可和规划督察的情况发生，管制工作也较难主动改革创新。

因此建议加强用途管制处与空间规划局的协同合作，将用途管制工作向前延伸至规划编制阶段。具体而言有以下几点。

（1）在规划编制要点中明确管制要求。管制规则由用途管制部门提前制定，如在目前管制及纠错试点中，许多研究提出了划定管制单元＋单元属性（准入条件、负面清单）的管制规则，应在空间规划编制之初作为规划编制要点提供给编制单位。开发边界内要明确各类用地的具体准入、转用规则及对下位规划调整的规则限制，而开发边界外主要是明确约束性指标和分区空间准入的规则。

（2）规划空间布局要与管制规则相匹配。无论是土规还是城规，规划编制的趋势都是刚性与弹性相结合、定界与定量相结合，如土规中基本农田是刚性，耕地则具有一定弹性；城规中建设用地包络线是刚性，而弹性用地为弹性，刚性更多是通过空间布局即定界实现的，而弹性则在定量或者其他规则限制下具有一定的调整空间，这就要求在空间规划中空间布局必须与管制规则相匹配，如：如果某条管制规则是在郊野单元中一定规模以内的新增建设用地可以不落图直接许可，那么在规划编制中既要在这个单元预留增量指标，也不能将所有的建设用地规模指标都事无巨细地落到图上，否则这条管制规则就成了空中楼阁。

（3）用途管制部门共同参与规划审查。因为空间规划既要实现战略引领也要落实刚性控制，因此空间规划的审查中也应建立多部门＋专家＋公众的联合审查机制，确保规划编制和修改符合规模控制、管制规则，构建适用于规划许可和规划督察的管制方式。

2.2　完善城乡一体的用途管制

原国土部门和规划部门的规划和管制关系在某种程度上呈现出相反特征,国土部门规划弱、管制强,规划部门规划强、管制弱,目前开展的用途管制研究大多是基于国土部门、以农用地为核心的用途管制展开。但是,对于承担"两统一"职责的自然资源部门来说,未来的用途管制不仅要"下乡",还需"进城",既要管好国土空间的分区和控制线,也要管得住微观的用地、用海行为。可以从以下方面突破:

(1)进一步细化用途管制规则。正如前文所述,原国土部门的管制规则主要是解决建还是种的问题,应该借鉴原城市规划管制的方式进一步细化,在特定区域明确建(种)什么、建(种)多少、怎么建(种)等问题。虽然《关于在国土空间规划中统筹划定落实三条控制线的指导意见》明确三条控制线不交叉、不重叠、不冲突,但是城镇、农田、生态三大功能并非水火不容,例如在某些生态空间内,可以通过细化限制农业种植的类型、强度、耕作施肥方法等方式解决与耕地的兼容问题;在城镇空间内也可以在一定规模、空间布局方式等限制条件下布局都市田园,这在许多国家和地区早已大量实践。

(2)建立城镇地区用途管制的传导机制。制定建设用地用途管制办法,要求各市县建立覆盖全域的控制单元用途管制体系,总体规划定规模、控制单元定规则、详细规划重落实,确保战略引导和底线管控得到有效传导。目前控制性详细规划的修改工作缺乏机制约束,用地性质、开发强度等修改仅需通过一事一议的专家论证及公示环节,建议通过控制单元明确单元内的主导属性,负面清单,用地特别是绿地、公共设施用地的调整规则(如总量不减少,质量不降低)等,作为详细规划编制和修改的直接依据。

(3)对部分用地的用途转用采取分级审批方式。在原国土的管制制度中,农转用得到了较好控制。随着人民对美好生活需要的日益增长,生态文明不仅需要城镇外围的大生态,还需城镇中的"小生态",也就是身边的公园绿地。几年前,住建部组织了对各地城市总体规划实施情况的督查,发现的主要问题之一就是占用规划绿地违法建设居住区等。因此,建议借鉴农用地转用的管制方式,将一定规模以上的现状及规划绿地的用途转用审批权上收归上级政府的自然资源主管部门,确保大型绿地顺利落地;规模以下的绿地转用通过制定单元规划的管制机制(如单元内总量不减少)+修改详细规划的方式解决。对于其他重要意义的强制性用地也可采用类似的分级审批方式。

2.3　构建用途管制制度规范

目前的当务之急是编制面向新的空间规划以及应用于新的审批许可方式的用途管制管理规定。

(1)梳理各领域既有用途管制规则。用途管制虽然是一个新生工作,但绝非无中生有,如在过去国土部门的管理中许多规则早已有之,比如183号文提出的城、镇、村建设项目用地应在允许建设区选址、严格控制非农业建设对永久基本农田的占用,就是对于用途分区的主导性管制规则(一个是准入条件,另一个是负面清单),重点建设清单项目……其用地视为符合规划、单个用地面积不超过100m² 的输变电工程塔基……其用地按照符合土地利用规划办理,提出了不必符合主导管制规则的特例,也就是前文说的兼容性规则。总而言之,急需把分散在原国土、城乡规划、林业、水利等领域的成熟管制规则梳理起来,这是构建制度规范的基础。

(2)推动用途管制手段向全域空间转变。用途管制手段不仅包括空间准入、用途转用等,还包括在原国土管理中扮演重要角色的土地利用计划、建设用地规模等,属于宏观层面的调控手段,但往往与空间结合较少,更多是数量上的调控。在新的国土空间用途管制体系下,一方面,可以基于用途分区对管制单元采取差异化的调控措施,如某些区域要实现精明增长甚至减量化,应在报批中禁止或约束比例使用新增建设用地计划,从而将传统的数量调控与空间调控结合在一起。另一方面,用途管制的规模调控、用地计划、空间准入等也应逐步从二维平面土地走向三维立体空间，从割裂的单元要素管制迈向对"山水林田湖草"生命共同体的综合管制。

（3）编制江苏省用途管制管理规定。建立一套符合江苏省实际的、覆盖全域全类型的空间管制管理规定，管理规定至少应包括如下部分：①用途分区，结合空间规划制定，可以根据党的十九大要求划分为城镇空间、农业空间、生态空间或以其他方式细分；②分区主导性规则，不同用途分区各自的空间准入规则、负面清单是什么，也就是能干什么、不能干什么；③分区兼容性规则，例如：城镇空间中是否也可以有农业空间，应该如何细化管理等；④用途转用规则，三种空间之间如何进行转换，需要符合什么条件、履行什么程序；⑤分区内部的详细规则，在符合主导规则的前提下，分区内部的单元划定、空间准入、用途转变、建设类型强度要求等规则，如城镇空间的各类建设用地、农业空间的基本农田等，可以明确原则，由市县主管部门制定具体规则；⑥审批许可的要求；⑦规模管理要求，如空间总规模管控、土地利用计划的下达和收回；⑧用途管制评估预警与纠错机制。

参考文献

[1] 袁一仁，成金华，陈从喜．中国自然资源管理体制改革：历史脉络、时代要求与实践路径[J].学习与实践，2019（09）：5-13.

[2] 林坚，吴宇翔，吴佳雨，等．论空间规划体系的构建：兼析空间规划、国土空间用途管制与自然资源监管的关系[J].城市规划，2018，42（05）：9-17.

[3] 林坚，武婷，张叶笑，等．统一国土空间用途管制制度的思考[J/OL].自然资源学报，2019（10）：2200—2208.[2019-11-12]. http://kns.cnki.net/kcms/detail/11.1912.n.20191022.0901.030.html.

[4] 金忠民，叶贵勋，张帆，等．特大城市单元规划编制探索[J].城市规划，2018，42（03）：95-101，108.

典型发达国家国土空间规划发展演变研究启示

赵宏伟 *

【摘　要】通过对德国、美国、日本三个典型发达国家国土空间规划体系的形成、演变及规划内容的变革进行分析和梳理，归纳总结国土空间规划体系的演变规律、形成机制和特点，进而结合我国政治经济社会文化背景和国土空间体系的发展时机，探讨对我们国土空间规划发展路径的启示。

【关键词】国土空间规划；发展演变；经验启示

国家空间规划体系是一个国家工业化和城镇化发展到一定阶段，为协调各类各级空间规划的关系，实现国家竞争力、可持续发展等空间目标而建立的空间规划系统。对于大多数国家而言，国土空间规划是国家完善市场体系、提高竞争力、进行宏观调控不可缺少的手段，是中央政府站在国家立场，防止和纠正完全自由经济体制下市场失灵、进行政府干预的一种手段。由于各国的政治、经济、社会发展历程和现状不同，空间规划体系的建立初衷、管制手段、主要内容和实施效果均不尽相同，本文尝试从不同的视角出发，对德国、美国、日本的空间规划发展演变历程、体系、主要内容进行分析研究，希望对我国国土空间规划体系的完善有一定的借鉴意义。

1　德国国土空间规划的发展演变及特征

1.1　空间规划发展历程

德国在空间规划领域起步较早，是世界上最早开展国土空间规划的国家之一。德国空间规划自 1855 年形成以土地利用规划和城市规划为核心的空间规划体系后，共经历了 5 个时期，其中第二次世界大战和 20 世纪 70 年代的石油危机是转折点，分别为"二战"前初步发展时期（1855—1945 年）、战后恢复重建时期（1945—1960 年）、稳定发展时期（1960—1973 年）、停滞时期（1973—1990 年）和两德统一后新时期（1990 年至今）。

21 世纪以来，全球环境问题，经济全球化、欧洲一体化视野下的国家和地区发展问题，人口变化与日益变化的土地开发需求，都成为德国空间规划新的着眼点，德国空间规划的重点目标变为缩小东西部生活水平差距、利用结构脆弱地区的发展潜力、解决失业和住房市场问题、提高基础设施的服务能力、维持城市多样性功能、保护生态环境与后代人的生存需求等，内容更加综合化、公共政策化。正由传统的重控制、重政府力作用的传统综合型向重协调、重公众参与和市场力作用的现代综合型转变。

---

　　* 赵宏伟，女，苍穹数码技术股份有限公司——苍穹国土空间规划设计研究院副院长。

1.2 空间规划编制体系

德国国土空间规划中由高到低分为 5 个层次，包括欧洲层面、联邦层面、州域层面、区域层面和地方层面。5 个层次职权分明，分别从不同的尺度以及侧重对土地利用空间做出系统安排，各层次规划的制定都要经过反复征求意见和修改。从纵向关系上看，低层次规划一般要服从高层次规划基本目标的要求，而高层次规划则以低层次规划作为自己的依据、补充和具体化，做到国家与地方、宏观与微观的高度结合。

1.3 空间规划体系特点

1.3.1 典型的地方自治型联邦制空间规划体系

德国的大部分行政工作由各州独立运作，空间规划体系的结构也是依托联邦模式与地方自治展开。联邦政府并不是制定规划的主体，而是设置空间规划体系的总体框架，各州在州域规划中拥有管辖权，这种配合和协调体现在协商和建设意见的一致性上，允许下一级的意见目标导入上一级的规划中，州的政策和规划目标可用来制定联邦的规划导引和愿景。

1.3.2 层级分明系统的空间规划体系

德国规则中由高到低 5 个层次职权分明，联邦政府设置空间规划体系的总体框架和政策来保证州、地区和地方规划的整体连贯性，而州、地区等通过统一的价值诉求来影响联邦的规划导引和愿景，通过自上而下的引导与自下而上的反馈形成协调的规划衔接机制（图 1）。

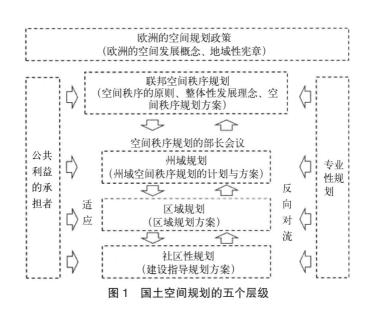

图 1 国土空间规划的五个层级

1.3.3 完善的空间规划法律体系

德国具有完善的空间规划法律体系，空间规划法法规规定的正式法定规划最细到市镇一级建造规划。联邦层次的《联邦空间秩序规划法》，到州层次的《州国土空间规划法》、地方层次的《建设利用条例》，每层次空间规划均有相应的法律支持。同时，注重法律之间的衔接，真正做到了有法可依。

1.3.4 多部门的综合治理

德国的土地规划综合性强、内容广，几乎所有政府部门都要参与工作。部门规划方案可由土地规划部门提出，也可由专业部门提出，但最终应由前者综合协调，以符合总体规划的要求。部门规划还注意相邻地区和相邻国家之间的协调，通过多部门综合治理，形成更准确的信息反馈与规划定位。

1.3.5　区域平衡与协调发展

强调实现区域平衡发展，在全国提供同等的生活环境，基于德国多中心区结构的原则，注重发挥城市的网络协同效应，挖掘远离中心城市的人口分散地区的发展潜力。公共服务均等化供给，规定最低公共服务标准，在德国所有区域营造相似的生活条件。政府加大对落后地区交通、教育、医疗、基础设施等公共服务的投入。

2　美国国土空间规划的发展演变及特征

2.1　空间规划发展历程

美国的城市不是规划形成的，而是由市场经济的发展自发形成的。城市规划的目标是解决当时城市出现的突出问题和矛盾，所以美国城市规划的目标是治理城市而不是创造城市，城市规划首先考虑城市居民的需求，规划的主要内容也是围绕城市公共服务和美化城市环境。

美国国土空间规划体系编制主导方向与城市发展和政策是密不可分的，主要经历了 4 个阶段（表1）。

美国国土空间规划体系发展阶段　　　　　　　　　　　表 1

发展阶段	主导规划类型	案例
20 世纪 30 年代以前	以城市规划为主	土地利用分区规划
20 世纪 30～60 年代	以资源开发规划为主	"田纳西流域开发法案"
20 世纪 60～90 年代	多为经济发展规划	跨州经济区划与建设规划
2000 年以来	面向区域可持续发展的综合规划阶段	美国 2050 空间战略规划

2.2　编制体系与内容特点

美国宪法规定美国是一个联邦制国家，各州拥有较大的自主权；实行立法、行政、司法三权分立、相互制约。因此，美国不论是不同层级的"中央—地方"，还是同一层级的地方都存在着权力的分配、制约与监督。

美国空间规划体系的独特个性也是在这种政体中形成的。美国的空间规划涉及了联邦、州、区域、城市、县、社区等层次，并没有像欧洲国家一样形成过一个完整的、集权的、自上而下的空间规划体系，也没有全国各州统一的空间规划法律。美国的规划体系与行政序列的对应关系不够明显，特别是在基层县与城市层面上。规划层面上主要包括联邦、区域、州和地方四个层面的内容。

2.2.1　联邦层面空间规划特点

美国至今还没有进行国家级的系统的全国性国土规划，只有问题导向型的区域规划，国土规划相关内容也分散在相关规划中。整个规划体系由联邦的公共土地利用规划和区域开发规划以及有关的政策、独立的州综合规划、州域内的区域规划、地方政府综合规划、公共基础设施建设计划、土地利用规划等组成。

2.2.2　区域层面空间规划特点

美国的区域规划已有近百年历史，包括经济规划、物质规划、社会规划和公共政策规划 4 个方面，主要的规划有以下 3 种。

（1）流域综合开发规划，如田纳西河流域规划；

（2）跨州经济区划分与建设规划，如阿巴拉契亚区域整治规划；

（3）大都市区规划。

2.2.3 州层面空间规划特点

在各州通过立法规定的总体规划中，土地利用是规划的基础和重点。每一个州自行制定本州的土地规划。州土地利用规划是近年来为了实施城市成长管理政策而逐步发展起来的，它本身并不具有法律效力，而是一种政策性指导文件。州政府要求地方政府制订包括土地使用计划、公共设施建设方案及成长政策等内容在内的地方土地利用规划。

2.2.4 地方层面空间规划特点

在美国，地方国土规划最具体、最详细。各地方国土规划主要解决的是关于当地切身利益的问题。地方制定综合规划时，必须与州规划目标相衔接。

3 日本国土空间规划的发展演变及特征

3.1 空间规划发展历程

日本历来非常重视制定和实施国土规划，并取得了巨大的成功。日本的国土规划是日本目前城市区域规划体系中最上位的规划，它指导和规范着广域规划、都道府县规划以及城市规划。自 1950 年制定《国土综合开发法》以来，以该法为依据，结合当时的经济社会形势，先后编制和实施了 7 次全国综合开发规划。为适应国际形势和日本经济社会环境的变化，《国土综合开发法》于 2005 年在国土规划体系、内容及程序等方面得到了根本的修订，并更名为《国土形成规划法》。

自"一全综"到"五全综"，都是国家主导的全国性的规划，没有听取地方意见的机制。在《国土形成规划法》中，不仅明确了公民和地方政府在规划编制过程中的参与作用、互动作用，要求国家和地方一起制定规划愿景，还规定了今后的国土形成规划体系须由两个互动的全国规划和广域地方规划构成。通过国土规划体系的简洁化和一体化，使规划体系变得容易理解。

此外，以前的五次规划主要是以开发为基调、追求物质的量的增加。现在的"国土形成规划法"强调规划应体现出成熟型社会的特点，规划内涵应在量和质上得到充实和提高。

为适应经济全球化、国民价值观念多样化以及人口减少型社会的真正到来，"国土形成规划"（六全综）提出形成"自立的多样性广域地方圈"的国土结构。把国土空间视野从市町村向广域生活圈域、从都道府县向广域地方、从日本国土向东亚扩大。通过多样性广域地方圈来构建自立发展的国土，同时形成美丽的、易于居住的国土。

在"六全综"的基础上，"七全综"提出"对流促进型国土"的规划理念。"对流"是指具有多样性的各个地域相互合作，促进地域间人流、物流、客流和信息流的双向流动。多样性是对流的原动力，因此需要活化各地域的独特个性，实现名副其实的国土均衡发展。面对人口减少的事实，"对流促进型国土"的形成需要多层次、韧性的"紧凑 + 网络"结构。"紧凑"是指实现医疗、福利、商业等功能紧凑集约布局，"网络"是指形成交通、信息通信、能源的充实网络。通过地域个性的活化、"紧凑 + 网络"结构的构建，以期解决东京一极集中的问题，实现都市和农山渔村的互利共生（表 2）。

日本空间规划发展历程　　　　　　表 2

	一全综	二全综	三全综	四全综	五全综	六全综	七全综
公布时间	1962 年	1969 年	1977 年	1987 年	1998 年	2008 年	2015 年
国土空间结构模式	三大中心城市圈层式结构	日本列岛主轴	以定居圈为基础的网络	多级分散型国土结构	四大国土轴	自立的广域综合体	紧凑的城市网络
开发方式	据点开发构想	大项目构想	定住构想	交流网络构想	参与合作	新型管治模式	对流与促进

3.2　编制体系和内容特点

经过 20 多年的努力，日本在自上而下的政府主导与自下而上的民众诉求的共同推进下，形成以国土综合开发规划（贯穿各个行政级别）、国土利用规划（贯穿各个行政级别）和土地基本利用规划（以都道府县编制为核心，涵盖各个层面的、完善的、自上而下的全国、地域和市町村三级国土和区域规划体系和都市规划体系）三大规划为核心的空间规划体系。

《国土形成规划法》强调了在编制"国土形成规划"时国家与地方协调推进地方分权化。编制主体由过去以国家为主导的模式向国家和地方合作的模式转变，并且突出社会各界参与的重要性。在"国土形成规划"中，"广域地方规划"与"全国规划"被视为具有同等的效力，全国规划与地方规划的关系由原来自上而下的指导关系调整为同等的关系。

"国土利用规划"是从土地资源开发、利用、保护的角度，确定国土利用的基本方针、数量、布局和实施措施的纲要性规划，分为全国、都道府县和市町村三个层次编制，类似于我国的"土地利用规划"。"土地利用基本规划"是以"国土利用规划"为依据，进一步划分城市、农业、森林、自然保护等地域。并规定各地域土地的利用调整具体事项等。土地利用基本规划主要指的是某些项区域的专项规划。

"国土形成规划"的核心是明确宏观发展政策和国土空间结构，"国土利用规划"的核心是对土地类别和规模的管控，两者分工明确，共同形成对国土空间的开发与控制。2001 年，日本中央政府实行"大部制改革"，原中央国土厅、建设省、运输省、北海道开发厅合并为国土交通省。此后，"国土形成规划"与"国土利用规划"由新成立的国土交通省负责编制，在全国层面上，"国土形成规划"和"国土利用规划"是同时制定、同时颁布和同时实施的，能够较好地协调国土空间规划中的重要内容，也保证了两个规划能够得到有效实施。

4　启示

4.1　强化空间规划，注重协调空间结构和空间开发秩序

强化空间规划，注重协调空间结构和空间开发秩序，越来越成为发达国家编制规划的出发点和规划的主要内容。我国可开发的空间不够宽裕，空间结构不够合理，空间开发秩序较混乱。这些问题若不能很好地解决，不仅影响我们当代人的生存和生活空间，影响动植物的生存空间，更将影响后代人的生存和发展空间。

4.2　生态导向的国土空间规划成为重要的发展趋势

从资源开发型、经济发展均衡型到追求生活质量的生态导向型是国土规划不断演进的历程。处在后工业化经济发展阶段的发达国家在国土规划中十分重视环境保护和污染治理，规划中有关环保方面的法规健全，并鼓励绿色和清洁产品的生产，对工业排放物进行严格监测，实行了一系列政策和技术，取得了很好的效果。在我国未来的国土空间规划中，生态优先、绿色发展也将是贯穿于规划中的主线。

4.3　体现以人为本，重视国土规划编制过程中的公众参与作用和行政信息的公开化

不论是国土规划还是城市规划的编制，公众参与已成为世界潮流。德国、美国和日本在国土空间规划中都特别重视公众和社会团体参与规划的重要性和必要性，通过公众和社会团体参与规划编制，了解民众的相关需求，合理设置公共设施，体现以人为本的规划原则。

4.4 加强国土规划中信息手段的运用

德国、美国、日本在国土规划中十分重视科学技术的应用，科学研究的开展和科学人才的培养，大量地运用遥感和 GPS 手段使国土资源的调查和监测成为可能。同时，国土资源信息系统的建立和 GIS 定量空间分析的发展，使国土规划的效率和科学性都大大地提高。我国的国土规划工作应充分运用数字国土工程和国土资源大调查的成果，以 GPS、RS 和 GIS 为手段，加强不同尺度的规范化国土资源数据库的建立。

4.5 重视国土规划的实时性和可操作性

为了维护规划的权威性、可操作性以及及时发挥规划在区域均衡发展中的协调作用，规划要根据社会经济发展变化进行修编，以保障规划实施的可操作性。在我国经济转型发展的过程中，可能会有较多的不可预测的因素。一旦发现规划已不能适应经济社会形势时，应当机立断，启动法定程序对规划进行修编，维护规划的权威性。

4.6 完善规范编制过程，"低效率"的编制换取高效率的实施

发达国家国土空间规划的重点在于解决规划编制中不同方面规划和利益的协调，以取得共识，避免矛盾；编制一个规划一般要三年甚至更长的时间。尽管看起来编制过程的效率较低，但一是可有效地避免规划决策时的麻烦；二是可避免实施过程中的矛盾，有利于规划高效实施。

参考文献

[1] 锡林花 . 德国空间规划的借鉴意义 [J]. 北方经济，2008（03）：56–57.

[2] 周颖，濮励杰，张芳怡 . 德国空间规划研究及其对我国的启示 [J]. 长江流域资源与环境，2006（07）：409–414.

[3] 曲卫东 . 联邦德国空间规划研究 [J]. 中国土地科学，2004（04）：58–64.

[4] 孟广文，尤阿辛·福格特 . 作为生态和环境保护手段的空间规划：联邦德国的经验及对中国的启示 [J]. 地理科学进展，2005（11）：21–30.

[5] 孙春强，张秋明 . 美国国土规划及对我国的启示 [J]. 国土资源情报，2011（08）：11–17.

[6] 郑明媚，黎韶光，荣西武 . 美国城市发展与规划历程对我国的借鉴与启示 [J]. 城市发展研究，2010，17（10）：67–71.

[7] 翟国方 . 日本国土规划的演变及启示 [J]. 国际城市规划，2009（24）：85–90.

[8] 胡安俊，肖龙 . 日本国土综合开发规划的历程、特征与启示 [J]. 城市与环境研究，2017（04）：47–60.

[9] 潘海霞 . 日本国土规划的发展及借鉴意义 [J]. 国际城市规划，2006，21（03）：10–14.

浅谈《贵阳市城市规划技术管理办法》修编思路

郑丹丹 *

【摘　要】文章在分析《贵阳市城市规划技术管理办法》更新修订背景的基础上，进一步分析贵阳市城市建设发展现状及原《贵阳市城市规划技术管理办法》执行现状，结合当前城市规划建设管理前沿理念确定了《贵阳市城市规划技术管理办法》的修编原则，并根据贵阳市山地城市地貌特征，从用地与建筑控制指标、建筑间距指标、公共绿地及公共服务设施指标、市政及道路等多方面提出修编思路。为科学修编《贵阳市城市规划技术管理办法》、精细化贵阳市城市管理提供参考依据。

【关键词】城市规划管理办法；控制指标；规划原则；绿地

1　绪论

1.1　《贵阳市城市规划技术管理办法》修订背景

近年来，研究与健康城市、韧性城市、持续发展、理性规划、城市双修等前沿规划理念相适应的城乡规划技术准则、基础设施规划建设标准与规划方法成为当前城市规划管理工作的重点内容。《城市规划技术管理规定》作为地方城市规划管理核心文件，在新时期背景下进一步与社会经济发展需求、与中央及地方政府城市管理方向、与城市技术管理规定相关参考标准相衔接，成为《城市规划技术管理规定》修编的重点。

2013 年底，中央城镇化工作会议明确指出城市化发展应当遵循自然有机发展进程，强调城市规划工作的重心调整至限定城市发展边界、优化城市空间结构，城市建设从粗放式的增量扩展转向节约型的存量优化。

2016 年颁布的《中共中央国务院关于进一步加强城市规划建设管理工作的若干意见》明确提出城市规划工作要提倡进行城市设计，加强城市设计、提高精细化品质化规划引导的技术管理需求。可见，在国家层面早已清晰地指明了城市建设在新时期的转型升级方向。同年年初，贵阳市十三届人大六次会议通过《贵阳市国民经济和社会发展第十三个五年规划纲要》，《纲要》中对贵阳市规划人口、森林覆盖率、人均公共绿地面积等指标都有新的要求，并将着力解决"十三五"期间重大项目的土地增量需求。

2017 年，党的十九大将"以人民为中心"确定为新时代社会主义中国必须坚持的发展思想，确定了城市规划工作重在城市空间结构优化提高、城市人居环境质量的加强。同年 12 月，《贵阳市城市总体规划（2011—2020）》获国务院批准，总体规划在绿地系统布局结构、城市设计、景观风貌等方面都强调山水格局，强调绿地空间的分散布局，这就对现行《贵阳市城市规划技术管理规定》城市绿地篇章提出了新的要求。

---

* 郑丹丹，女，贵阳市城乡规划设计研究院，助理工程师。

2018 年 12 月《城市居住区规划设计标准》（GB 50180—2018）代替《城市居住区规划设计规范》（GB 50180—93）成为全国各城市控规编制及审批标准，2019 年 3 月《城市综合交通体系规划标准》（GB/T 51328—2018）正式执行，以其为基准的城市技术管理规定也不得不随之调整。

相关国家及地方政府政策的发布和相关规划标准的变化导致《贵阳市城市规划技术管理办法》必须与时俱进，更新发展。

1.2 相关研究综述

国内对《城市规划管理技术规定》研究文献较少，既有文献主要停留在法学常识，对《城市规划管理技术规定》实效性及特殊性的讨论欠缺。规划学者普遍认为《技术规定》是地方规划体系中落实国家、地方规划主干法要求的核心技术规范文件；耿慧志、张乐及杨春侠（2014）选取全国各地的《城市规划管理技术规定》进行综述分析，基于地方法规文件的法理学认知，提出相应规范建议；也有很多学者对相应地域《城市规划管理技术规定》的修订提出具体方向及方法，邹兵及吴晓莉（2004）在《深圳市城市规划标准与准则》修订工作中针对深圳市经济社会发展过程中存在的显著问题，建立深圳内外统一的规划标准体系。

1.3 研究内容及研究目的

由于政治、经济、社会、文化等条件，地理和自然文化环境所构成的总体文化环境相异，且社会发展不平衡及自然发展不平衡也带来区域之间的差异。作为山地城市的贵阳市和平原城市相比，可利用建设土地较平原城市少；与东部沿海城市相比，社会经济发展水平也还处在工业化阶段的中期，城市构筑物高速膨胀，产业面临结构转型，适用于全国的普遍标准中有很多条文与城市发展需求相异，特别是标准中建筑控制指标和绿地指标很大程度上给规划编制及审批带来困难。社会生活模式进化是城市生长的本源，城市和建筑是本土文化的外在物化表达形式，积极研究符合当地地理气候特征、社会生活、经济发展、宗教信仰、文化主题创造意识以及相关的建设指导文件，厘清新时期当地发展指导原则及方向，不仅直接有助于山地城市特色化建设，弘扬和继承本土文化，也是精细管理、提高政府工作效率的需要。

2 现状综述

2.1 贵阳市城市建设及规划管理发展现状

近年来贵阳市进入快速城镇化时期，城市用地呈"摊大饼"式蔓延，土地利用方式粗放，开发总量不受控，城市效益低下，1996 年至 2008 年间，建设用地呈现持续缓慢增长，12 年间增长 54.9km²，年均增长 3.5%；2008 年至 2014 年，6 年时间城市建设用地从 162km² 增长至 318km²，年均增长速率达到 12%，用地极速拓展。但是，贵阳市中心城区现状平均容积率约 0.64，且中心区以中、低强度单元居多，高及超高强度单元所占比例低，与北上广地区、中国香港地区、新加坡等国内外发达城市差距甚大，与西部如重庆、成都等城市对比也相对较低，建设用地开发强度的提升空间较大。在以往贵阳市执行的规划体系中，总规与控规之间缺乏有效的规划衔接。总规层面与"开发强度分区"相关的规划内容研究深度不够，城市开发总量缺乏控制，在强度分区与管制内容的制定上比较粗略；控规层面在落实总规内容的过程中，上层依据不足，对于强度的安排大多各自孤立，缺乏统筹考虑，控制指标缺乏科学研究，导致城市开发强度不受控。现状强度极差的空间布局有明显的二元形态，老城区的平均容积率高出外围区域一倍多，用地矛盾十分突出；而新区强度相对较低，土地经济效益和发展动力不足。城市核心发展区域没有体现出高强度优势，反而是诸如花果园、未来方舟等个别住区项目强度较高，整体布局不合理。为了适应贵阳城市转型发展要求，2015 年，贵阳市出台了《贵阳市控制性详细规划管理办法（试行）》，在控规编制、审批和修改上提出创新办法，办法提出单元概念，要求对单元的建筑总量进行规划控制。

2.2 《贵阳市城市规划技术管理办法》执行现状

《贵阳市控制性详细规划管理办法（试行）》出台后，明确市城市控制性详细规划的总则、导则、细则三级规划体系及相应规划内容要求，《贵阳市城市规划技术管理办法》主要用于导则及细则编制及审批过程。在建筑容量控制方面，由于《贵阳市城市规划技术管理办法》更强调单个地块内部建筑容量控制，对整体片区建筑容量和高度缺乏管控，导致建设过程中常常出现地块内部建筑高低配现象和单个地块符合《管理办法》容量控制，但整体单元或组团建设容量远超容量控制的现象。在建筑退让控制方面，由于《管理办法》建筑退让篇章内容繁多复杂，对贵阳市山地城市地形高差考虑较小，编制、审批方案过程复杂，且常有漏洞。在城市基础设施配建方面，《城市居住区规划设计标准》（GB 50180—2018）代替《城市居住区规划设计规范》（GB 50180—93）成为全国各城市控规编制及审批标准，生活圈居住区公服配建代替原来的居住区、小区、组团公共服务设施配建，这就导致《管理办法》与国家通用的配建准则矛盾，故当前贵阳市大多数编制单位和审批单位都转向以《城市居住区规划设计标准》（GB 50180—2018）为编制、审批依据，《贵阳市城市规划技术管理办法》面临更新。

3 《贵阳市城市规划技术管理办法》修编方向及原则

3.1 以人为本、解决民生问题

大尺度的开发建设模式屡受诟病，建成空间的人性尺度和人文关怀是城市未来的发展方向，规划管理的精细化要求将会越来越高，《技术规定》修编还有广阔的内容拓展空间。贵阳市《管理办法》修编应对接《城市居住区规划设计标准》（GB 50180—2018），在校核设施承载能力、了解设施服务覆盖情况后根据人口和服务半径进一步完善配套设施，查漏补缺、逐步改善，针对老龄化趋势及其生活特征，规定养老院、老年养护院、老年日间照料中心设置要求；针对全民健身现状，提出了大、中、小型多功能运动场地及室外综合健身场地、室外健身器械的设置要求，以塑造更加人性化的生活空间为目的，满足各阶层、年龄、职业人群日常生活需求；针对实际建设问题提出有效的精细化管控要求及引导措施，为使用者能够精准地表达规划设计理念或准确地表达规划管理意图提供依据。

3.2 因地制宜、彰显地方特色

《技术管理规定》修编应体现区域差异性和创造性。一方面，《技术管理规定》是以规范性技术内容为主体，协调各专项技术标准和规范的地方规范性文件；另一方面，"地方特色"始终是灵魂和核心所在，人文主义思想的兴起，将建筑和规划从古典美学视觉原理设计的传统模式中解放出来，城市社会学、人文学、人体功能学等新兴人文学科的逐步完善，使"本土精神"超越了单纯的艺术构思的精英设计的思想，向着城市规划所关联的自然与人文领域渗透，使得现代人的人居环境更具有灵性和人性。当代最好的城市规划管理无不形成于"它对于永恒宇宙及特定地域自然条件的尊重"，《技术管理规定》修编也必须体现地方的特点和现实需求。

3.3 绿色发展、体现生态优势

贵阳市地处云贵高原东部，是世界上喀斯特地貌发育典型地区植被规模最大、质量最优的省会城市，得益于高原特殊的地理环境和良好的自然气候，贵阳市亚热带湿润温和型气候明显，冬无严寒，夏无酷暑，雨水充沛，气候宜人，森林覆盖率由 2007 年的 39.8% 提高到 2015 年的 45.5%，森林蓄积量达到 2108.4万 m^3，居全国省会城市之冠，享有"中国首个国家森林城市"美誉。和多数山地城市一样，贵阳市的城市公共绿地空间在形成之初也是源于丰富的自然环境资源，城市绿地是集中国山水文化、传统园林文化以及现代城市文化于一体的重要承载者，城市公共绿地在城市公共空间，以及城市空间中都具有重要的经济、社会、文化意义。《技术管理规定》修编必须严格遵循绿色发展原则，控制城市增长边界，完善各级生活圈绿地布局，在贵阳市既有森林资源优势的基础上进一步发展提高。

4 《贵阳市城市规划技术管理办法》主要技术指标修编思路

4.1 用地与建筑控制指标

原《贵阳市城市规划技术管理办法》用地与建筑控制指标按国标《城市用地分类与规划建设用地标准》（GB 50137—2011）、《城市居住区规划设计规范》（GB 50180—93）进行控制。在对城市控规编制进行指导的过程中，容积率、建筑密度按原《贵阳市城市规划技术管理办法》中确定的《建筑密度及容积率控制指标表》执行，简单地将贵阳市规划控制范围划定为一环线以内和一环线以外，贵阳市一环线由老城区内宝山北路、宝山南路、市南路、解放路、浣沙路、枣山路、北京路合围而成，总面积仅 9.8km²，近年来随着贵阳市双核心多组团式结构发展，城市集中建成区早已突破老城区范围，形成南明云岩老城区和观山湖区中心集群显著的双核心布局，白云、花溪、乌当等组团中心部分地段容积率也已突破原《贵阳市城市规划技术管理办法》上限；贵阳市作为用地斑块布局、组团功能差异明显的山地城市，为了进一步加快城市中心城市更新和旧城改造步伐，推进城市边缘地域有序建设，简单划定一环和一环线外范围的规划分区已不可取。新《贵阳市城市规划技术管理办法》修编中需对城市控制范围进行合理梳理和布局。如《成都市城市规划管理技术规定（2017 版）》基于大量现状调查和规划成果，根据中心城区不同区域特点划定不同城市形态分区，即将综合交通枢纽、城市中心线等建设强度相对较高的区域划定为核心区，将临历史文化街区、生态区、主要山体、主要河道、城市风道区等区域划定为特别地区，其余地块为一般地区，并制定相应查询地块所属分区的图纸和相应控制指标，城市形态分区内制定、实施城市规划和进行建设时应当符合所在城市形态分区的规划控制要求，提高了《成都市城市规划管理技术规定（2017 版）》的针对性和有效性。

《城市居住区规划设计标准》（GB 50180—2018）出台，建筑高度和《建筑设计防火规范》（GB 50016—2014）衔接，将建筑依据建筑防火等级分为低层住宅（1～3 层）、多层Ⅰ住宅（4～6 层）、多层Ⅱ住宅（7～9 层）、高层Ⅰ住宅（10～18 层）、高层Ⅱ住宅（19～26 层），同时在建筑控制标准中再引入绿地率、建筑高度、人均住宅面积等指标对地块进行多维度控制，限制了居住建筑控制指标高度最高不超过 80m，住宅用地容积率不超过 3.1，与《加强城市规划建设管理工作的若干意见》中降低城市强度要求对接，大大限制了住宅建筑高度和容积率。这与原《贵阳市城市规划技术管理办法》中住宅最高 150m和最大 5.0 容积率相悖，故在新一轮《贵阳市城市规划技术管理办法》编制中，建筑高度分类、建筑密度、容积率、绿地率等控制指标须结合人性尺度需求和《城市居住区规划设计标准》（GB 50180—2018），同时，细化公共建筑分类，对公共服务设施用地指标弹性控制，适当提高商业服务业用地建筑密度（表 1）。

原《贵阳市城市规划技术管理办法》建筑密度及容积率控制指标表　　　　　表 1

建筑性质高度	控制范围及控制指标			
	一环线以内		一环线以外	
	建筑密度 /%	容积率	建筑密度 /%	容积率
低层住宅（1～3 层）	40	1.2	35	1.2
多层住宅（4～6 层）	30	1.8	30	1.8
中高层住宅（7～9 层）	30	2.2	30	2.2
高层住宅（10 层以上）	25	4.0	25	3.5
$100m \leqslant H < 150m$ 超高层住宅	25	5.0	25	4.5
$H < 24m$ 公共建筑	40	3.5	35	3.5
$24m \leqslant H < 100m$ 公共建筑	35	6.0	30	5.0
$100m \leqslant H < 150m$ 公共建筑	30	8.0	25	7.0
厂房及库房	—	—	40 以上	1.0～2.5

4.2　建筑间距指标

日照具有调节采光、气温、湿度、风环境、心理情绪等物质与精神影响，山地城市建筑日照环境不仅仅与城市所属的宏观区位有关，还与山地地形、坡度、坡向条件密切相关，尤其是在冬季，太阳高度角变小，山体南、北面坡的日照情况更是差异显著。

原《贵阳市城市规划技术管理办法》中，规定贵阳市建设项目需进行日照分析，若建设项目周边有日照要求的建筑或者已批未建建筑物时，也应当进行日照分析，同时原《贵阳市城市规划技术管理办法》还针对建筑与建筑间不同布局角度、不同高度确定建筑间距最小值。但在执行过程中，双重标准往往导致规划审查和编制工作累赘，部分规划项目在设计、审批和建设过程中也存在取建筑间距标准中较小值的漏洞行为。贵阳作为山地城市，地形高差大，与平原城市相比日照分析误差较大。与贵阳市情况相似的重庆市由于地形高差变化更大，在《重庆市城市规划管理技术规定（2018）》中确定不执行全国通用的日照标准，采用"半间距"概念控制建筑间距，即根据建筑不同高度、性质确定相邻建筑的外墙各自应当退让的最小水平距离。重庆市制订的建筑间距控制规定在实际操作过程中，控制的间距往往小于日照分析结果，重庆市中心城区的建设强度也远大于贵阳市，故而在《贵阳市城市规划技术管理办法》修编过程中，采用类似重庆"半间距"的控制办法需要在重庆市半间距控制距离的基础上增加相应距离，但是由于地块地形间的差异没有统一性，贵阳市半间距距离难以通过一定规律确定，只能凭经验确定，缺乏科学性，故而在新《贵阳市城市规划技术管理办法管理办法》修编建筑间距篇章，建议单独采取国家确定的日照标准确定日照间距，相对双重标准控制和重庆市"半间距"控制，国标日照间距虽存在一定误差，但是更简便统一，便于编制管理。

4.3　公共绿地及公共服务设施指标

民惟邦本，本固邦宁，人民一直是城市建设管理的核心，坚持以人民为中心，"把实现好、维护好、发展好最广大人民根本利益作为一切工作的出发点和落脚点"。确保城市公共空间建设和公共服务设施布局事关广大民生，原《贵阳市城市规划技术管理办法》公共服务设施配建是在《城市居住区规划设计规范》（GB 50180—93）基础上衍生而成的，在新一轮《城市居住区规划设计规范》（GB 50180—93）过程中，要根据《城市居住区规划设计标准》（GB 50180—2018）修改原则、内容及现贵阳市执行的《贵阳市新建改建居住区教育配套设施建设管理规定（暂行）》（筑府发〔2014〕8 号）和《贵阳市新建改建居住区公共文化配套设施建设管理规定（暂行）》等当地执行文件更新各级别生活圈公共服务配建设施要求。

　　原《贵阳市城市规划技术管理办法》并无针对公共空间管理的章节，贵阳市用地条件的限制也导致了公共空间多样性缺乏，主要的公共空间还是各大天然形成的公园绿地，用地的稀缺和发展需求间的矛盾不断激化，城市化的进程不断蚕食贵阳市天然绿地，除了少数后期新建的公园绿地外，发源于山体植被资源的贵阳市公共绿地因品质优良、坡度、地质等原因不能成为城市其他建设用地或刻意保留而自然形成斑块状分布绿地。为了合理构建城市绿地生态网络、维护城市生态景观和植被资源，根据《城市居住区规划设计标准》（GB 50180—2018）指导原则提高人均绿地指标，将公共绿地和各类公共服务设施搭配构建势在必行。但由于用地稀缺，山地城市绿地异型概率远大于平原城市，在实际建设中，考虑拆迁经济性，山地城市绿地也大多根据现状植被覆盖较高的未开发用地转建，很难形成平原城市平坦规整的组织形式。《城市居住区规划设计标准》（GB 50180—2018）中的公共绿地控制指标，要求 15 分钟生活圈居住区公共绿地宽度不低于 80m、10 分钟生活圈居住区公共绿地宽度不低于 50m、5 分钟生活圈居住区公共绿地宽度不低于 30m，出台至今，根据贵阳市公共绿地实际建设管理经验，现状植被规模较大的林地或山地基本为国土规划或城市总体规划确定的农林用地，为保证农林用地不被城市建设蚕食，现阶段规划编制过程中未将农林用地转为城市建设用地，即不参与各级生活圈居住区公共绿地指标平衡，导致新规划绿地地块基本很难达到《城市居住区规划设计标准》（GB 50180—2018）中的公共绿地宽度，在新一轮《贵阳市城市规划技术管理办法》编制中可考虑减少对宽度的控制。

4.4　其他规定

　　我国传统居住模式中最显著的文化特征是基于居住形式的地缘关系，地缘关系也是维系居住人文关系的纽带，在中国传统居住文化中，以四合院为特征的"院落"文化和以街道为特征的"街巷"文化一直在历史中占据重要地位，随着时代的发展，贵阳市建筑形式主要经历了传统街巷模式—单位大院模式—居住小区的演进过程，贵阳市的居住状况也在形态上发生了质的飞跃与改变，尤其是南明云岩中心区及观山湖区高层住宅暴增的建设速度与规模，使得集合居住在脱离单位大杂院后，在居住概念上发生质的改变。传统文化中由"街巷院落"维系的地缘关系被低成本、规格化、大体量高层居住区所取代，使得地缘关系逐渐变得稀薄。在新一轮《贵阳市城市规划技术管理办法》编制中，通过城市设计控制城市空间形态和建筑形式，提高高层聚合空间可识别性、可定位性变得迫在眉睫。《重庆市城市规划管理技术规定（2018）》中空间形态篇就在建筑材料及色彩、建筑屋顶、建筑形态控制、建筑风貌、天际线轮廓线控制、临街开敞空间等方面做了相关控制要求，在修编《贵阳市城市规划技术管理办法》过程中也可参考，通过相关城市设计控制条文增强内部公共空间的文脉特征，特别是高层聚合空间内诸如门厅、候梯空间、休憩空间、入口空间等人流节点处的特色化艺术化处理，增强人们对自身环境感知的清晰度，从而加强住户的安全感。

参考文献

[1] 邓亚静，明庆忠．山地气候梯变效应与特色气候资源开发利用 [J]．地球环境与科学报，2007（03）：312-315．

[2] 梁颢严，肖荣波，彦远涛．基于服务能力的公园绿地空间分布合理性评价 [J]．中国园林，2010（09）：15-19．

[3] 李晓晖，黄海雄，范嗣斌，等．生态修复、城市修补的思辨与三亚实践 [J]．规划师，2017（03）：11-18．

[4] 吴良镛．人居环境导论 [M]．北京：中国建筑工业出版社，2001．

[5] 李梦迪．城市公共空间慢化规划设计研究 [D]．武汉：华中科技大学，2014．

[6] 吕志熊．绿色理念下城市社区慢行空间塑造研究 [D]．成都：西南交通大学，2016．

[7] 李峻峰 . 基于环境适宜性评价的老旧小区改造设计对策：以合肥市瑶海区为例 [J]. 合肥工业大学学报（社会科学版）2016（08）：111-116.

[8] 徐坚 . 山地城镇生态适应性城市设计 [M]. 北京：中国建筑工业出版社，2008.

[9] 杨保军 . 城市公共空间的失落与再生 [J]. 城市规划学刊，2006（06）：9-15.

[10] 曹珠朵 .《城市规划管理技术规定》的编制与实施 [J]. 规划师，2007（12）：76-78.

[11] 耿志慧 . 城乡规划法规文件概论 [M]. 上海：同济大学出版社，2008.

分论坛二

城市更新与空间治理

城市更新用途管制制度的若干探讨
——由一个提案引出的思考

何强为 *

【摘　要】高质量的城市更新绝不等同于高水平的规划设计和建设实施，它更体现和依赖于一套完善的制度设计。本文围绕城市更新过程中的用途变更管理这一核心问题，从典型个案的现实困境分析出发，结合国土空间规划管理制度的改革，从技术标准层面、管理制度层面和规划制定层面提出建设和完善城市更新用途管制制度的若干思考和建议。

【关键词】城市更新；用途管制；制度

中共中央《深化党和国家机构改革方案》明确提出，自然资源部要履行好"统一行使全民所有自然资源资产所有者职责，统一行使所有国土空间用途管制和生态保护修复职责"。《中共中央国务院关于建立国土空间规划体系并监督实施的若干意见》（中发〔2019〕18 号）（以下简称 18 号文）明确了要健全用途管制制度，以国土空间规划为依据，对所有国土空间分区分类实施用途管制的改革目标和要求。城市建成区作为国土空间的重要组成部分，随着我国城市发展由"增量扩张"向"存量提升"转变，建成区的城市更新日益成为城镇高质量发展的重要方面。而本质上"城市所谓的更新就是随着市场的变化，不断根据市场需要改变土地用途和开发强度"的过程[①]。因此在城市更新过程中健全和完善用途管制制度不仅是呼应改革的应有之举，更重要的是，基于增量建设模式的现行土地和规划制度已不能适应城市更新的管理需要，借鉴和运用国土空间用途管制制度指导城市更新活动，是抓住改革机遇、健全和完善城市更新制度、推动城市更新实践深化的重要举措。

1　城市更新中用途管理的现实困境

从一个工作中的政协提案说起，案由为《关于尽快完善商业用房劈分手续，营造更好发展环境的建议》，涉及一栋高层住宅的两层商业裙房，土地登记用途为"批发零售"，房屋登记用途为"商业"，房产平面图为单一大空间，无内部分割，原经营一家超市。现产权人在购得此房屋后对房屋进行了改造，一层分割成 7 间商铺，二层改造为宾馆客房，建筑物外观基本保持。在随后的申请办理不动产劈分登记中却陷入了困境，无法登记。登记部门要求提供规划、房产、公安、住建部门出具相关审批材料作为登记的依据，房产、公安、住建部门则要求有规划部门的审批意见作为前置，而经咨询规划管理部门工作人员，给出的意见是房产劈分登记是不动产登记中心的事，与规划管理没有关系。登记工作就此受阻。

---

* 何强为，男，南京市规划和自然资源局副总规划师。
① 引自赵燕菁．"控规三十年：得失与展望"自由论坛发言[J]．城市规划，2017（03）：109-116．

提案人认为这一案例反映了政府部门仍存在推诿扯皮的现象，与当前改善营商环境、支持民企创新发展的要求不符，于是联合多位政协委员提出了该提案，希望尽快解决企业实际困难，并呼吁政府部门在社会经济发展中主动创新、主动作为、主动服务。

该提案起初作为一个有关不动产登记问题的提案交由不动产登记部门办理，但不动产登记部门办理过程中无法就提案人提出的问题给出很好的解决路径。根据《不动产登记操作规范（试行）》关于不动产变更登记规定，用途发生变化的，提交城市规划部门出具的批准文件、与国土资源主管部门签订的土地出让合同补充协议；同一权利人分割或者合并不动产的，应当按有关规定提交相关部门同意分割或合并的批准文件。因此，登记部门提出要有房产、住建、规划等部门的意见作为登记的前提是有据可依的。可见问题的根源不在于不动产的分割登记环节，而是在于对既有房屋调整经营业态后带来的用途调整及建筑格局变化的管理制度，特别是相关的土地和规划管理制度。仔细分析上述案例，现实的管理困境体现在以下几个方面：

1.1 使用业态的变化是否涉及用途变更管理

首先，用途变更缺乏界定。本案例中房屋的经营业态是一层由超市改为店铺，二层由超市改为宾馆，这种业态的变化是否产生了房屋用途的变化？超市变为宾馆可以理解为房屋用途发生了改变，超市分割成小的店铺是否构成用途的改变则很难界定。除了房屋，作为用途管理重要对象的土地用途是否发生了改变？土地用途通常对应于房屋的用途，但并不存在一一对应的关系，还需要有一套对应的规则，而且部分用途的改变也有从量变到质变的程度考虑，因此存在着相当复杂的情形。其次，并不是所有使用行为的变化都会产生管理意义上的用途变化或需要纳入管制的范畴，只有当变化产生不利的外部性影响需要干预的时候，管理才有意义，这涉及管理边界的问题。本案例中超市分割成小商铺、超市改为宾馆，是否构成具有管理意义的用途变化？似乎并没有一个准确的标准。

1.2 用地管理政策对用途变更管理的影响

《物权法》赋予了权利人对其拥有的不动产所享有的占有、使用、收益和处分的权利，但必须基于合法的使用，且不得损害其他业主的合法权益。因此权利人具有改变不动产用途的使用权，但必须置于法规的约束之下。《中华人民共和国土地管理法》第 56 条规定，建设单位使用国有土地的，应当按照土地使用权出让等有偿使用合同的约定或者土地使用权划拨批准文件的规定使用土地；确需改变该土地建设用途的，应当经有关人民政府自然资源主管部门同意，报原批准用地的人民政府批准。其中，在城市规划区内改变土地用途的，在报批前，应当先经有关城市规划行政主管部门同意。因此，对于本案例：（1）该建筑所涉用地为出让用地，因此其使用用途必须符合土地使用权出让等有偿使用合同的约定，申请用途变更通常被视作"违约"而很难得到支持。（2）作为合同执行的例外情况，用途变更的审批门槛高，程序复杂，周期长。实际管理中由于缺乏具体的操作制度，通常采用"一事一议"的办理方式，存在较大的不确定性。

1.3 规划管理如何办理既有房屋的用途变更

我国现行的规划管理对象是城市规划区内新建、扩建和改建的建筑工程和市政工程，相关的管理制度是一套针对建设工程的规划实施制度，是用途管理融入建设管理的过程。本案涉及的既有建筑用途变更需求恰恰落入规划管理的制度盲区。（1）作为规划管理的直接依据，控制性详细规划是总体规划的延续，是落实总体规划目标的具体用地安排，核心内容是基于建设地块的用地性质和建设控制指标，现实中基于建筑用途的复杂变化类型在控规中并不能找到直接的依据。就如本案的空间分割情况，没有规划依据可循。（2）规划管理的审批制度同样是围绕工程建设项目制定的，从"一书两证"的名称就可以看出来。当前的工程审批制度改革将建设工程审批划分为四个阶段：立项用地许可阶段、工程建设许可阶段、施工许可阶段、竣工验收阶段。规划的"一书两证"完全镶嵌于这一过程之中，一个建设项目通过规划核实就意味着这个项目的规划管理结束。对于既有建筑用途变更，特别是没有建筑改扩建情况的单纯用途变更没有相应的管理制度对应，这也正是本案陷入僵局的症结所在。（3）此外，既有建筑的用途变更涉及面远比新建建筑复杂，不仅仅是相关规划技术的论证，还可能涉及土地、交通、消防、环境等不同管理部门的管理职责和政策要求，涉及相关业主、利害关系人的利益和矛盾协调，同样由于缺乏相应的操作制度，进一步增加了规划管理的难度。基于上述分析和认识，该提案最终由不动产登记部门转至土地利用部门办理，虽就个案给出了推进的路径，但能否最终走到登记的环节，尚不可知。该提案通过一个涉及用途变更的城市更新典型案例，提出了规范城市更新过程中用途管理的重要课题。市场经济条件下，不动产权利人根据市场需求和供求关系的变化，改变不动产用途，提升土地和房屋的使用效能，谋求利益最大化是不可避免、也是普遍存在的现象。但由于上述问题和困难的存在，导致了现实中大量的用途变更游离于规范管理之外，带来很多安全隐患、邻里矛盾和城市环境的混乱，在一定程度上消解了规划资源部门对土地和建筑管理的效用。正如提案所述，既有房屋用途变更的管理制度缺失体现了政府治理能力还不适应于社会主义市场经济发展的需要，给城市营商环境和政府形象都带来了负面影响，从服务新时代高质量发展的角度，健全城市更新中的用途管制制度已成为一个亟待解决的重大问题。

2　城市更新背景下的用途管制制度建设

中央 18 号文正式确立了国土空间用途管制的制度框架，标志着规划资源管理制度的重大转型。我们需要立足改革的宏观背景，积极探索和运用用途管制的思路、方法和机制来解决包括城市更新在内的国土空间管理的困难和问题。

不同于原来以耕地保护为核心的土地用途管制，国土空间用途管制在内涵上更为丰富和全面。虽然文件中并没有给出国土空间用途管制制度的一个全面而精确的定义，但结合相关文献论述和笔者理解，可以从以下几方面来认识和把握这一制度的内涵：

（1）是一个覆盖全域、全要素、全过程的管制制度，贯穿于土地等各类自然资源使用的全生命周期，而不仅仅是资源配置阶段的审批管控。

（2）是一个集规划编制、审批许可、监督评估于一体的管制制度，以国土空间规划为基础，以审批许可为手段，以监督评估作保障和反馈完善。

（3）是一个包含用途分区、准入许可、转用许可和利用监管的全环节管制制度，需要以完善的国土空间用途分类分区、准入和转用的政策和技术标准为支撑。

（4）是一个综合运用行政、法律、经济、技术手段的协同管制制度，以法规政策和技术政策作保障，并基于产权制度、有偿使用和利益补偿机制，促进协调持续发展。

（5）是一个落实国家意志、体现地方需求、促进全民参与的共同治理制度，在保障国家意志和底线要求得到落实的前提下，充分发挥产权人和相关权利人的积极性、主动性、创造性，扩大市场主体和社会公民平等分享发展成果的权利。

国土空间用途管制制度作为国土空间管理制度体系的重要组成部分，既有其相对独立的理论和制度内容，又融于国土空间管理体系之中，贯穿于管理的全过程而不可孤立和分离。需要强调的是，国土空间用途管制制度的对象是具体的国土空间，服从于其中的开发保护和利用的目标和过程，不存在抽象的、放之四海而皆准的所谓通用型用途管制制度。针对不同的空间尺度、不同的空间类型，相应的用途管制制度必然存在着差异性。区域和城市层面的用途管制着眼于空间格局的优化和空间类型比例的协调，而地段和地块层面的用途管制则可能更关注于"地尽其用"和相邻关系和睦。同样城镇空间和农业空间在用途管制的目标和方式上也存在巨大的差别。因此，国土空间用途管制可看作是一种方法和工具，只有与具体的空间管理理念和制度相结合后，才能形成具有实践指导意义的特定国土空间用途管制制度。

在城市建成区内，空间用途管制需要与相应的空间环境和更新制度相结合，形成城市更新用途管制制度，以满足城市更新过程中的用途管理需要。基于此，本文提出"城市更新用途管制制度"，其含义上既有针对特定国土空间的限定意思，也有针对特定制度的特指意义。当前我国城市更新制度尚在探索和完善之中。在新发展理念的指导下，城市更新"2.0版"更强调对现有产权的尊重，突出政府与市场、社会三方的共同治理，在最大化服务于产业结构升级和空间品质提升的前提下，加大了对自行改造和微改造的支持力度，通过增加就业和税收来获得持续的更新动力，并在增值利益分配上更多体现了公平分享的原则[①]。虽然在具体的制度建构和操作实施上还存在很多困难，但城市更新的价值导向和路径选择是较为明晰的，城市更新用途管制需要契合城市更新的基本理念，发挥其方法和工具的作用，在探索建立存量地区用途管制制度的同时，丰富和完善城市更新制度体系。

下文着重从相关技术制度、管理制度和规划制度三个重要方面展开相关的探讨。

3 城市更新用途管制的技术制度

3.1 改进土地用途分类

我国当前的用地分类，仅建设用地就划分为8大类、35中类和46小类。反观世界其他国家，英国的用地分类为4大类16小类，日本按用途地域大致划分为3个大类下的12个小类；美国没有全国统一的分类标准，但纽约在土地分区制度框架中将用地分为居住、商业和工业3个大类。我国如此细致的用地分类体系，反映出我们的城市规划推崇技术理性，但事实上这种状况严重削弱了公共参与能力，使城市规划面临着使用工程技术的方法和手段去处理经济社会问题的尴尬状态[②]。作为用途管制的基础规则，而不是单纯的技术标准，采用适度概括和简化的土地分类方法，反而可以与管理实际更好地结合，因为：

（1）有较大包容性，可以解决不同类型用途界限日益模糊和融合而难以区分的情况。例如在"第三空间"中商业与办公功能的日趋融合[③]。

（2）符合土地混合使用的发展趋势，有利于新业态的发展和土地的集约高效利用。如广深莞M0用地模式，作为一种新型业态，是一种集生产、研发、创意、消费等功能于一体的"混合型、复合化"土地利用模式。

---

① 引自盛洪涛，殷毅，姜涛. 对近年来沿海较发达地区存量规划与实践的观察总结. 详见"国土空间规划体系分级管控研究——从特大城市的角度". 城市规划. [DB/OL]. https://mp.weixin.qq.com/s/x_8QqsFOJxYok7azr7065Q.

② 引自朱锦章. 城市规划与土地资源配置：公共政策与市场机制之辩[M]// 中国规划学会. 2016中国城市规划年会论文集. 北京：中国建筑工业出版社，2016：974-980.

③ 微信公众号筑梦师《星巴克的共享办公会让wework们哭吗？真相是什么？》一文（[2020-04-27].https://mp.weixin.qq.com/s/jntLIBhq4W3_oUVLW_nSiA），介绍了日本星巴克与JR EAST合作开设了一家名为"Smart Lounge"的新概念店，是一个为出行人士提供办公空间的咖啡厅。文章通过该案例分析了在市场导向下星巴克这类介于工作和家庭之间的"第三空间"探索"X+办公"模式的新型办公空间的发展趋势。

（3）结合相应的用途转用规则，可提供较大管理弹性，减少频繁变更用途审批所耗费的社会资源和行政成本，提高用途管制的效能。

在具体的分类制定上，从政策衔接有利实施的角度，可以现行建设用地分类的大类为基础，以划分不同的用途带（相似用途的集合）或用途集（主辅用途的集合，如学校用地）的方式制定，经营性用地宜相对概括，为市场调节提供余地，如香港法定图则采用与概括用途相近似的土地用途分类系统，共分为 28 类用地，其中"商业用地"涵盖了商务、金融、餐饮等各类设施。但公益性用地应适度细分，以满足其相对精细的功能界定和服务需求的落实。

土地用途的分类准则应贯穿现状调查、规划制定、土地和规划管理以及不动产登记的全过程。特别是在不动产登记阶段，用途登记不仅对不动产的相关权利具有决定性影响，从国土空间资源管理的角度，作为国土空间用途管制体系的重要一环，不动产用途登记既是国土空间规划用途管制在产权制度上的延伸和落实，同时，通过用途登记所确立的不动产物权关系又成为国土空间用途更新管制和全生命周期管理的依据和基础。目前不动产用途登记的相关规则总体上仍较简单，且缺乏与土地和规划用途管理的衔接。如"土地用途"要求按照《土地利用现状分类》（GB/T 21010—2007）的二级类填写，与现行的规划建设用地分类标准并不一致；在区分所有权和分割登记等特定类型登记中，不动产用途的填写还缺乏明晰的规则和依据，通常实际操作中采取与房屋用途一一对应的方式填写土地用途，导致土地用途在登记阶段的细碎化和全环节管理的不交圈。因此，有必要按照统一的土地分类原则，进一步规范和明晰不动产用途登记，并明确在区分所有权登记和分割登记中维持宗地用途不变等规则。

3.2 用途转用的界定

只有构成用途转用，才有纳入用途管制予以规范的必要，这是涉及管理边界的一个重要问题。用途转用包括房屋用途转用和土地用途转用两个层面，不仅要考虑种类（kind）上的转变，也要考虑程度（degree）上的转变。借鉴英国的城乡规划管理，只有用途发生实质性（material）转变才会纳入管理的范畴，但"实质性转变"并没有明确的定义，通过对大量法庭案例的总结，一般应考虑以下情况：（1）用途转变指用途的自然属性或特点发生改变，如从居住用途转为商业用途。（2）在证明任何行为是否构成用途转变时，必须考虑用途的特点，而不是某个特定的占有者的特定目的。例如一个仓库原本为铁路存放维修器材，转而为汽车厂商存放汽车，虽仓储的目的变了，但作为仓储的特点没变，因此不构成用途改变。但事实上很多在使用上的转变非常难以界定，存在更为复杂的一些边缘情况，包括强化（intensification）；规划单元（the planning unit）；支配性和附带性的用途（dominant and ancillary uses）；细分（subdivision），例如前述提案中商业空间的分割；用途的中止和放弃（interruption and abandonment of use）。上述情况往往通过案例的方式进行解释和说明[①]。可见，用途转用的界定除了明确的标准之外，由于具体转用情况的复杂性，通过个案辨析也是必不可少的。

3.3 制定用途转用规则

鉴于建设用地的土地用途实际由建设其上的房屋用途所确定，因此，对于土地用途的转用规则可以统一到房屋用途的转用规则之中。通常这样的规则可以采用正负面清单的形式，通过总是允许、不允许、有条件允许等不同的分类来规范用途转用的行为。如南京市《既有建筑改变使用功能规划消防联合审查

---

① 周剑云、戚冬瑾等多次在相关文章中对英国开发控制中关于用途转用概念进行介绍和辨析。本文主要参考引用了戚冬瑾，周剑云. 面向规划管理的城市用地分类思考 [J]. 城市规划，2012（07）：60-66. 周剑云，戚冬瑾. 谈开发规则在物业纠纷中的前置作用：英国开发控制的经验借鉴 [J]. 国际城市规划，2008（02）：104-108.

办法》将一些典型的用途变更情况，区分为无须征求规划意见、应取得规划同意调整意见和不予同意三种类型，以满足消防部门办理消防审核或备案的前置条件。这一审查办法事实上列出了既有房屋用途转用规则的典型情况，尽管还不够全面和系统（表1）。

南京市既有建筑功能转用正负面清单　　　　　　　　　表1

	总是允许	有条件允许	不允许
1	商业、办公（行政办公及工业、研发等企业办公除外）建筑内部的业态调整或者互换，包括商店、办公、酒店、旅馆、超市、餐饮、娱乐、影剧院、健身房、培训机构，金融保险服务，眼科、口腔、体检、美容等医疗机构，宠物医院等	利用存量房改为养老设施、幼儿园、民办学校、长租公寓或宿舍、文化创意、众创空间、现代服务业、小企业创新基地等	非住宅建筑改为住宅、酒店式公寓
2	增加文化展示、民生设施、公益性服务等功能	工业、研发建筑内部增加餐饮、商场、超市、健身房等配套设施	利用住宅建筑改为：有安全、噪声、光、油烟污染问题，严重影响周边环境的项目，包括餐饮、机械加工、建材库房、宠物医院、娱乐场所、棋牌室、健身房、游泳馆等
3	各级人民政府为主体所有，或者管理的公共设施、体育场馆、展览馆、地铁等交通设施、学校、医院建筑内部在保证主体功能的前提下增加商业服务配套	历史建筑、文物保护建筑内部改造、改变现有功能	建筑用途转为易燃易爆、危化品生产加工存储等功能
4	利用住宅从事创新创业活动，不产生光、电、声等干扰的符合下列内容的项目：民宿、文化创意、咨询设计、电子商务、投资基金等	行政办公及工业、研发等企业办公建筑内部改造、改变现有功能	公共配套设施如社区用房、物管用房、农贸市场改作他用
5	工业、仓储建筑增加物流功能的，以及工业、仓储建筑功能相互调整	—	将地下车库、交通通道改作他用
6	其他同一规划用途下建筑内部经营业态的调整	—	—

资料来源：根据南京市《既有建筑改变使用功能规划消防联合审查办法》（宁规范字〔2018〕5号）整理

房屋用途转用规则不同于通常所说的用地适建性规定，尽管二者存在相似性和共同性，如总是允许的用途一般与土地用途的主导属性对应，或与公益用途相关。但二者具有本质的不同，如果不加区别地讨论和运用，可能导致实践中的逻辑不清和标准混乱。用地适建性规定属于用途准入规则，主要界定房屋用途与土地用途二者间的关系，适用于新建地区的规划编制和一级市场的土地出让管理；而房屋用途转用规则不仅涉及土地用途，还涉及对既有房屋用途的考量，适用于建成地区的管理。例如居住用地上的养老用途，准入规则可列入总是允许一栏，而转用规则则需要列入有条件允许栏内，因为还要考虑房屋的原用途情况，如原用途为物业用房，则不允许转用。此外，用途的转用不仅要考虑使用的"类型"区别，还要考虑"量"的变化，即用途转用房屋建筑面积的大小。由于房屋用途的量变达到一定规模就导致土地用途的质变，因此从用途管制的角度需要予以明确并区别处理。例如，工业用地规定可以建设不超过15%建设总量的配套设施，如果转用的配套功能超过这一上限，就导致土地用途的改变，转用的条件就可能从总是允许变为有条件允许。针对每一类用地要量化主导功能的比例并不容易，但对于完善转用规则是非常必要的。

4　城市更新用途管制的空间管理制度

4.1　建设用地管理制度的完善

我国现行建设用地管理制度的核心特征是一种竞争性有偿使用制度，《招标拍卖挂牌出让国有建设用地使用权规定》（2007）第4条规定：工业、商业、旅游、娱乐和商品住宅等经营性用地以及同一宗地有两个以上意向用地者的，应当以招标、拍卖或者挂牌方式出让。因此，划拨用地被严格限定在指定目录范围，协议出让也有严格的约束条件。这一土地管理制度适用于新增建设用地的供应管理，利用市场经济的竞争机制，实现国有土地资源收益的最大化。然而这一旨在利用市场规则的土地管理制度落实到存量土地的使用阶段却变成了排斥市场调节机制的手段。《土地管理法》第 56 条明确规定：土地使用者应当按照土地使用权出让等有偿使用合同的约定或者土地使用权划拨批准文件的规定使用土地，因此改变土地用途这一被视为"违约"的行为必然受到严格管控。而事实上，根据市场的供需变化，适时调整使用功能以实现资源的优化配置又恰恰是市场经济的必然规律和内在要求。此外，基于物权的保护，除了公共利益的需要，土地的使用权不得随意收回，回购又存在较高的经济和时间成本，导致变更用途的竞争性使用机制难以实现，从而形成了城市更新环境中用途管理的制度性困局。

实践中，为解决上述管理难题，激发市场活力，土地管理制度也进行了一些改革和探索，如土地年租金制度，为划拨地和出让工业用地临时改变为经营性用途提供了路径；又如低效用地再开发试点制度，对符合低效认定条件的用地允许原使用人通过协议出让的方式，变更土地用途，提高土地开发强度，实现土地的高效利用。此外，在工业用地市场供应方式上一些地方进行了改革探索，采取先租后让、弹性年期等方式，以规避企业经营不善或破产倒闭后因为固定年限出让方式对土地再开发利用的不利约束。在新时代中国特色社会主义的发展背景下，为推动社会经济的高质量发展，充分发挥市场在资源配置中的决定性作用和更好地发挥政府作用，近年国家相继出台了《关于新时代加快完善社会主义市场经济体制的意见》和《关于构建更加完善的要素市场化配置体制机制的意见》（以下简称《意见》），明确提出要构建更加完善的要素市场化配置体制机制，进一步激发全社会的创造力和市场活力，其中土地要素被排在五大生产要素之首；同时要创新政府管理和服务方式，以一流的营商环境建设为牵引持续优化政府服务。《意见》的发布，为后续土地管理改革指明了方向。目前，国务院办公厅已经发布了《关于完善建设用地使用权转让、出租、抵押二级市场化的指导意见》，可以期待，长期以来带有计划色彩、市场作用受限的土地用途管制制度也必将迎来改革。就城市更新中的土地用途管制问题，提出如下土地管理改进建议：

（1）改进现有土地管理方式，聚焦土地对象。明确土地管理的用途管制限定于土地用途层面，只要房屋用途的转变不构成土地用途的转用，就无须经过土地管理审批。这一规则需建立在前述概括性土地分类的基础之上，如确定在商业用地中办公和零售用途的互换并不改变地类用途，也就无须纳入土地用途转用审批。相应的土地出让金测算也应回归土地对象，依据地类及其使用强度测算收取而不是具体的使用功能和比例测算收取。分功能测算看似精准，但在出让阶段为了满足地价测算需要而设定的各类细化的功能比例并不一定能够反映市场需求、体现土地的最大利用价值，而且在取得土地使用权后也限制了业主的转用权利和调节空间，因此，看似精准的地价测算方法反而制约了政府获得更高土地收益的可能。在一个既定的用途地带里，香港的用途转换不必补缴地价，让城市的发展更有灵活性和弹性，能够更好促进经济发展。城市经济发展了，政府全方面得益。而且，土地增值了，政府还可以通过有关的房产税收分享土地的增值收益①。此外，在土地出让条件中能够增加有关对于使用期用途转用的约定，如规定一定年限后可以转用或二级市场转让后可以转用等条款，或明确可以转用的相关条件，为后期合理转用需求提供可能。

（2）在低效用地再开发试点基础上，结合土地二级市场的制度完善，研究出台《建设用地再开发管理办法》，为城市更新过程中包括用途变更的存量建设用地再开发管理建立系统性制度。目前低效用地再开发试点工作源于 2013 年原国土资源部的国土资发〔2013〕3 号文件通知。这一试点制度打通了存量低

---

① 参见密斯特 Van 在《公土地、私土地、管好土地不能光靠规自局（上）——大学路功能混合引发的思考》中对于香港在土地出让过程中土地用途管理的分析。（[2019-05-19].https://mp.weixin.qq.com/s/9Xkf-Y4Xba5febei62u4jA)

效建设用地通过协议出让得以土地变性和再开发的通道，对于完善以新增建设用地为主的土地管理制度具有重要意义。但从完善社会主义市场经济制度、发挥市场对资源配置的决定性作用角度来看，这一试点办法有必要在总结试点经验的基础上，经扩充完善，形成正式的管理制度。首先，要定义好"再开发"的范畴，与首次开发在阶段上做出明确区分。从用途变更管理的角度，需要明确界定属于再开发的用途变更的具体条件，以便与首次开发及其相关使用约定划界区分，便于再开发的推进。其次，在政策适用对象上，除了低效用地，所有存量建设用地全部纳入，只要符合规定条件的，都可以申请土地用途的调整和再开发。再次，在实施程序上予以规范和简化。作为试点政策，基于谨慎稳妥的考虑，设置的程序较为复杂，审批层级较高（图1）。作为一项正式的再开发制度，需要在规范性和效率之间做好平衡，按照放管服改革的要求，对申报条件、审批依据、批准环节做出简洁明确的规定。此外，要整合集成现行的各类专项规定和支持政策，制定系统性再开发支持政策体系，充分发挥产权人和相关权利人的积极性、主

图1　南京市城镇低用地再开发程序

动性、创造性。目前国家层面涉及土地再开发的政策，包括土地用途的转用及过渡期支持政策规定，往往结合特定产业发展的要求制定发布，如文化创意和设计服务产业（2014年）、旅游业（2015年）、城市停车场（2016年）、电子商务与快递物流（2018年）、养老服务业（2019年）等，既缺乏统一的尺度和规则，也不利于管理运用。

（3）进一步探索完善土地年租金制度，规范临时性用途变更管理，健全土地管理制度。一方面要加大产业用地等适宜用途的土地采取以租代让、弹性年期等供地方式，通过收取年租金实现有偿使用，同时为后期使用的不确定性，包括用途转用的需要留有空间和便利，但需要在土地的权能方面出台相应配套支持政策；另一方面要着力完善划拨土地和出让类工业用地的年租金收取制度。以南京市为例，由于政策出台较早，没有与规划管理相衔接，缺失临时性用途转用的审批环节，也缺少执行的监管手段和能力，在实际执行过程中并没有完全达到预期目标。因此，需要完善全流程的制度设计，建立土地临时转用规划审查制度，明确临时性用途转用的时限、条件和相关要求；同时加强多部门联动，可将年租金收取纳入工商、税务登记环节一并收取。同时需要建立完备的信息平台，为转用审批和动态监管提供手段支撑。

4.2　规划管理制度的转型

如前文中结合提案案例的分析，现行的城乡规划管理制度本质上属于建设管控制度，无法满足对于既有建筑空间的用途管制需要。因此，在以存量建设为主的城市更新工作中，必须推动规划管理制度的转型，即从建设管控向开发管控转型，拓展管控对象，丰富管控的目标和手段。关于开发管控的内涵以及与传统的规划管控之间的关系，庞晓媚等有深入的辨析和论述①。这里所说的"开发"不是我国《城市房地产管理法》所定义的在取得国有土地使用权的土地上进行基础设施、房屋建设的行为。英国的城乡规

---

① 参见庞晓媚，周剑云，戚冬瑾．论开发控制体系的相对独立性［J］．城市规划，2010（07）：9-16.

划法对开发的定义为"在地面、地上、地底所开展的建设、工程、采矿等活动；或对建筑和土地进行用途的实质性（material）转变"。因此英国在开发管控的对象上不仅仅局限于房屋等建设活动，土地和建筑用途的转换使用也是重要的管控对象。长期以来我国的规划管理未能充分认识和区分开发管控与规划制度的关系，以相对狭隘的规划实施管控覆盖了原本应由开发管控制度发挥作用的空间，是产生种种困难和问题的根源。城乡规划管理的实质是基于公共利益对开发活动的控制，以开发管控为目标的规划管理制度转型应着力于以下几个方面改变：

（1）从建造阶段向使用阶段延伸。城市是一个鲜活的生命体，就城市发展的全生命周期而言，增量型发展阶段是短期的、非常态化的，而存量型发展阶段是长得多的、常态化的[①]。就一栋建筑而言，其建设与使用的过程也遵循着同样的规律。以建设管理为对象的规划管理制度对应的是短期的增量发展阶段，规范的建设行为和空间关系是可以提前预设并一次固定的，而更为长期的存量发展阶段是一个动态的变化过程，不是一个规划的理想状态所能包容，所面对的复杂使用行为和社会经济关系，也不是工程技术和技术规范所能胜任。因此延伸规划管理阶段，建立包含建设和使用过程在内的全生命周期管理制度，也就是在既有依附于规划建设管理之上有限的用途管理制度之外，建立起相对独立的规划用途管理制度或与建设管理制度相匹配的用途管制机制，是规划管理转型的重要方面。

（2）要从规划实施向利益协调转变。现行规划管理的目标是实施规划，直接的法定依据就是控制性详细规划。《城乡规划法》第 43 条规定：变更内容不符合控制性详细规划的，城乡规划主管部门不得批准。然而，强调规划成果的唯一性或单纯以某一阶段的规划成果作为开发控制的行为准则，规划制定对开发控制的作用常常是束缚而不是指导，突破规划成果的状况也在所难免。例如一个效益不佳的企业拟利用低效用地政策进行商业开发，实现转型发展，由于规划确定为学校用地，即使没有实施计划，也会阻断其再开发的可能。再如一个工业厂区顺应产业转型升级的发展趋势和政策支持，转型科技研发，且发展势头良好，但该工业厂区在规划中由于文物保护的需要被划为绿地，导致用途转用手续无法办理，长期处于违法状态。事实上，市场经济条件下没有纯粹的建设活动，只有广义的开发活动。建设活动涉及的是工程技术问题，但开发活动则涉及利益的平衡。开发控制的目标和依据不仅仅是一份规划，开发控制的目的更多地来自某种社会经济利益的分配原则或公共利益准则，或某种在一定历史时期中特定的价值观念[②]。例如危房的"三原"翻建可以不受规划用途的限制正是基于安全至上的价值理念，同样禁止商改住、鼓励商改租的政策都是基于特定价值取向和社会现实的考量而非出自规划文本。此外，《物权法》第 77 条规定：业主不得违反法律、法规以及管理规约，将住宅改变为经营性用房，强调了管理规约对用途转用的制约作用。因此，对于类似上述案例的用途管控，需要从"唯规划"的定式中解脱出来，结合经济社会背景、城市发展的阶段特征、利益冲突的分析，通过协商、对话、谈判而达成协议，最终的用途转用可能是附带条件的、分阶段落实的管控要求或过渡性转用措施，是在理想与现实之间的折中和平衡，而不是简单的行与不行。

（3）要从许可管理向政策管理拓展。现行的规划管理建立在"一书两证"的许可制度基础之上，每一个建设项目都要通过规划许可来取得合法的批准手续。而开发管控所面对的各类用途转用更多的是基于公共利益与价值取向的谈判，单向的许可制度显然不能有效解决问题。同时，使用过程中的用途转用面广量大，远非建设项目可比。因此在许可制度之外，有必要强化政策的管控方式，通过制定政策树立价值导向，明确条件标准，提高管控效能。用途转用政策应依托用途转用的技术标准和规则，通过制定通用的管控政策，为不被支持的用途转用划出红线，对一般性用途转用提供标准和条件，对鼓励的转用提供引导和支持。

---

① 引自伍江 . 有机更新的路径思考 .[2020-06-21].https：//mp.weixin.qq.com/s/KEo8SivP9LthWkglhKXldQ.

② 参见庞晓媚，周剑云，戚冬瑾 . 论开发控制体系的相对独立性[J]. 城市规划，2010（07）：9-16.

4.3 土地、规划管理制度的整合

原来分属于两个部门的土地和规划管理经过多年的不断完善已经各自形成一套较为完善的管理制度，在改革的过渡阶段，有必要为长期形成的路径依赖和制度惯性留有缓冲空间。但两个部门已经合一，最终的目标必然要形成统一的国土空间规划管理制度。与用途管制相关的土地、规划制度也需要在运行层面加以梳理和整合，建立起全流程国土空间管理制度和规程，这也是提升政府治理能力、推进放管服改革、优化市场营商环境的现实需要。

一是在管理目标上加强融合。既有的国土管理注重主体资格、土地权能、使用效益的管理，既有规划管理则基于公共利益，重在空间关系和使用的外部性管控。二者各有侧重，也有相互重叠的部分，如土地的集约利用是共同关注的目标。从统一国土空间用途管制的角度，要整合形成完整的管理目标体系，并建立目标间的逻辑关系和决策次序，确保管理目标体系相互协调，避免目标冲突和目标真空。

二是在管理环节上做好归并。既要合并相似的管理环节，实现环节精简，也要加强内部衔接，使原来部门间的沟通环节内部化。目前在项目的建设管理阶段已经推进相关改革，如规划选址与土地预审合并，规划用地与土地批准合并。城市更新用途管理相比于新建阶段要复杂得多，不仅要考虑单纯的用途变更，更要考虑与建筑改扩建相结合的情况；不仅要考虑业主自身的权能影响，更要关注相邻关系的协调；不仅要研究自用情况下的用途变更，更要研究二级市场交易状态下的用途变更管理。因此，在理顺用途管理自身关系的基础上，还需要将用途管理与其他的管理条线相结合，建立起顺序上逻辑清晰、流程上环节简明的管制路径和模式。

三是在管理程序上突出闭环。与原来的分部门管理不同，规划资源部门的管理一个重要特征在于实现了国土空间的全过程管理。从用途管制的角度，需要从全过程管理的角度来看待制度的完善，不仅仅原国土和规划需要加强衔接，而且前与调查监测制度、后与不动产登记管理都要衔接好，包括统一的空间信息平台、衔接一致的技术标准（如用地分类）、共同遵守的管理规则等，形成一个完整的管理环，切忌管理上的不交圈，导致不必要的矛盾和问题。

5 城市更新用途管制的详细规划制度

5.1 详细规划的新定位

有必要结合改革的背景，从国土空间规划体系的角度来重新认识详细规划的作用和地位。根据18号文，从城乡规划体系到国土空间规划体系，虽然详细规划的名称没有变化，但其内涵还是存在着较大的差异（由于城乡规划中的详细规划分为控制性详细规划和修建性详细规划，而针对地块编制的修建性详细规划本质上属于设计范畴，这里不做讨论）。在城乡规划体系中，控制性详细规划根据城市总体规划的要求来编制，是对总体规划的细化落实和深度递进，因此控制性详细规划与总体规划的关系属于从总体到详细的纵向序列关系；而在国土空间规划体系中，虽然18号文件中也有总体规划是详细规划的依据这样的描述，但在体系上控制性详细规划被划入"五级三类"中的一个类型与总体规划并列，说明国土空间规划体系中的详细规划虽然在内容上承接上位规划的要求，但作为一个独立类型，存在着区别于总体规划的编制逻辑和内容表达，以实现不同的编制目的。在城乡规划体系中，控制性详细规划作为核发规划许可的法定依据而存在。在国土空间规划体系中，18号文件提出详细规划不仅是核发城乡建设项目规划许可的法定依据，也是开展国土空间开发保护活动、实施国土空间用途管制的法定依据。可见，详细规划与控制性详细规划的根本不同之处就在于不仅仅要承担实施总体规划的角色，也要承担起以用途管制为

核心的开发管控的角色。也就是说，详细规划与总体规划不仅存在着"目标—指标"的规划传导关系，还存在着"发展—管控"的角色互补关系。正是这种角色定位的变化，使详细规划成为与总体规划并列的一个独立类型。

5.2 建成区详细规划的编制

首先需要认识到新建地区详细规划与建成区详细规划编制的差异性。从国土空间管理的全周期来看，格局既成的城市建成地区与尚待开发的城市新建地区在详细规划的编制上存在着逻辑上的不同（图 2）。

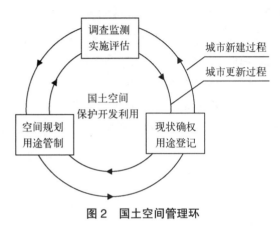

图 2　国土空间管理环

城市新建过程中的详细规划从土地资源调查出发，通过规划实现资源的优化配置，并最终形成以产权为代表的空间和利益格局；而城市更新过程中的详细规划从既有产权和利益格局出发，通过开发权的再配置（用途调整是其中的一个重要内容），实现土地和空间资源的优化再利用。以增量建设为模式发展起来的控制性详细规划，始终未能针对这两种逻辑建立起差异性的规划技术制度，并在规划实施与开发控制这两个不同角色的结合上形成完善的结合方案。新的国土空间规划体系的建立，为我们完善存量地区详细规划制度提供了新的视角和思路。成功的详细规划需要与城市更新用途管制的制度充分衔接，很好地运用刚性管控和弹性调节机制，规范和引导新的用途需求、维护和保障新的价值实现，促进城市有序更新、和谐发展。

作为用途管制的基础和依据，建成区详细规划编制的最大挑战来自如何妥善处理政府、市场与多元主体的利益关系，在规划引导与市场调节之间、在公益优先与私权保护之间找准定位，做好统筹协调。就有关用途规划而言，需要着重处理好以下几个方面的关系：

（1）公益用途与产权用途的关系。有观点认为建成区的控制性详细规划应借鉴区划立法的形式，以加强产权保护并提示规划执行的权威性。美国区划法规的着眼点是在保护现有利益的基础上应对新的建设，即新的建设或改造不能损害到周边的利益，也就是不能导致周边土地、房产的贬值。这一定位显然与国土空间规划体系对详细规划的定位并不一致。正如前面的分析，详细规划还有落实上位规划的要求、负有发展导向责任。这就需要在尊重私权的基础上，本着公共利益优先的原则，发挥国家体制优势，健全总体规划传导机制，落实刚性管控要求。从空间用途规划的角度，刚性管控内容通常体现在公共性和公益性的用途使用上，如公共服务设施、绿地等用途，以保障基本的城市环境和生活质量，以及实现诸如老城保护、品质提升等规划目标，而这些目标集中体现了城市的公共利益，是城市政府及上级政府的管理责任所在。当然在具体的空间落实上应当完善相应的协调机制，平衡好多元利益诉求，完善相关补偿机制。

（2）分区用途与地块用途的关系。详细规划的主要任务是对具体地块用途的实施性安排，但仅仅确定地块用途是不够的。用途管制的一个重要内容就是建立用途分区，并以不同分区为依据，实现对地块用途转用的精细化管理。对于城市建成区的用途分区不仅是考虑主导功能的不同，还需要从管理目标的角度来划分（特定意图区），形成分区政策用途—地块功能用途的叠加管制，实现地块用途转用在空间上的政策引导。如同样是商业用途的地块在历史保护区和在综合发展区就会有不同的转用政策，在综合发展区鼓励用途的混合开发，而在历史保护区就会受到较严格的用途限制。因此如何科学划分用途分区，实现有效用途管制是详细规划的一项重要内容。

（3）土地用途与建筑用途的关系。现行的控制性详细规划着重于土地用途的规划管控，即使制定了功能兼容性规定，也往往过于简单以及在土地兼容和建筑兼容标准上的不清导致实际作用有限。而城市更新大量的用途转用往往体现在建筑用途层面，仅仅通过土地用途进行管理是不可能涵盖所有的建筑使用功能的。因此，新的详细规划有必要加强规划的精细度，从用地层面向建筑层面深化，在土地用途规划基础上，细化建筑用途的规划管控要求。可以结合规划图则的编制，补充既有房屋用途，增加房屋用途转用的细化引导，在用途转用通则之外，为城市更新提供更为精细化的规划指引。

（4）宗地用途和土地细分用途的关系。城市更新中的用途转用往往伴随着建筑的改建、扩建乃全重建，以提高土地的利用效率。从物权保护的角度，规划中应以既有产权为基础落实各产权用地的规划用途，保障产权人的权益。但也应看到，在产权保护制度下，过于破碎的地权反而带来复杂的使用外部性和产权的分割，并制约建筑建造及功能发挥，使土地资源无法得到集约高效利用，即产生所谓的"反公地困局"。因此除非特别的保护要求，在详细规划中，应辩证看待既有产权保护与土地整理的关系，合理利用基于公共利益的土地使用权回收权力，按照一定的土地细分规则实现土地权属宗地的归并、重组，在相应的土地用途规划上，在尊重既有宗地产权用途的同时，结合土地细分和有效利用的规则，合理规划新的用途。

（感谢南京市规划和自然资源局叶斌局长对该文提供的帮助）

参考文献

[1] 王珂，朱从谋，干牧野.构建统一的国土空间用途管制制度的思考与建议[DB/OL].土地科学动态.https：//mp.weixin.qq.com/s/-loS3izzm20cKa2cYUUXww.

[2] 祁帆，高延利，贾克敬.浅析国土空间的用途管制制度改革[J].中国土地，2018（02）：30-32.

[3] 金志丰，张晓蕾.省域国土空间用途管制的基本架构[J].中国土地，2020（03）：31-34.

[4] 王卉.香港用地分类和用途管控的方法和借鉴[J].建筑与文化，2017（07）：211-213.

包头城市主城区空间结构演变特征与空间治理机制

王之羿 陈锦富*

【摘　要】空间治理在国土空间战略决策中扮演了重要角色，与城市社会经济发展相互影响。我国处于经济高速发展和快速城市化的时代，城市空间结构变化远超历史上的任何时期，城市空间结构演变可以揭示过去城市发展内在变化的规律，为城市适应新时代的转变提供支撑与调节路径。本文以我国典型的重工业城市包头市为例，梳理了包头古城选址、"一市双城"空间格局的形成、"绿心"对空间网络结构的缝合三个阶段的空间演变特征和规律。揭示了城市空间结构背后"经济规划引导""工业城市转型""存量空间更新"的空间治理机制。
【关键词】空间结构；空间治理；国土空间规划；包头

1　引言

国土空间规划背景下，需要形成优化的社会、政府、资本配置，以应对越来越复杂的城市空间管理问题。城市空间结构是城市历史的产物，反映城市各要素的物质形态特征与组合关系，从古至今都对城市空间结构有持续的研究。城市空间结构变化主要受到经济、政策、社会三方面影响。空间治理机制是城市各方面因素作用下的一个重要方向，直接作用于空间结构变化。城市空间治理是以空间资源为对象，以可操作的政策工具为规则，以按规则运行的组织为载体的城市管理机制。当下城市更新的空间伦理是以提升空间品质为价值导向的。

2　"双城"到"绿心"的空间结构演进历程

2.1　黄河河套平原上的包头古城选址

黄河流入内蒙古自治区，形成一个"几"字形的回转河道，河道与阴山之间便是一个狭长的开阔地带，分布着秦汉时期遗址遗迹：三顶帐房古城、哈德门沟古城、昭君坟古城、孟家梁古城、麻池古城（包括南北二城）、敖陶窑子古城、古城湾古城。根据考古发现与《水经注》记载，这些古城遗址都属于五原郡，而五原郡追溯至秦时名为九原县，在汉初后才称五原郡。其中麻池古城为五原郡故址，南城北城总面积约为 $110hm^2$，其选址位置自然环境优渥，在黄河"几"字湾的自然冲击下形成河套平原，这缓解了塞外干旱的生产居住环境。此外，其整体地理位置取天然险阻之间，介于黄河与阴山间狭长地带中部，独具攻防优势，是不论农耕民族还是游牧民族必争的战略要地。

---

* 王之羿，女，华中科技大学建筑与城市规划学院在读博士研究生。
陈锦富，男，华中科技大学建筑与城市规划学院城乡规划政策研究中心教授、博士生导师；中国城市规划学会城乡规划实施学术委员会委员；湖北省城乡规划督察员。

　　清朝时期走西口移民大量迁入，同治时期修筑城墙，辟东、南、西、东北、西北 5 座城门，至清嘉庆十四年（1809 年）设置包头镇，形成了近代包头的城市规模。此时的建城位置在麻城古城的东侧，北侧距阴山距离缩短，南侧临黄河水面位置更近。主要城址东移，与陕西、河北迁徙移民相关，移民迁入改变了当地经济活动的主要内容，营商贸易活动大幅增加，偏东的位置距离水面更近、空间扁长，有利于早期的水旱码头贸易和皮毛集散等。1923 年平绥铁路通车包头，近代工业开始兴起，1934 年欧亚航空邮运在包头修筑飞机场，城市功能空间餐饮服务业等增多。

2.2 "一市双城"空间格局的形成

　　"一市双城"的包头城区空间格局分三个阶段形成。第一阶段是中华人民共和国成立初期，包头被国家确定为 8 个重点建设城市之一，1955 年由工业厂址选择主导空间布局，城市规划在旧城西侧建设新城，形成初期"一市双城"格局基调。第二阶段是在 20 世纪 60—80 年代，受到政策波动，城市规划建设处于"真空"阶段。第三阶段是 1994 年，稀土资源被发掘，以此主导产业空间布局，在当时虽然城市规划已出现城区整体考虑的思想，但城市空间布局和发展建设仍然维持了分散式的特征。

　　以 1955 年版规划为起点，前瞻性地解决了当时城市发展的主要矛盾（图 1）。落实苏联援助的"156"项目的 6 项工业选址和职工居住是首要问题，西侧包钢和东侧旧城之间形成了中心居住、商业空间，在现在来看有效避免了"一市三城"空间割裂局面。城市空间结构为"轴线放射状"，"计划经济"秩序感强烈。城市道路系统分为三级：50m 宽以上为大街，30m 宽以上为路，30m 宽以下为道。横向以 60m 宽钢铁大街为主轴，纵向以 60m 阿尔丁大街为主轴，形成正南正北的方格网状道路骨架，满足当时及后期的交通流量需求。另一重要的空间结构是根据当时苏联公共卫生学指标建构的绿地系统，工厂与居住区间是 600 ～ 1000m 宽的卫生林，城区北侧是防风林，阻挡冬季风沙尘。

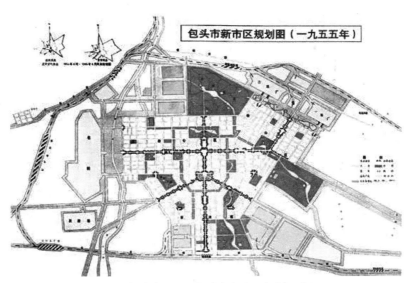

图 1　包头市 1955 年城市新市区规划示意图

　　绿地系统规划在后期并没有完全实现，是因为在"文革"时期受到了批评与阻力。到 20 世纪 90 年代包头的空间结构在规划层面向区域整体靠拢，但物质空间规划的"量"和"速度"已经不能够满足城市全面健康发展的脚步，单纯的物质、技术方法不能够成为城市规划的全部指标。旧城区曾经的晋商文脉受到破坏，城市文脉出现断裂（图 2）。

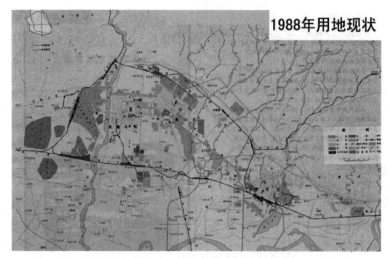

图 2　包头市 1988 年城市用地现状图
（来自《包头市城市总体规划 2006-2020》）

2.3　城市"绿心"对城市空间网络结构的缝合

从 2000 年至今，包头原有的城市空间结构已难以满足新时期的城市发展需要，原有的结构开始被打破，原分布于东部和西部的两城组团分别向对边靠拢，绿地不断填补中心，新城市"绿心"聚拢，多组团网格结构正在形成（图 3）。包头是很早批次的全国文明城市、国家园林城市和国家森林城市，充分发挥了原有的绿地系统优势，以"城中草原"赛罕塔拉为绿心带动周边土地利用，居住和商业功能沿着轴线延伸，新城区向东南扩展用地，旧城区向西扩展用地，形成初步中心融合的空间结构。

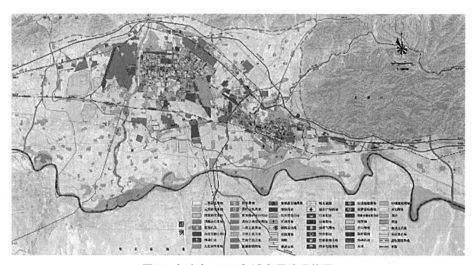

图 3　包头市 2012 年城市用地现状图

在"退二进三"战略下，第三产业快速发展和产业辐射能力加强，城市行政中心转移，在新区东侧扩展建设用地，新建会展中心、体育运动中心，城市整体布局的中心性逐渐加强，逐渐形成青山、万年泉、东河、黄河大街等包头市的四个副中心。从 1949 年至今，包头城区建设用地的用地比例虽有浮动但整体比例变化均衡。其中居住用地面积增量最多、总建设用地占比上浮，公共及市政设施用地增长变化趋势与居住用地相同、幅度低于居住用地增长变化，与前两者不同的是工业用地，工业用地面积增长，但总建设用地占比下降（图 4）。

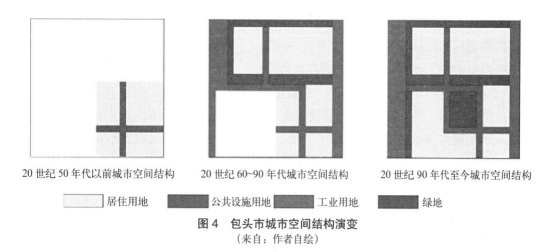

20 世纪 50 年代以前城市空间结构　　20 世纪 60~90 年代城市空间结构　　20 世纪 90 年代至今城市空间结构

居住用地　　公共设施用地　　工业用地　　绿地

图 4　包头市城市空间结构演变
（来自：作者自绘）

3　经济政策主导下的空间治理机制

3.1　经济规划引导空间治理肌理

作为社会主义国家有很多制度优势，中华人民共和国成立以来的"五年计划"是国家对经济社会管理的重要手段之一，1980 年前规划从属于五年计划。第一个五年计划的主要任务之一是集中力量进行工业化建设，包头具有丰富的铁矿资源，这种空间资源优势在当时为这座边陲小城带来城市发展的重要契机。在党和国家的直接领导下，由当时城建部城市设计院与地方城市规划机构共同完成城市总体规划。城市空间资源除其物质资源外，还有军事地理的空间考虑，这一时期抗美援朝战争仍在进行，台湾局势不稳，国防军工企业战略选址于后方空间。由此确定了城市空间治理的内在空间伦理，按照计划经济体制推动空间布局，依托工业项目布局组织城市空间组序列。居住空间遵循"职—住"原则，职工居住在工厂周边区域形成企业大院。此时，包头在全国已初步形成重工业兼具公共健康的城市空间结构，对比同时期国内其他城市空间发展并无规划只是工业项目布局的情况，"一五计划"吸收了国际经验，形成了在全国范围较为领先的城市蓝图。

"二五计划"至"四五计划"期间城市空间治理没有明确的法律规范，空间治理载体权威受到冲击，已经制定的城市空间治理原则在当时的环境下被打破。"大跃进"时期，城区内小型工业大量无序建设，工业用地快速增长，在包钢厂区周围和六一七厂、四四七厂附近产生了一些"干打垒"的工人村。城市空间治理没有制度的全力保证，加之政治环境不稳定，城市规划在"文革"期间也运行不畅，主要是原规划绿地被其他性质用地占用。但总体上，四大重工业企业支撑着城市主要的经济运转，工业区配套功能区不断完善。

3.2　工业城市空间治理转型

进入二十一世纪以来，面对日益提升的物质文化需求，城市物质空间建设进入后工业化时代，而此时包头面临经济转型、重工业产业的主导地位下降，多元利益主体开始介入城市空间发展。对于一座典型的工矿城市，以前城市空间骨架的优势效应逐步递减，城市面临的转型问题凸显，如资源枯竭的威胁、产业结构单一、就业压力等，包头城市经济、社会、空间必然会出现重构。在区域一体化的趋势下，2000 年西部大开发战略确定了呼包鄂城市群关系，三座城市作为内蒙古自治区内的经济辐射区，肩负不同的使命：呼和浩特主要业态为乳业，包头是稀土，鄂尔多斯是煤业。之所以如此定位，是因为在 1992 年国务院批复成立包头稀土高新产业开发区，包头着手建设世界上第一个以稀土为重点研究方向的开发区。此后包头城市产业重心开始移动,该产业以战略资源为主题,进行的相关高新研究具有重要的战略意义,但仍不能满足城市的物质空间发展需求。呼包鄂城市群整体空间结构呈现"哑铃形",小规模的城市空间模型不能形成区域发展支点,阻碍了发展区域一体化。

此外,从城市空间治理解决全国钢铁产业产能过剩,在《国务院关于加快推进产能过剩行业结构调整的通知》(2006 年)中,工业空间治理导向发生变化,空间治理"去产能"化,挖掘工艺遗产价值,适度开放工业生产线、建立创意工业园。2016 年发布《国务院关于钢铁行业化解过剩产能实现脱困发展的意见》,同年包钢拆除了 1960 年投产的 2 号高炉,保留了"一五"时期周总理在全国剪彩的唯一高炉 1 号高炉,并列为文保单位转化用地性质,后续的空间治理不断拓展工业遗产保护的边界与外延。

3.3 存量空间更新治理优化与控制

城市发展过程中,普遍遇到同质化"千城一面"的现象。包头在 1996 年地震之后晋商文化遗址受到严重破坏,而在后续十余年的空间治理与两版规划中,并没有足够重视破坏的城市文脉,只关注物质空间的连接,缺乏精神空间的延续,导致了一定程度上的城市文脉断裂。因此特色空间分级重塑,街坊保护更新是更新空间治理的方式。在震后,北梁棚户区的军民生活环境急剧恶化,我国棚户区典型的问题,如建筑质量差老化、用地结构不合理、乱搭乱建、基础设施匮乏、历史文化遗产流失等这里都有。空间治理对北梁棚户区来说迫在眉睫,政府根据院落历史完整性进行保护评估,控制空间更新的程度和方式(如完整保护、部分拆除、全部拆除等),北梁老城内城恢复紧凑肌理、整体舒缓的老城格局,外城遵循"七沟八梁"的地形风貌。

4 问题与讨论

打破北疆困局是突出的空间治理问题,包头城市区位和防御战略,是区域发展的制约条件。内陆老工业城市的城市人才流失、产业结构调整等,需要上层的空间治理杠杆调节。但作为城市本身,从更广泛的视角认知城市有其特有地理优势。包头连接华北、西北的枢纽空间,空间治理政策需要对区域交通可达性统一考虑。包头在交通上是通往亚欧大陆的重要枢纽,空间结构的交通网络基础较好,需要空间治理的特定手段激活交通枢纽的商贸、中转、供给等特定空间模式。

城市空间结构背后是经济、社会发展的策略模式,由 1955 年计划经济构建的空间结构有部分被延续下来,也有一部分被打破。具有包容性、前瞻性、国土空间规划最优解的空间治理机制在多元主体参与下不断完善,随着科技进步、数据分析的深入,未来国土空间规划与城市空间治理的载体、工具、价值观会有更多创新的可能,城市会有更加健康、可持续、多元的空间形式。

参考文献

[1] 张庭伟 . 1990 年代中国城市空间结构的变化及其动力机制 [J]. 城市规划,2001(07):7-14.

[2] 张京祥,陈浩 . 空间治理:中国城乡规划转型的政治经济学 [J]. 城市规划,2014,38(11):9-15.

[3] 郭建中,车日格 . 黄河包头段沿岸汉代古城考 [J]. 内蒙古文物考古,2007(01):42-56.

[4] 章奎 . 麻池古城:两千多年的沧桑 [J]. 实践(思想理论版),2014(05):54.

[5] 刘忠和 . "走西口"历史研究 [D]. 呼和浩特:内蒙古大学,2008.

[6] 殷俊峰,李岳岩,王世礼 . 西口重镇:包头古城浅析 [J]. 建筑与文化,2011(03):91-93.

[7] 王利中 . "一五"计划与包头工业基地的建设 [J]. 当代中国史研究,2015,22(01):109-117,128.

[8]　宋玢．包头中心城区空间形态的演变与发展研究[D]．西安：西安建筑科技大学，2013．

[9]　黄哲，蔺学敏．论包头市环境保护"十一五"规划的实施[J]．环境与发展，2014，26（Z1）：4-6．

[10]　孙明伟．控制与引导：控规层面的城市设计思路与案例[J]．规划师，2016，32（05）：59-64．

[11]　王磊，沈建法．五年计划／规划、城市规划和土地规划的关系演变[J]．城市规划学刊，2014（03）：45-51．

[12]　张克薇．七十年风雨兼程　六十载草原钢城[J]．中国档案，2017（08）：28-29．

[13]　车志晖，张沛．城市空间结构发展绩效的模糊综合评价：以包头中心城市为例[J]．现代城市研究，2012，27（06）：50-54，58．

[14]　刘婧．包头城市变迁轨迹初探[J]．内蒙古科技与经济，2008（08）：352-353．

[15]　裴婷婷．城市棚户区改造实践研究[D]．呼和浩特：内蒙古大学，2014．

武汉城市圈城镇土地利用效率演变研究

李佳泽　耿　虹*

【摘　要】首先，基于超效率 DEA-SBM 模型，对武汉城市圈 2002—2018 年的城镇土地利用效率进行测算和时空对比分析。结果表明：在时间演变特征方面，中部、东部和南部城市的城镇土地利用效率大体呈现先下降后上升的趋势，其他区域的效率变化趋势不明显。2002—2018 年，各市效率差异明显减小；在空间演变特征方面，武汉城市圈城镇土地利用效率整体上经历了"中南低—东西高""西高—中东低""中南低—东西高"和"整体较高，仅仙桃和黄石较低"的空间演化过程。然后，对影响效率的投入和产出指标进行分析，结果表明：投入冗余和产出不足的程度显著降低。最后，提出武汉城市圈应注重区域协调，合理配置资源，增强投入转化能力，提高产出水平。

【关键词】土地利用效率；武汉城市圈；超效率；DEA-SBM 模型

1　绪论

　　土地是人类赖以生存发展的基础资源，土地利用与社会建设、经济发展、环境保护等人类活动密切相关，提高土地利用效率是土地资源可持续利用、社会经济快速健康发展的有效途径。然而目前武汉城市圈仍然普遍存在城镇无序扩张、资金盲目投入、土地低效利用的现象，大量土地、资金等投入难以转化为相应的经济、社会等产出，这严重制约了武汉城市圈城镇发展的质量和水平，违背了新型城镇化的发展要求。武汉城市圈是中部崛起的重要战略支点，在国土空间规划背景下对其城镇土地利用进行"量与效"的研究是新型城镇化发展道路的要求，也有助于武汉城市圈提高土地利用效率，带动中部地区实现高质量发展。

　　目前，在土地利用效率评价方法上主要有 DEA 模型及其扩展模型等非参数方法，随机前沿生产函数等非参数方法和构建指标体系进行综合评价等方法。如张明斗等基于 DEA 模型对其 2007—2016 年东北 34 个地级及以上城市的土地利用效率进行了动态和静态测度；刘书畅等运用随机前沿生产函数模型对 2009—2016 年东部四大城市群土地利用效率进行了评价，并对其驱动因素进行了探索；卢新海等构建了区域一体化背景下的"规模＋结构＋集聚"指标体系，对长江中下游城市群土地利用效率进行了综合评价。在以上三类评价方法中，DEA 模型方法应用最为广泛。DEA 模型方法相较于其他方法具有适用范围广、原理相对简单的特点，特别是在评价土地利用效率这样多投入、多产出的情况时具有客观、简便的特殊优势。

　　因此，本文首先以 DEA 模型为评价方法，对武汉城市圈 2002—2018 年城镇土地利用效率进行了客

---

　　* 李佳泽，男，华中科技大学建筑与城市规划学院，硕士研究生。

　　耿虹，女，华中科技大学建筑与城市规划学院，教授，博士，博士生导师，城乡规划系主任。

观评价，对其时空演化特征进行了总结；然后在投入和产出两个方面对影响效率的因素进行了分析；最后从提高城镇土地利用效率的角度，对国土空间规划提出了建议。

2　研究方法

数据包络分析（Date Envelopment Analysis，DEA）是一种基于被评价对象间相对比较的非参数技术效率分析方法，用于评价一个特定对象或者一组特定对象的相对效率，相较于其他方法具有简便、客观等特殊优势。在传统的 DEA 模型的分析结果中，有效决策单元（DMU）效率值均为 1，无法区分有效决策单元（DMU）效率的高低。为了解决这一问题，安德森和皮特森提出了超效率模型。在超效率模型的分析结果中，有效决策单元（DMU）的超效率值一般会大于 1，从而可以对有效单元进行区分排序，便于决策单元（DMU）之间的比较。传统的径向、角度 DEA 模型（如 CCR、BCC）无法考虑松弛改进部分，鉴于此，托恩提出了非径向的考虑松弛变量的 EDA 模型。SBM 模型可以避免径向和角度对测量结果的影响，在解决无效率决策单元（DMU）、投入产出的松弛性上具有突出优势。

因此本文采用超效率 DEA-SBM 模型测度武汉城市圈内 9 城市的城镇土地利用效率。在 VRS 条件下，模型的一般表达式如下：

$$\min \theta_{SE} = \frac{1 + \frac{1}{m}\sum_{i=1}^{m} s_i^- / x_{ik}}{1 - \frac{1}{s}\sum_{r=1}^{s} s_r^+ / y_{rk}}$$

$$\text{s.t.} \quad \sum_{j=1, j\neq k}^{n} x_{ij}\lambda_j - s_j^- \leqslant x_{ik}$$

$$\sum_{j=1, j\neq k}^{n} y_{rj}\lambda_j + s_r^+ \geqslant y_{rk}$$

$$\lambda, s^-, s^+ \geqslant 0.$$

$$i=1,2\cdots,m; r=1,2\cdots,s; j=1,2\cdots,n; (j\neq k)$$

式中，θ 为超效率值，λ 为包络乘数，x_k 和 y_k 分别是 DMU_k 的投入向量和产出向量，x_i 和 y_r 分别是第 i 种投入要素和第 r 种产出要素，s_i^- 为松弛投入，s_r^+ 为松弛产出。

3　指标选取与数据来源

国内外学者对城镇土地利用效率进行评价所采取的指标多是从投入产出的角度来选取的，常以生产要素的投入量为输入指标，以经济产出为输出指标。考虑指标的可获取性，本文以武汉城市圈 9 个地级市为研究对象，将资本、土地和劳动力投入作为投入指标，以经济、社会和生态产出为产出指标。其中：城镇建成区面积代表土地投入量，城镇固定资产投资总额代表资金投入量，城镇单位人员从业人数代表劳动投入量；第二、三产业增加值和城镇一般公共预算收入代表经济产出量，城镇居民人均可支配收入代表社会产出量，城镇建成区绿地面积代表生态产出量，如表 1 所示。

城镇土地利用效率量化评价指标体系　　　　　　　　　　表 1

指标类型	一级指标	二级指标
投入指标	土地投入	城镇建成区面积 /km²
	资金投入	城镇固定资产投资 / 亿元
	劳动投入	城镇单位人员就业人数 / 万人

续表

指标类型	一级指标	二级指标
产出指标	经济产出	二、三产业增加值／亿元
		城镇一般公共预算收入／亿元
	社会产出	城镇居民人均可支配收入／元
	生态产出	建成区绿地面积／hm²

本文以武汉城市圈为研究的地域范围，包括武汉、黄石、鄂州、孝感、黄冈、咸宁、仙桃、潜江、天门 9 个城市，以 2002—2018 年为研究的时间范围。数据来源于《2002—2018 年中国城市统计年鉴》《2002—2018 年湖北统计年鉴》。

4 结果与分析

4.1 时空演变特征

4.1.1 时间演变特征

(1) 整体趋势

根据前文所述方法，利用 MaxDEA 软件采用超效率 DEA-SBM 模型对原始数据进行测度，测度结果如表 2 所示。

2002—2018 年武汉城市圈各市城镇土地利用效率　　　　　　表 2

时间	武汉	黄石	鄂州	孝感	黄冈	咸宁	仙桃	潜江	天门
2002	0.90	1.36	1.17	1.05	1.01	0.72	1.06	1.09	1.03
2003	0.91	0.95	0.84	0.83	1.01	0.71	1.00	1.07	1.01
2004	0.91	0.96	0.84	0.85	1.01	0.77	0.96	1.01	1.06
2005	0.85	0.94	0.78	0.73	0.63	0.69	0.96	0.99	1.02
2006	0.81	1.00	0.74	0.80	0.64	0.69	0.97	0.93	1.02
2007	0.79	0.97	0.75	1.01	0.65	0.70	1.11	1.01	1.07
2008	0.78	1.02	0.72	1.01	0.67	0.73	0.74	1.01	1.04
2009	0.76	1.00	0.68	0.76	0.71	0.72	0.83	1.01	1.04
2010	0.75	0.82	0.68	0.76	0.75	0.62	0.95	1.04	0.97
2011	0.81	0.82	0.77	1.00	1.02	0.66	1.01	1.03	1.03
2012	0.85	0.81	0.81	1.02	1.04	0.70	1.01	1.01	1.02
2013	0.87	0.72	0.80	1.02	1.02	0.70	0.78	0.95	0.88
2014	0.88	1.00	0.81	1.02	0.87	0.80	0.83	0.92	1.01
2015	0.92	1.00	0.86	0.96	0.91	0.85	0.83	0.90	1.00
2016	1.02	1.00	0.95	1.00	0.97	0.85	0.86	0.98	1.02
2017	1.01	0.88	0.99	0.88	1.02	1.01	0.85	1.01	1.00
2018	1.04	0.96	1.06	1.02	1.03	1.02	0.86	1.03	1.02

由表 2 和图 1 可知，2002—2018 年，武汉、鄂州、咸宁、黄冈等中部、东部和南部城市的城镇土地利用效率大体呈现先下降后上升的演变趋势，其中武汉由 0.90 变化为 1.04，鄂州由 1.17 变化为 1.06，咸宁由 0.72 变化为 1.02；天门和潜江城镇土地利用效率年度变化较小，在 1 上下小幅度摆动，变化趋势不明显，其中，天门由 1.03 变化为 1.02，潜江由 1.09 变化为 1.03；孝感、黄石和仙桃的城镇土地利用效率年度波动较大且偏低，变化趋势不明显，其中孝感由 1.05 变化为 1.02，黄石由 1.36 变化为 0.96，仙桃由 1.06 变化为 0.86。

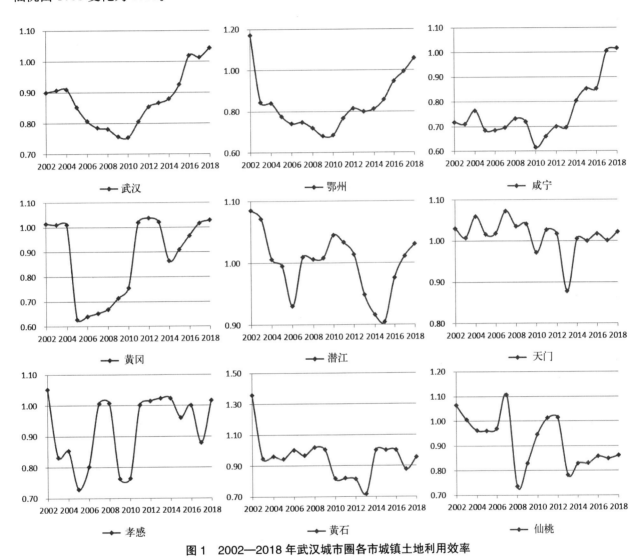

图 1　2002—2018 年武汉城市圈各市城镇土地利用效率

（2）平均效率

2002—2018 年武汉城市圈各市城镇土地利用平均效率　　　　　　　　　　表 3

	天门	潜江	黄石	孝感	仙桃	黄冈	武汉	鄂州	咸宁
平均效率	1.01	1.00	0.95	0.93	0.92	0.88	0.87	0.84	0.76
名次	1	2	3	4	5	6	7	8	9

如表 3 所示，2002—2018 年，天门城镇土地利用平均效率最高，为 1.01；其次是潜江、黄石、孝感、仙桃、黄冈、武汉和鄂州，分别为 1.00、0.95、0.93、0.92、0.88、0.87、0.84；咸宁城镇土地利用平

均效率最低，为 0.76。各地城镇土地利用平均效率差距明显。

（3）变异系数

变异系数是反映一组数据离散程度的常用量度，可以用于比较平均数不同的两组或多组数据，其定义为标准差与平均值之比，其公式如下所示。

$$C_V = \frac{\sigma}{\mu}$$

式中，C_V 为变异系数，σ 为数据的标准差，μ 为数据的平均值。变异系数越大，则数据离散程度（变化幅度）越大，变异系数越小，则数据离散程度（变化幅度）越小。

计算 2002—2018 年武汉城市圈各市城镇土地利用效率的变异系数如表 4 所示。由表 4 可知，2002 年到 2018 年，黄冈市城镇土地利用效率变异系数最大，为 0.19；其次为鄂州、咸宁、黄石、孝感、仙桃、武汉和潜江，变异系数分别为 0.16、0.15、0.14、0.12、0.11、0.10 和 0.05；天门变异系数最小，为 0.04。这说明在 9 个城市中，黄冈城镇土地利用效率年度变化最大，其次为鄂州、咸宁、黄石、孝感、仙桃、武汉和潜江，而天门年度变化最小。

2002—2018 年武汉城市圈各市城镇土地利用效率变异系数　　　　　　表 4

城市	黄冈	鄂州	咸宁	黄石	孝感	仙桃	武汉	潜江	天门
标准差	0.16	0.13	0.11	0.14	0.11	0.10	0.09	0.05	0.04
平均值	0.88	0.84	0.76	0.95	0.92	0.92	0.87	1.00	1.01
变异系数	0.19	0.16	0.15	0.14	0.12	0.11	0.10	0.05	0.04
位次	1	2	3	4	5	6	7	8	9

计算 2002—2018 年武汉城市圈城镇土地利用效率的变异系数如表 5 和图 2 所示。由表 5 和图 2 可知，2002—2018 年，变异系数由 0.16 变为 0.06，降幅明显。这表明，总体而言，各市城镇土地利用效率差异显著减小，也从侧面说明武汉城市圈协同发展程度有所提升。其中，2002—2004 年变异系数由 0.16 变为 0.10，呈现下降的特征，各市城镇土地利用效率差异减小；2004—2007 年，变异系数由 0.10 变为 0.19，呈现上升的特征，各市城镇土地利用效率差异增大；2007—2018 年，变异系数由 0.19 变为 0.06，各市城镇土地利用效率差异减小。

2002—2018 年武汉城市圈城镇土地利用效率变异系数　　　　　　表 5

时间	平均值	标准差	变异系数	时间	平均值	标准差	变异系数
2002	1.04	0.17	0.16	2011	0.91	0.14	0.15
2003	0.93	0.11	0.12	2012	0.92	0.12	0.13
2004	0.93	0.09	0.10	2013	0.86	0.12	0.14
2005	0.84	0.14	0.17	2014	0.90	0.08	0.09
2006	0.84	0.14	0.16	2015	0.92	0.06	0.07
2007	0.89	0.17	0.19	2016	0.96	0.06	0.06
2008	0.86	0.15	0.18	2017	0.96	0.07	0.07
2009	0.84	0.14	0.17	2018	1.00	0.06	0.06
2010	0.82	0.14	0.17				

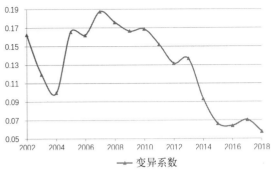

图2　2002—2018年武汉城市圈城镇土地利用效率变异系数

4.1.2　空间演化特征

参考相关研究，结合各市的发展效率评价结果，将武汉城市圈城镇土地利用效率水平分为三个等级：城镇土地利用效率高水平区（城镇土地利用效率≥1），城镇土地利用效率中水平区（0.85≤城镇土地利用效率＜1），城镇土地利用效率低水平区（城镇土地利用效率＜0.85）。截取2002年、2007年、2012年和2018年四个时间节点的数据进行可视化，其空间演化特征如图3所示。

对比发现，2002年，武汉城市圈城镇土地利用效率水平整体呈现"中南低—东西高"的空间特征，位于中部和南部的武汉和咸宁效率水平较低，而位于东部和西部的孝感、天门、黄冈等市效率水平较高。2007年，武汉城市圈城镇土地利用效率水平整体呈现"西高—中东低"的空间特征，位于西部孝感、天门、潜江和仙桃效率水平较高，而位于中部和东部的武汉、黄冈、

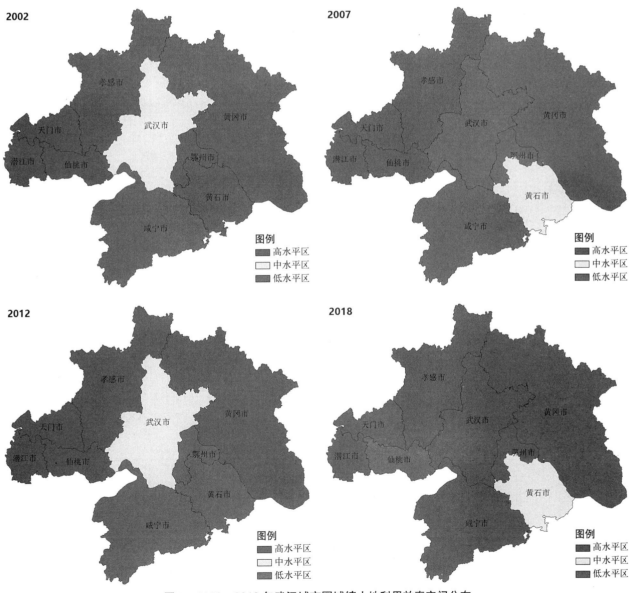

图3　2002—2018年武汉城市圈城镇土地利用效率空间分布

咸宁等市效率水平较低。较 2002 年，武汉、黄冈、鄂州和黄石效率水平明显下降。2012 年，武汉城市圈城镇土地利用效率水平整体呈现"中南低—东西高"的空间特征，位于中部和南部的武汉、咸宁以及位于东部的鄂州和黄石效率水平较低，位于西部和东部的孝感、天门、黄冈等市效率水平较高。较 2007 年，黄冈和武汉效率水平明显提升而黄石效率水平明显下降。2018 年，武汉城市圈城镇土地利用效率水平整体较高，仅仙桃和黄石效率水平较低。较 2012 年，武汉、鄂州、咸宁和黄石效率水平提升明显，而仙桃效率水平下降明显。

　　整体而言，2002—2018 年，武汉城市圈中部、东部和南部城镇土地利用效率水平变化较为明显，由较高水平转变为较低水平，又转变为较高水平，而西部城镇土地利用效率水平变化不大，除仙桃外，其他市城镇土地利用效率一直保持较高水平。

4.2　影响因素分析

　　在 DEA 模型中，效率值由投入和产出决定，通过对投入冗余率和产出不足率进行分析，可以了解对效率产生负面影响的投入和产出指标，并提出改进的方向。

4.2.1　投入冗余率

　　最优投入为使城镇土地利用效率最高的投入，投入冗余率＝（实际投入—最优投入）／最优投入。在超效率 DEA 模型下，投入冗余率可能为正值，也可能为负值，也可能为 0。投入冗余率为正值，表示投入过量的程度；投入冗余率为负值，表示投入不足的程度；投入冗余率为 0，表示实际投入等于最优投入，无须优化。

　　如图 4 所示，就投入冗余率而言，2002—2018 年，武汉、黄冈、鄂州、仙桃、咸宁、孝感和黄石呈

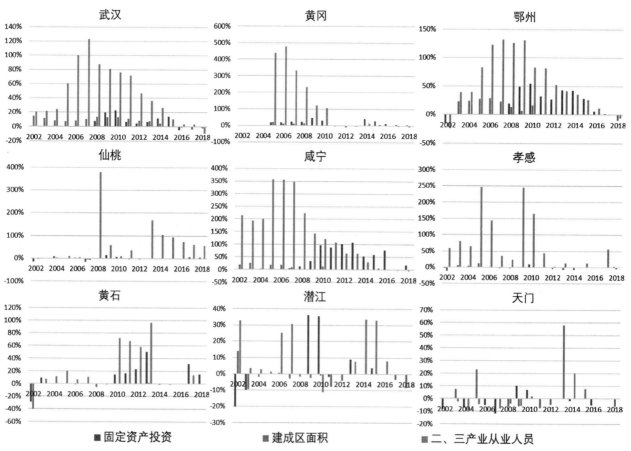

图 4　武汉城市圈城镇土地利用投入冗余率

现下降或先升后降趋势，潜江和天门年度变化较大，在投入不足和投入过量之间波动，变化趋势不明显。总体而言，武汉城市圈投入冗余率普遍减小，投入冗余对土地利用效率的负面影响降低，武汉城市圈资源节约水平显著提升。

不同年份影响效率的投入指标不同，影响程度不同。如表 6 所示，就 2018 年而言，武汉城市圈出现了普遍的投入不足现象，武汉、黄冈、鄂州、咸宁、孝感、潜江和天门等 7 个城市在建成区面积方面存在投入不足，其投入冗余率分别为 −2.01%、−7.87%、−9.97%、−4.55%、−4.75%、−8.30%、−6.00%。武汉和鄂州 2 个城市在二、三产业从业人员方面存在投入不足，其投入冗余率分别为 −9.63%、−5.99%。与此同时，投入过量的现象依然存在，但已大为缓解。黄冈、鄂州、仙桃、咸宁、孝感、黄石等 6 个城市存在固定资产投资投入过量的现象，其投入冗余率分别为 2.95%、0.45%、5.48%、18.47%、2.94%、15.13%。黄冈和仙桃 2 个城市存在二、三产业从业人员投入过量的现象，其投入冗余率分别为 0.18%、56.72%。2018 年，无一城市在建成区面积方面存在投入过量的情况，这说明武汉城市圈城镇土地扩张速度较为合理，与社会经济发展基本相适应。

2018 年武汉城市圈城镇土地利用投入冗余率 表 6

城市	固定资产投资	建成区面积	二、三产业从业人员
武汉	−0.33%	−2.01%	−9.63%
黄冈	2.95%	−7.87%	0.18%
鄂州	0.45%	−9.97%	−5.99%
仙桃	5.48%	0.00%	56.72%
咸宁	18.47%	−4.55%	0.00%
孝感	2.94%	−4.75%	0.00%
黄石	15.13%	0.00%	0.00%
潜江	0.00%	−8.30%	0.00%
天门	0.00%	−6.00%	0.00%

4.2.2 产出不足率

最优产出为使城镇土地利用效率最高的产出，产出不足率＝（最优产出—实际产出）／最优产出。在超效率 DEA 模型下，产出不足率可能为正值，也可能为 0。产出不足率为正值，表示产出不足的程度；产出不足率为 0，表示实际产出等于最优产出，无需优化。

如图 5 所示，就产出不足率而言，2002—2018 年，武汉、鄂州、仙桃、咸宁、孝感、黄石、天门等 7 个城市呈下降或先升后降趋势，2002—2017 年间，黄冈和潜江产出不足率也呈下降趋势，但在 2018 年其产出不足率有较大反弹。总体而言，武汉城市圈产出不足率普遍下降，产出不足对土地利用效率负面影响下降，武汉城市圈投入转化能力大大增强。

不同年份影响效率的产出指标不同，影响程度不同。如表 7 所示，就 2018 年而言，不存在产出不足的城市有仙桃和黄石 2 市。在一般预算收入方面存在产出不足的有武汉、鄂州、咸宁、孝感、潜江和天门 6 市，其产出不足率分别为 1.08%、13.81%、4.42%、2.73%、19.10%、7.36%；在建成区绿地面积方面存在产出不足的有黄冈、鄂州、潜江、天门 4 市，其产出不足率分别为 30.52%、9.21%、5.23%、0.32%；在城镇人均可支配收入方面存在产出不足的有武汉和黄冈 2 市，其产出不足率分别为 21.62%、6.07%；在二、三产增加值方面，没有城市存在产出不足的现象。

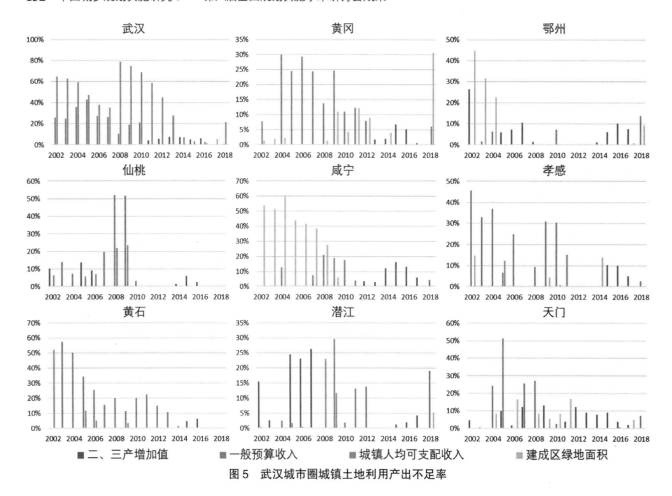

二、三产增加值　　一般预算收入　　城镇人均可支配收入　　建成区绿地面积

图 5　武汉城市圈城镇土地利用产出不足率

2018 年武汉城市圈城镇土地利用产出不足率　　　　　　　　　　表 7

城市	二、三产增加值	一般预算收入	城镇人均可支配收入	建成区绿地面积
武汉	0.00%	1.08%	21.62%	0.00%
黄冈	0.00%	0.00%	6.07%	30.52%
鄂州	0.00%	13.81%	0.00%	9.21%
仙桃	0.00%	0.00%	0.00%	0.00%
咸宁	0.00%	4.42%	0.00%	0.00%
孝感	0.00%	2.73%	0.00%	0.00%
黄石	0.00%	0.00%	0.00%	0.00%
潜江	0.00%	19.10%	0.00%	5.23%
天门	0.00%	7.36%	0.00%	0.32%

5　结论与建议

5.1　结论

2002—2018 年，武汉城市圈城市土地利用效率普遍提高，城市间土地利用效益差距逐渐缩小。中部、东部和南部城市的城镇土地利用效率大体呈现先下降后上升的趋势，其他区域的效率变化趋势不明显。在 9 个城市中，天门平均效率最高，咸宁最低，黄冈效率年度变化最大，天门年度变化最小。在空间演化特征上，武汉城市圈城镇土地利用效益整体上经历了"中南低—东西高""西高—中东低""中南低—

东西高"和"整体较高，仅仙桃和黄石较低"的演化过程。目前，武汉城市圈土地利用效率已达到较高水平，武汉城市圈已经进入集约发展阶段。

2002—2018 年，武汉城市圈投入冗余率和产出不足率普遍下降，这表明武汉城市圈资源节约水平显著提升，投入转化能力大大增强。在不同年份影响城镇土地利用效率的投入产出指标不同，影响程度不同。就 2018 年而言，城镇土地利用效率受建成区面积投入不足影响的城市有武汉、黄冈、鄂州等 7 市，受二、三产业从业人员投入不足影响的城市有武汉和鄂州 2 市，受固定资产投资投入过量影响的城市有黄冈、鄂州、仙桃等 6 市，受二、三产业从业人员投入过量影响的城市有黄冈和仙桃 2 市，受一般预算收入产出不足影响的城市有武汉、鄂州、咸宁等 6 市，受建成区绿地面积产出不足影响的城市有黄冈、鄂州、潜江等 4 市，受城镇人均可支配收入产出不足影响的城市有武汉和黄冈 2 市。

5.2 建议

5.2.1 注重区域协调，合理配置资源

投入是影响土地利用效率的因素之一，投入对土地利用效率的影响要具体分析。根据相关经济学规律和 DEA 模型实证分析，在一定阶段，扩大投入，可以提高规模效益，从而提升土地利用效率；而随着投入的扩大，边际效益不断降低，将出现规模不经济的现象，从而导致土地利用效率降低。因此，扩大投入还是减少投入应具体分析，并在区域层面进行协调。例如，在国土空间规划中，对于武汉、鄂州、黄冈、咸宁、孝感、潜江和天门等土地投入不足的城市，应适当扩大土地投入；对于黄冈、鄂州、仙桃、咸宁、孝感、黄石等固定资产投资投入过量的城市，应适当减少固定资产投资总量，优化资源配置。

5.2.2 增强投入转化能力，提高产出水平

产出是影响土地利用效率的另一因素，在投入一定的情况下，产出越多，则土地利用效率越高。技术水平、管理水平、协作水平、基础设施水平等都对产出有重要影响。因此，武汉城市圈应充分发挥科教高地优势，推动技术水平的全面提升，改革管理体制，建立区域统一大市场，完善基础设施，推动区域基础设施一体化，发挥协作优势，增强投入转化能力，保持土地的高效利用，推动城镇高质量发展。

参考文献

[1] 燕守广，李辉，李海东，等. 基于土地利用与景观格局的生态保护红线生态系统健康评价方法：以南京市为例 [J]. 自然资源学报，2020，35（05）：1109-1118.

[2] 张明斗，毕佳港. 城市土地利用效率的综合测度与影响因素识别：基于东北三省 34 个地级及以上城市的实证分析 [J]. 东北财经大学学报，2020（02）：35-43.

[3] 刘书畅，叶艳妹，肖武. 我国东部四大城市群土地利用效率时空差异及驱动因素 [J]. 城市问题，2020（04）：14-20.

[4] 卢新海，陈丹玲，匡兵. 区域一体化背景下城市土地利用效率指标体系设计及区域差异：以长江中游城市群为例 [J]. 中国人口·资源与环境，2018，28（07）：102-110.

[5] 成刚. 数据包络分析方法与 MaxDEA 软件 [M]. 北京：知识产权出版社，2014.

[6] 刘浩，何寿奎，王娅. 基于三阶段 DEA 和超效率 SBM 模型的农村环境治理效率研究 [J]. 生态经济，2019，35（08）：194-199.

[7] 杨清可，段学军，叶磊，张伟. 基于 SBM-Undesirable 模型的城市土地利用效率评价：以长三角地区 16 城市为例 [J]. 资源科学，2014，36（04）：712-721.

[8] 董旭光，顾伟宗，孟祥新，等. 山东省近 50 年来降水事件变化特征 [J]. 地理学报，2014，69（05）：661-671.

[9] 张荣天，焦华富. 泛长三角城市发展效率时空格局演化与驱动机制 [J]. 经济地理，2014，34（05）：48-54.

基于合作治理的北京市集体土地租赁住房实施机制研究

李梦晗　陈宇琳 *

【摘　要】在租购并举住房体制改革和农村土地改革的契机下，我国从 2017 年开始在全国范围内推行利用集体土地建设租赁住房试点工作。本文以北京这一试点城市为研究对象，针对规划实施进展缓慢的困境，通过对相关利益主体的深度访谈，基于合作治理理论，对北京集体土地租赁住房的运行机制进行研究。研究发现，由于不同利益主体在"参与"和"合作"两个环节不同的利益诉求，影响了共性达成的可能性和积极性。为此，提出以需定供设定供地目标、弹性设定设计规范、明确政府所承担的底线管控定位等对策建议。

【关键词】集体土地租赁住房；实施机制；治理；北京

1　引言

我国从 2016 年开始，逐步探索了以发展租赁住房市场为目标的住房体制改革。对于住房供需紧张的特大城市而言，在存量用地稀缺背景下，集体建设用地是潜在的机会用地。但长期以来，我国由于城乡二元土地结构，集体建设用地不能直接参与城市化进程，多处于利用低效、缺乏统筹的状态。近年来，随着农村土地的改革的推进，中央政府对集体建设用地权利的管制正逐步放开（田莉，陶然，2019）。2017 年，原国土资源部和住房和城乡建设部联合发布《利用集体建设用地建设租赁住房试点方案》，并指出利用集体土地建设租赁住房具有两方面的重要意义：一是增加租赁住房供应、稳定房地产市场；二是提高农地使用效率、拓展农民的收益渠道（国土资源部等，2017）。

作为一线城市和国家首都，北京对人口的强大吸引力与有限的土地资源之间形成了巨大的张力，但北京的租赁住房供给情况并不理想。在国土资源部（2017）发布标志性政策文件《利用集体建设用地建设租赁住房试点方案》前后，北京市作为试点城市之一，也陆续发布了《关于进一步加强利用集体土地建设租赁住房工作的有关意见》等一系列计划和政策规章。截至 2020 年 3 月底，距离集体土地租赁住房政策在北京全市大范围推广已过去 3 年。据北京规划和自然资源委员会提供的数据，2017—2018 年间，全市申报的集体土地租赁住房项目有 128 个，其中 81 个通过了市规划国土部门的审批并上报市政府。但是在实施推进过程中，部分地区出现了项目推进受阻、供地积极性不高等问题。这一方面反映出供地目标的规划、执行机制不合理，另一方面也反映出实施过程中的制度的设计对参与主体积极性调动不足的深层问题。

---

* 李梦晗，清华大学建筑学院城市规划系，硕士研究生。
　陈宇琳，清华大学建筑学院城市规划系，副教授。

为了改进制度设计、提升集体土地租赁住房的推进效率，有必要深入实施的具体过程，关注实施主体的行动逻辑，把握实施运行的内在机制。为此，本文将从治理的视角出发，从空间和利益相关主体入手，通过深度访谈的文本分析，系统分析北京集体土地租赁住房相关政策及其治理实践，揭示政府通过制度设计撬动村集体、开发商参与开发并促进其合作的过程，建构北京集体土地租赁住房的实施机制分析框架。在此基础上，对现有实施机制提出改进建议。

2 文献综述

俞可平（1999）综合分析了多位西方政治学领域的学者对"治理"的定义，提出治理的基本意义是在特定事务范围内，为满足公众需求，利用权威维护秩序，具体而言便是运用权力约束和激励公民行为，以达到公众利益最大化的目的。张京祥等（2000）结合世界银行（1996）、世界经济合作组织（1996）以及西方多个学者对治理的定义，较为精练地总结出治理的内涵——治理是以多种类型集团间的协商、合作为手段，以最大化调动社会资源为目的的管理方式；并指出治理相对于统治的好处——弥补单纯的政府统治、市场交易在社会资源调节上的不足，实现多方共赢。

在空间治理领域，张京祥（2014）指出，城乡规划的本质就是空间治理，其核心是空间资源的使用和收益分配；其所做的工作是为多元利益提供主体互动的平台，通过控制空间实现对差异化日常生活的控制。陈易（2016）综合既往研究对空间治理的定义，认为空间治理是一个多元主体以空间为平台进行利益博弈的过程，并首次区分了空间治理的城乡维度，指出空间治理不仅包含城市治理，还包括乡村治理，二者对利益主体的划分方式相似，但乡村治理关注的宗族关系等社会关系网络更复杂。

一些学者还基于理论分析提出了空间治理的分析思路。鲍勃（1995）在充分比较"监管（regulation）"和"治理（governance）"概念和理论内容后，指出了治理研究的两个思路，一是考察"各组织间的关系"，即各治理主体在他们所参与的游戏中怎样互动关联；二是即分析现有治理方式的不足，并找出其问题根源，以此提出新的治理方式。陈易（2016）指出，空间治理对利益相关主体的分类框架和对主体间互动关系的研究范式来源于城市政体（City Regime）理论。其研究不仅沿袭了城市政体理论"政府—市场—社会"三元主体的经典分类框架，还继承了其动态研究视野，重点研究外部环境变迁后，政体因占有要素发生变迁而相对关系发生变迁的过程（于洋，2019）。沈建法（2000）从政治经济学的角度辨析了城市治理研究的目的，首先当然是改进各利益集团不符合现有法律、市场规则的责权关系，使其"合法、合规"，但核心则是对利益集团现阶段"合法、合规"的责权关系进行反思和调整，使其更加"合理"。

综上，已有治理理论和空间治理相关研究，为集体土地租赁住房实施机制提供了可借鉴的多元主体分析的研究思路。但已有实证研究多停留在"倡导合作治理"的初步价值判断上，需要进一步探讨多元主体合作治理模式下，主体间的具体合作方式、合作程度，尤其是对于集体土地这一城市治理的新兴领域，需要加强对治理过程的深入分析，从而揭示多元主体治理的形成机制。

3 北京市集体土地租赁住房规划实施概况

3.1 实施流程

北京市集体土地租赁住房政策的实施流程主要包括规划、选址、筹备及设计、审批和实施等 5 个环节。从实施步骤上看，集体土地租赁住房规划实施从市级政府管理部门分配各区的年度供地任务开始。选址阶段由区政府和村集体协作完成。选址完成后，村集体确定资金来源，选择独立或与开发商共同制定实施方案。实施方案递交区政府，通过层层审批之后，由区政府编制控规，控规报市级政府部门审查合格后，便可办理审批手续，项目供地至此完成。项目供地完成后，项目的建设、配租运营主要由村集体与开发商两类主体推进，区政府在此过程中起监管作用。纵观实施流程的安排，北京集体土地租赁住房项目的落实手段为政府给出制度选择并通过审批程序保证政策目标的贯彻，村集体、开发商自主申请参与。项目的成功离不开政府、村集体、开发商三类主体的协同参与，项目的实施过程就是各方达成共识的过程，任何阶段、任意一方的合作出现问题，项目就会终止。

3.2 实施模式

北京集体土地租赁住房实施在总体上遵循政府、村集体、开发商合作共治的逻辑，政府并不直接供给土地、资金和技术等生产要素，而是通过制度设计撬动村集体、开发商参与，以实现生产要素的供给。在此过程中，村集体掌握了关键的土地要素，因此是必不可少的参与主体。但是，除了少部分资金实力强、有运营技术积累的村集体有能力自主开发之外，大部分村集体存在缺乏资金和运营技术的问题。为了在开发过程中引入资金和技术，政府一方面开放了使用项目预期收益贷款的渠道，另一方面也鼓励社会资金和技术的进入，引导村集体与企业合作开发；同时，出于稳妥考虑，政策最初只允许国有企业参与，但在后期也逐渐向其他非国有的企业开放了参与权限。

为了满足多样化的主体需求，政府为村集体、开发商设计了多种可选择的要素供给途径，形成了村集体自主开发、租赁住房经营权出租、集体建设用地使用权作价入股、集体建设用地使用权入市出让四种合作开发方式，其中村集体自主开发可以视作合作的一种特殊情况。由于政府的制度设计并未对具体的操作方式和利益分配方式做出详细规定，所以在实际操作过程中，合作模式的具体形式体现为政府制定的正式制度和村集体、开发商在合作中自发产生的非正式制度的混合。其核心区别在于建设资金的提供方式和经营方式的不同。在四种开发模式中，各主体在合作中所做贡献的程度不同，获得的报酬比例也不同（表1）。

北京市集体土地租赁住房的开发模式分类 表1

		运营方式		
		村集体独立运营	双方合作运营	开发商独立运营
建设方式	村集体出资建设	①村集体自主开发	②短期经营权合作（国有／非国有企业）	④入市出让（国有企业）
	开发商出资建设	—	③入股合作（国有企业）／长期经营权合作（非国有企业）	—

3.3 实施进展

北京市集体土地租赁住房的供地指标任务每年平均分配，主要向中心城区、平原新城和副中心倾斜。分析 2017—2019 年的进展情况发现，北京集体土地租赁住房的供地完成总量基本达到规划目标，实施进展总体符合预期。但从每个行政区的具体完成情况看，海淀、昌平、房山、通州等地区的供地任务完成情况并不理想。此外，项目供地完成后的建设环节也进展缓慢，已开工、已建成的项目比例偏低。想要解决部分地区供地任务完成不理想、开工建设进展慢的问题，既需要反思规划目标制定的合理性，又需要深入探究集体土地租赁住房的实施机制，找到问题的根源所在（表2）。

北京各区供地任务完成情况 表2

		2017			2018			总计			两年完成度
		任务下达/hm²	完成面积/hm²	完成项目数/个	任务下达/hm²	完成面积/hm²	完成项目数/个	任务下达/hm²	完成面积/hm²	完成项目数/个	
中心城区	朝阳	23	14	2	25	110	5	48	123	7	257%
	海淀	23	9.5	2	20	21.5	4	43	31	6	72%
	丰台	23	31	9	15	4.9	2	38	36	11	96%
	石景山	3	4.4	3	0	0	0	3	4.4	3	147%
平原地区	通州	23	6.2	1	20	32	3	43	38	4	89%
	顺义	23	23	6	20	33.3	7	43	56	13	131%
	大兴	23	34	5	25	34.5	4	48	69	9	143%
	昌平	23	44	5	25	0	0	48	44	5	91%
	房山	23	21	3	25	0	0	48	21	3	44%
生态涵养区	门头沟	3	4.7	1	5	5.7	1	8	10	2	130%
	平谷	3	4.2	1	5	8.7	2	8	13	3	161%
	怀柔	3	0	0	5	12.7	1	8	13	1	159%
	密云	3	0	0	5	0	0	8	0	0	0%
	延庆	3	7.6	1	5	0	0	8	7.6	1	95%

数据来源：北京市耕地保护处

4 北京市集体土地租赁住房的合作治理分析

为深入了解集体土地租赁住房的实施机制，需要关注制度如何发挥作用，即在既有制度框架下，村集体、开发商如何基于自身利益的考虑选择参与并最终达成合作的决策。

扎根理论作为自下而上建构实质理论的质性研究方法论，为研究主体的决策过程提供了一个可行路径。本文将利用扎根理论的研究方法，从村集体、开发商的深度访谈数据出发，研究相关利益主体参与开发并达成合作的决策逻辑。集体土地租赁住房制度作用机制研究所用的数据主要来自11位对象的深度访谈。访谈对象分别从开发企业、村集体、政府中选取，包括6名来自房地产开发企业的项目管理人员，其中3名来自国有企业，3名来自民营企业；3名来自村集体的集体土地租赁住房项目负责人，其中每一位访谈对象都参与了不同类型的集体土地租赁住房项目开发；2名来自政府的相关工作人员，其中1名来自北京市规划和自然资源委员会，1名来自北京规划与自然规划委员房山分局。

在与6位房地产企业管理人员、3位村集体项目负责人为访谈对象进行深度访谈的过程中，笔者发现，访谈对象的决策过程分两步进行，首先是参与决策，即决定是否参与集体租赁住房开发；然后是合作决策，即决定独立开发还是合作开发、以怎样的方式合作开发。就访谈者自身的话语而言，对"为什么参与集体土地租赁住房开发"和"为什么选择某种合作模式"这两个问题的回答内容，可以较好地概括村集体和开发商再合作过程中的决策行为，并进一步支持"集体土地租赁住房的制度作用机制"的建构。

4.1 "参与"决策逻辑：制度约束下的理性折衷选择与紧缩背景下的创新业务探索

总体而言，村集体倾向于横向比较后决策，倾向于将"用集体土地开发租赁住房"相对于"用集体土地开发其他产业"的优势、劣势进行比较；开发商倾向于纵向比较后决策，倾向于对开发集体土地租赁住房的"远期"和"近期"的成本、收益进行权衡。决策机制存在区别的根本原因是二者的资源条件不同。

村集体的土地资源条件有限，开发集体土地租赁住房与开发其他产业用房之间几乎是一个非此即彼的关系，因此，村集体开发集体土地租赁住房不仅要付出资金成本，还要付出巨大的机会成本。所以，村集体需要反复权衡比较，选择一个最优方案，最大化利用手中有限的资源，即"收益最大化"。从影响因素的角度来说，村集体不仅关注参与集体土地租赁住房的开发得到了什么（相对优势），还关注失去了什么（相对劣势）。

开发商通常资金充沛，开发集体土地租赁住房只是其众多业务之一，虽然也投入了一定资金，但机会成本相对较小。因此，只要项目未来存在盈利空间，开发商就有动力去参与，所以其目标仅是"增加收益"，而非有限条件下的"收益最大化"。从影响因素的角度来看，开发商更关注项目近期投入和远期的收益之间的平衡。

（1）村集体：制度约束下的理性折衷选择

从村集体的决策过程来看，其参与集体土地租赁住房开发受制度约束和经济理性的交叉作用，且制度约束强于经济理性作用。

但从经济理性的角度来看，村集体开发集体土地租赁住房的内生动力稍显不足。与批发市场、制造业用房等传统产业用房相比，开发集体土地租赁住房的优势并不明显。单从功能来看，作为村集体的自有产业，租赁住房和其他产业用房都能够为村集体提供稳定的收入来源，且租赁住房在一定条件下还可以成为村集体的自用住房，为村民提供福利，存在一定优势。但是，由于租赁住房的租金低于产业用房的租金，开发集体土地租赁住房的投资回收周期更长，利润也更低，相比之下存在较大的劣势。事实上，在上述优势与劣势的权衡中，大部分村集体普遍倾向于开发产业等用房而非租赁住房（表3）。

村集体参与开发的决策影响因素　　　　　　　　　　　　　　　　　　　表3

核心范畴	主范畴	副范畴	定义
参与开发的 决策影响因素 （25）	收益最大化的目标（2）	收益最大化（2）	指主体参与集体土地租赁住房项目的根本目的
	相对优势（21）	获得稳定收入（3）	指开发集体土地租赁住房相对于开发其他产业用房相比的优势
		获得自住住房（2）	
		降低审批成本（13）	
		降低准入门槛（3）	
	相对劣势（2）	回款速度变慢（2）	指开发集体土地租赁住房相对于开发其他产业用房相比的劣势

（2）开发商：紧缩背景下的创新业务探索

从开发商的决策过程来看，其参与集体土地租赁住房主要是在房地产市场紧缩背景下发展创新业务、开拓新的市场；在此过程中，开发商除了追求营业利润之外，还看重集体土地租赁住房的增值收益能力。

从企业的长远发展来看，开发商尤其是以开发商品住房为主要业务的传统开发商，参与集体土地租赁住房的开发，是为了在商品房市场收缩的背景下开拓新的市场，以实现自身的转型和存续。近年来，在北京减量发展的大环境下，新增商品房用地极为有限，并且，北京《建设项目规划使用性质正面和负面清单》也在较大程度上限制了存量用地调整为商品住宅用地（北京市规划和国土资源管理委员会，2018）。在此背景下，从事商品住宅开发的传统开发商在土地资源上受到了较大局限，需要突破瓶颈实现转型，发展新的细分市场，这种情况下，包括集体土地租赁住房在内的租赁住房市场成了拓展细分市场的领域之一。

从成本—收益的角度来看，虽然集体土地租赁住房相对于国有土地租赁住房的土地成本更低，开发商可以通过开发、运营集体土地租赁住房项目获得一定营业利润，但利润率并不理想，且成本回收需要较长时间，在短期内几乎不能实现盈利。然而，在开发商看来，衡量集体土地租赁住房项目的收益并不能只关注营业利润，还要考虑到其增值收益（表4）。

开发商参与开发的决策影响因素　　　　　　　表 4

核心范畴	主范畴	副范畴	定义
参与开发的决策影响因素 (35)	增加收益的目标 (2)	增加收益 (2)	指主体参与集体土地租赁住房开发追求的根本目标
	远期收益 (15)	获得营业利润 (2)	指不能在近期体现、但是能在远期实现的收益
		获得增值收益 (4)	
		拓展业务领域 (4)	
		占据市场先机 (5)	
	近期收益 (4)	降低土地成本 (4)	指在近期体现的收益
	近期阻力 (14)	合作环境不健康 (5)	指在近期出现的、阻碍主体参与项目和顺利开展项目的因素
		制度环境不完善 (7)	
		资金回收慢 (2)	

4.2 "合作"决策逻辑：多样化偏好下的利益博弈

在合作决策环节，总体而言，村集体、开发商选择开发模式的决策过程中既有客观实力的限制，又有主观偏好的作用。客观实力决定了村集体、开发商的选择可能性，在客观实力允许的范围内，两类主体再根据自己对风险、收益的偏好，权衡利弊，选择集体土地租赁住房的建设方式和运营方式，并与匹配的对象达成合作，最终形成"村集体自主开发""短期经营权合作""入股合作（长期经营权合作）"和"入市出让"这 4 种合作模式中的一种，其中"村集体自主开发"可以看作合作的一种特殊情况。从主体的视角出发审视现有的合作模式，可以得出以下两个结论：

一是村集体、开发商的合作本质上是一个围绕土地增值收益分配进行合作博弈的过程。双方在了解彼此博弈中的风险、收益基础上做出合作的决策、达成契约，在此过程中，政府作为第三方监督村集体、开发商对博弈契约的履行。

二是博弈过程中，风险—收益衡量维度多元化，使博弈有较大操作空间，政府对收益分配的干预在一定程度上失效。村集体、开发商则通过"投资风险""经营风险"等指标来衡量付出，通过"利润收益""资产收益"以及"决策主导权""收益稳定性"等指标来衡量收益。收益实现形式多元的情况下，无论初始制度安排如何，双方都可以通过灵活的操作方式将收益转化为其他形式实现，到达风险、收益匹配的博弈均衡（表 5、表 6）。

村集体选择合作模式的决策影响因素　　　　　　　表 5

核心范畴	主范畴	副范畴	定义
选择合作模式的决策影响因素 (27)	客观实力 (11)	资金实力限制 (2)	指村集体自身的条件和能力
		运营能力限制 (9)	
	主观偏好 (16)	转移经营风险 (6)	指村集体主观的追求
		规避投资风险 (2)	
		保持收益可持续性 (2)	
		获得决策主导权 (2)	
		提高利润收益 (4)	

开发商选择合作模式的决策影响因素　　　　　　　　　　　　　　　　　　表6

核心范畴	主范畴	副范畴	定义
选择合作模式的决策影响因素（20）	客观实力（3）	资金实力限制（3）	指村开发商自身的条件和能力
	主观偏好（17）	规避投资风险（2）	指开发商主观的追求
		增加资产收益（8）	
		提高利润收益（2）	
		获得决策主导权（5）	

5　总结与讨论

北京集体土地租赁住房实施过程本质上是一个政府、村集体、开发商三类核心利益相关主体合作进行空间治理的过程。从参与主体在治理中的角色来看，在三者的合作框架中，政府主要提供制度要素，通过路径设计撬动村集体、企业自发参与开发，在参与过程中，村集体、开发商提供了土地、资金、技术等生产要素。

从参与主体的利益诉求来看，政府推动集体土地租赁住房实施的动机是提升公共利益，同时获取税收作为财政收入。村集体参与开发的决策是在制度约束下的理性选择，除了希望获得直接的利润收益，还意在追求收益的稳定性、自用住房的福利，以及审批门槛低、技术门槛低等相对收益。开发商当下参与开发是为了在商品房市场紧缩背景下发展创新业务，除了追求利润收益，还期望获得租赁物业、衍生业务的增值收益，并抢占市场先发优势。

从参与主体间的互动关系来看，村集体和开发商则围绕集体土地租赁住房项目的风险承担和收益分配进行合作博弈，并通过"投资风险""经营风险"等指标来衡量付出，通过"利润收益""资产收益"以及"决策主导权""收益稳定性"等指标来衡量收益，当从合作中获得的收益和承担的风险相匹配时，博弈便达到均衡状态。在此过程中，政府作为第三方对二者的行为活动、契约履行进行监督，并同时保护村集体的利益。根据风险承担、收益分配的程度不同，实践过程中形成了村集体自主开发模式、短期经营权合作模式、入股合作模式和入市出让模式四种合作模式。在每种模式下，由于收益可以多种形式体现，收益分配存在较大操作空间，政府对最终收益分配的干预存在一定失效。无论初始制度安排如何，双方的博弈都会通过灵活的操作方式调整收益的实现形式，使风险、收益相匹配，达到博弈的均衡状态（图1）。

为了应对北京集体土地租赁住房在实施过程中出现的问题，提升下一阶段实施的效率，从规划目标、配套制度设计、政府定位三个方面提出政策建议。

（1）调整规划目标：时序上适应市场变化，空间上以需定供、注重区域协同。首先，改变年度土地供应任务平均分配的现状，以适应市场自发参与建设的不确定性。市级政府相关部门要根据上年供地完成情况合理预判下一年的市场需求状况，及时调整土地指标的供应，从而避免出现区级政府为完成指标任务在年底扎堆供地、只重视供地数量而不

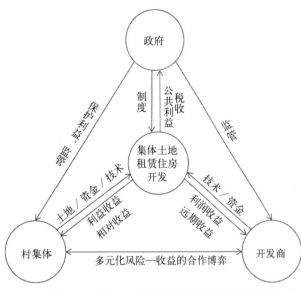

图1　政府、村集体、开发商围绕集体土地租赁住房开发的合作治理机制

图片来源：作者自绘

注重后续建设实施的情况。其次，改变分区土地供应任务一刀切的现状，注重因地制宜、分区施策，并注重区域间的协同互补关系。

（2）跟进配套制度：加快推进住房租赁资产证券化，适当放宽设计规范。一是加快推进住房租赁资产证券化。政府需从制度层面，大力支持发展房地产投资信托基金（REITs）市场，尽快打通"投—融—管—退"的制度闭环（张良，2018），使开发商能够在投资建设、建立租赁物业运营生态后尽快退出项目，一方面实现项目资金的快速回笼，从而加速集体土地租赁市场规模的扩大；另一方面也使集体土地租赁住房项目的物业增值得到变现释放，从而较大程度上激发开发商的参与积极性。二是适当放宽设计规范，制定适应租赁住房特点的设计、配套规范标准。在现有规范的基础上，适当降低车位配套指标、提高住宅商业配套的比例，放宽项目内养老设施的设置要求。在保证基本消防安全的前提下，审慎考虑调整住宅日照间距规范的可能性。从而在一定程度上降低租赁住房的建造成本，弥补集体土地租赁住房回款周期较长的不足，增强村集体、开发商的参与积极性。

（3）找准政府定位：做好底线把控，维护合作环境。首先，政府应做好底线把控，将对市场的干预控制在最小限度内。在保护村集体底线利益的前提下，避免对村集体、开发商的利益分配过程做出过多干预，以免增加不必要的交易成本。其次，政府应当扮演好监督者的角色。在村集体、开发商合作博弈过程中，政府应做好交易的监管工作，在必要的时候出手维护市场秩序，建立公平、秩序良好的合作环境，杜绝暗箱操作，避免劣币驱逐良币。

（致谢：感谢北京市城市规划设计研究院王崇烈高工对论文的悉心指导，感谢清华大学建筑学院城市规划系田莉教授对论文写作提出的宝贵建议。）

参考文献

[1] 张良．住房租赁市场大政策：REITs 试点 [N/OL]．上海证券报，2018-04-26 [2020-04-02]．http：//www．xinhuanet.com/fortune/2018-04-26/c_129859756.htm.

[2] 张京祥，庄林德．管治及城市与区域管治——一种新制度性规划理念 [J]．城市规划，2000（06）：36-39.

[3] 张京祥，陈浩．空间治理：中国城乡规划转型的政治经济学 [J]．城市规划，2014，38（11）：9-15.

[4] 俞可平．治理和善治引论 [J]．马克思主义与现实，1999（05）：37-41.

[5] 田莉，陶然．土地改革、住房保障与城乡转型发展——集体土地建设租赁住房改革的机遇与挑战 [J]．城市规划，2019，43（09）：53-60.

[6] 国土资源部，住房城乡建设部．关于印发《利用集体建设用地建设租赁住房试点方案》的通知 [EB/OL]．http：//www.mohurd.gov.cn/wjfb/201708/t20170828_233077.html.

[7] 陈易．转型期中国城市更新的空间治理研究：机制与模式 [D]．南京：南京大学，2016.

[8] 北京市规划和国土资源管理委员会，北京市住房和城乡建设委员会．利用集体建设用地建设租赁住房试点方案 [EB/OL]．http：//www.beijing.gov.cn/gongkai/guihua/wngh/cqgh/201907/t20190701_100008.html.

[9] Bob J. Regulation theory, post Fordism and the state：more than a reply to Werner Bonefield[J]. Capital & amp；Class, 1988, 12（01）：147-168.

存量时代的新城规划策略与实践探索
——以厦门市环东海域新城为例

贺 捷 邹惠敏 孙若曦[*]

【摘 要】从增量到存量发展是我国城市化进程中的基本趋势。环东海域新城是厦门市跨岛发展的重点区域，作为有一定存量的新城，其规划与实施对存量时代我国其他新城的规划与实施建设具有借鉴意义。本文梳理了环东海域新城整合提升规划的背景及基本思路，并从现状分析与规划梳理、新城产业发展规划、新城空间布局规划、新城配套体系提升、新城景观风貌提升五个方面论述了面向实施的新城规划的具体内容，并对环东海域新城的实施成效进行了归纳总结，探讨其对其他存量时代的新城建设的借鉴意义。

【关键词】存量时代；新城规划；实施成效；环东海域新城

1 项目背景与规划思路

1.1 项目背景

厦门环东海域新城自 2006 年启动建设以来（图 1），已成为厦门市跨岛发展的重点区域。环东海域新城的产业构成相对多元，随着主干路网体系初步构架、公共配套逐步落地、景观提升项目持续开展，环

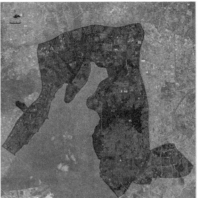

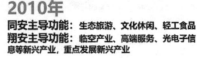

图 1 环东海域新城发展历程

* 贺捷，男，厦门市城市规划设计研究院，工程师。
邹惠敏，女，厦门市城市规划设计研究院，城市设计所主任工程师，高级工程师。
孙若曦，女，厦门市城市规划设计研究院，高级工程师。

东海域新城已成为厦门城市建设的主阵地。但作为厦门市未来城市发展的重要增长极，新城也面临着区域定位不明、产强城弱、产业效益低、建设空间不足、缺乏公共配套、人口素质与城市发展需求不匹配、城市风貌特色不明显等诸多问题。

1.2 规划思路

以环东海域整合提升规划为抓手，统筹引领新城的可持续发展建设。同时，结合上位规划明确新城发展目标，将规划目标指标化、空间化。通过总规定性、控规落实，将规划成果纳入"一张蓝图"，指导新城下一步开发建设，塑造兼具人文底蕴和地域特色的高颜值的现代化生态山海城区。

1.2.1 统筹梳理各级规划，规划引领可持续发展

规划对环东海域新城自 2006 年启动建设以来的 72 项规划历程进行系统梳理（图 2），类型涵盖发展规划、详细规划、城市设计、景观设计、市政规划、交通规划等。对各规划的有效性进行甄别，统筹新城范围内不同时期编制的板块化、碎片化的片区单元规划，并重点对新城规划编制历程中缺失的交通体系、产业发展、城市风貌等系统性专项规划内容进行补充完善，并以此为抓手，引领形成可持续发展建设。

1.2.2 匹配城市发展目标，推动新城下一步建设

借鉴国内外较为成功的新城发展路径，比对环东海域新城各成功案例之间的差距。结合城市总体规划，明确环东海域新城的区域发展目标和要求，并将规划目标指标化、空间化，明确新城各类城市空间发展布局需求，建立新城产业发展指引目录，指导新城下一步发展建设与具体招商项目的落地实施。（图 3）

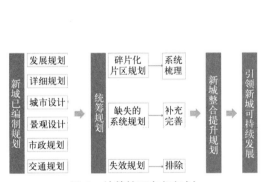

图 2 统筹梳理各级规划

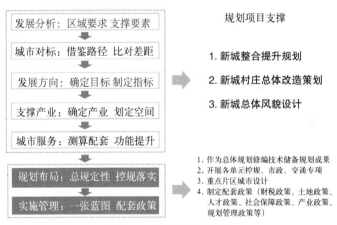

图 3 匹配城市发展目标

1.2.3 完善城市功能体系，塑造高效现代化城区

在"一张蓝图"基础上根据新城发展目标定位，对新城的公共服务设施体系、市政体系、交通体系进行系统梳理完善，补足短板、优化提升；对新城各组团的居住与产业人口进行测算，优化城市空间布局，实现新城内部产、城、人的有机融合，塑造高效现代化城区。

1.2.4 提升展现城市特色，建设高颜值山海之城

充分保护和利用环东海域新城优越的历史人文与自然生态资源，梳理新城的总体空间风貌结构，划定重要视线廊道及建筑风貌与建筑高度分区，结合村庄改造拆迁明确需要保留的历史风貌要素，落实需要重点推进的滨海浪漫岸线、内部流域景观、主要景观廊道及重要公园节点的建设与整治提升区域，打造富有人文底蕴和地域特色的高颜值生态山海城区。

2 面向实施的新城规划策略

2.1 现状分析与规划梳理

对环东海域新城现状用地、现状公共服务设施、现状道路与交通设施、现状市政设施、现状产业建设情况、现状村庄建设情况进行系统梳理，总结环东海域新城在产城建设、村庄改造、建设空间、城市配套及人口构成上存在的主要问题。(图 4)

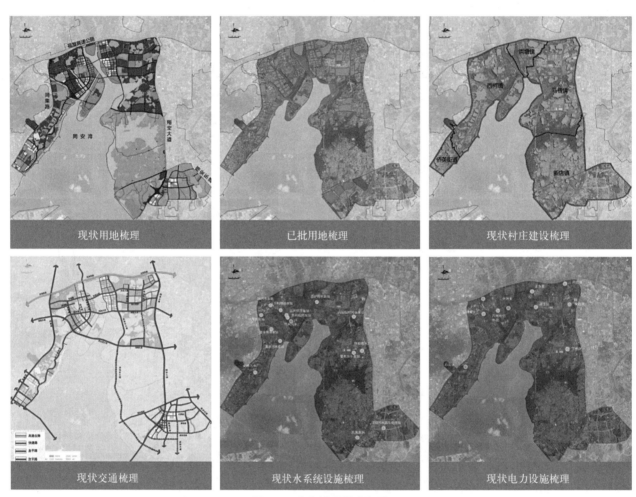

图 4 环东海域现状分析图

对环东海域新城自 2006 年启动建设以来不同阶段编制的发展规划、详细规划、城市设计、景观设计、市政规划、交通规划等进行全面梳理，总结存在问题。新城总体发展定位相对明确，但由于不同时期政策导向和城市发展需求不同，导致片区内部单元调整变化较多，规划呈现分版块、碎片化特点，且缺乏对交通体系、产业发展、城市风貌的统筹规划。

2.2 新城产业发展规划

重点分析环东海域新城现状产业发展情况，并结合厦门重点产业发展需求，确定新城可承载的产业容量。通过案例分析，比较典型区域或产业园区的发展历程，总结其成功因素，对标新城自身条件，寻找不足和可借鉴点，确定新城产业发展目标。结合预留新增用地、升级改造存量用地，提出新城产业发展目标和具体路径。(图 5)

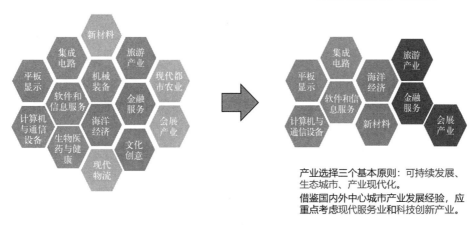

图 5 新城产业发展指引

2.3 新城空间布局规划

环东海域新城力图打造与厦门建设"高素质的创新创业之城""国际滨海花园名城"相匹配,着力发展公共服务、产业集群、人文展现、生态旅游等综合功能,建成宜居宜业的国际化创新型滨海中心城区。规划确定环东海域新城的主导功能:综合服务功能(公共服务、产业服务、生活服务、旅游服务、交通服务、科研教育服务)、产业集群功能(高端制造、科技创新、现代服务、会展体育)、人文展现功能(闽南文化、创新文化、时尚文化、休闲文化)、生态旅游功能(生态廊道、滨海浪漫、主题公园、特色村庄、产业观光、民俗体验),并形成"一主两次,一带六组团"的总体空间格局(图6)。其中"一主"为东坑湾东部综合中心;"两次"为同安、翔安两个区级中心;"一带"为滨海浪漫旅游休闲带;"六组团"为六个居住、产业组团。

2.4 新城配套体系提升

公共配套方面,形成四级公共服务体系(图7),其中市级中心重点发展商业商务文化体育会展产业;区级中心重点提供便民行政文教体卫配套服务;组团中心重点提供交通枢纽商业产业配套服务;邻里中

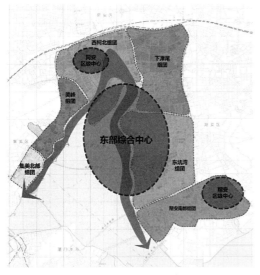

图 6 新城总体空间格局

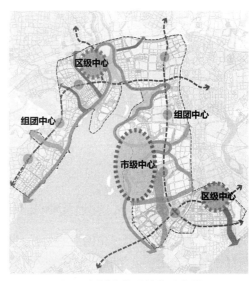

图 7 新城公共设施体系布局

心重点提供社区生活休闲配套服务。同时在公共服务设施布局上与地铁发展轴、滨海浪漫旅游休闲轴及生态、水系、林荫等廊道体系相结合，构建便捷完善的公共设施体系布局。

市政设施方面，结合规划用地布局调整，对新城的给排水、电力、通信、燃气等设施布局进行完善提升，对地下综合管廊进行优化布局，在现有水系基础上，根据构建大海绵格局的理念提出具体提升措施。

交通体系方面，结合总体规划，布局区域性交通设施，优化骨干客运路网系统，提高新城与全市各个主要组团的出行可达性和可靠性，实现 45 分钟内可到达全市主要组团的目标。内部骨干交通系统与空间结构关系基本匹配，形成"五横四纵"的快速路系统和方格网布局的主干路系统，并对中心区、地铁社区、现代服务业基地、居住区及工业区的组团内部路网系统分别提出优化策略。同时，将水上交通作为一种辅助性公共交通方式，适当发展新城水上通勤，重点开发海上旅游。

2.5 新城景观风貌提升

结合其环湾面海、溪流穿行、山体映衬、岛屿点缀的自然山水景观特质，打造"一带八廊六组团"的新城总体空间风貌结构。（图 8）划定新城的生态视廊、山海视廊、城市视廊，并提出相应的管控要求。对新城的建筑风貌和高度布局进行分区管控。新城总体以现代滨海明亮简约建筑风格为主，分成重点、特色、协调、一般四个层级进行控制及管理，并针对新城内的可开发空间，依据用地性质、交通区位、距生态景观敏感区远近、天际线塑造等因素，控制开发区域平均建筑高度。

构建"一带，多廊，网状串联"的生态景观体系，沿滨海形成滨海旅游休闲带，并沿官浔溪、埭头溪、东西溪、下潭尾、东坑湾等形成多条绿化景观廊道，通过新城内的带状绿地公园有机串联成网，提高区域生态景观资源的共享性、可达性。

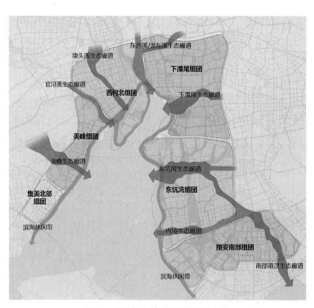

图 8　新城总体空间风貌结构

3　规划实施成效

3.1　推进基础设施建设，营造高标准营商环境

滨海东大道已全线通车，新城由滨海西大道、同集路、海翔大道等主要干道和美峰路、美社路、横一路、美溪道、西福路等片区次干道共同组成的主要交通路网骨架已经基本形成。除了已有的双 BRT（2 号线、5 号线），同安新城公交首末站和公共停车场已基本建成，地铁 4 号线、6 号线正在紧锣密鼓的建设中。

翔安南部新城综合管廊已投入运营,美山路地下综合管廊正在抓紧建设中,将电力缆、高压缆、通信缆、给水管、中水管、污水管、雨水管等藏入廊管,有利于保障城区安全、完善城区功能、美化城区景观。(图9)

图9 推进基础设施建设

3.2 筑巢引凤产业招商,打造高素质创新新城

丙洲现代服务业基地正在建设之中,其中统建区一期72万 m² 已大部分建成,正全面招商,二期36万 m² 已陆续开工。美峰现代服务业基地现已初具规模,美亚柏科、趣店金融科技园、中船重工 725 研究所、清华紫光产业园、火炬科技创新研发中心等一批以研发为主导的重量级知名企业已经入驻园区。

依托美峰、丙洲两个现代服务业基地,新城工业园和火炬产业园以及翔安南部新城 CBD 等五大片区,环东海域新城已形成了一个集信息研发、高端制造和现代服务业三位一体的产业体系。目前,环东海域新城指挥部正不断加大招商力度,着重引进总部经济、研发设计、信息服务、文体旅游等主导产业,以打造一座高素质的创新创业新城为目标努力奋进。(图10)

图10 筑巢引凤产业招商

3.3 完善配套服务水平,建设高品质宜居新城

在环东海域新城范围内,正大力推进保障性住房建设,已规划建设滨海公寓、西柯安置房一期等保障房、安置房项目12个,建筑面积约 300 万 m²。教育配套方面,环东海域新城内已经引入同安一中滨海

校区（初中部和小学部）、厦门实验中学等市属名校以及滨城小学、新城小学等同安区直属校，同安一中滨海校区高中部和东海二中等教育项目正在建设之中。医疗配套方面，高标准的医疗配套是环东海域新城公共服务配套不断完善的一个缩影。按照三甲标准建设综合性医院翔安医院已建成投用，定位为三甲综合医院和国家重点大学研究型附属医院的环东海域新城医院目前已动工建设，建成后将补齐该片区医疗基础设施短板。（图 11）

图 11　完善配套服务水平

3.4　践行绿色发展理念，塑造高颜值花园城区

下潭尾滨海滩涂以红树林景观为主要特色，形成生态保护、旅游休闲、科普教育于一体的湿地生态公园。此外，美峰生态公园、乌石盘公园、滨海公园等一大批生态项目建设不断提升环东海域新城的颜值和品质。

滨海旅游浪漫线一期7.9km示范段现已建成投入使用，全长17.6km的二期工程亦正在加速推进之中，建设内容包括马拉松赛道、景观绿化、岸线整治、桥梁、市政配套等。位于美峰现代服务业基地的滨海酒店群目前已吸引了一批国际国内知名五星级酒店的竞相入驻和开业。依托高端酒店群的集聚、优美的滨海风情，再加上浪漫美丽的海岸线，一个集休闲、旅游、度假、体育于一体的滨海旅游景观带和充满活力的文化体育产业带正在逐渐形成。（图 12）

图 12　践行绿色发展理念

4　经验借鉴总结

作为有一定存量的新城，环东海域新城的规划与实施对于存量时代我国其他新城的规划与实施建设具有一定的借鉴意义，主要体现在以下三个方面。

（1）对症下药、针对性强：以目标为导向，以城市空间的主要矛盾诉求为切入点。通过分析新城在产业转型、三公配套、城市风貌、人口结构等方面的发展诉求，寻找区域发展支撑要素，明确新城发展目标，制定新城发展提升路径。同时，将新城规划目标进行指标化转化，使推动新城发展的支撑要素最终落实到空间载体上。

（2）向上反馈、向下传导：对各个专项的空间诉求进行统筹协调，并与上位规划充分衔接互动。例如将新城总体定位、功能分区反馈纳入在编的国土空间规划，将产业类型与布局纳入全市产业空间布局，将村庄改造方案纳入全市村庄布局专项等。同时，把调整后的新城空间布局纳入全市"一张蓝图"，以蓝图机制向下传导，实现新城空间规划法定化。

（3）指导落地、操作性强：建立项目库机制及多专业协同机制，进而实现规划目标指标化——指标空间化——空间法定化——法规政策配套化，保障整合规划的延续性和可操作性，对新城建设稳步推进和后续规划编制起到重要指导作用。

参考文献

[1]　邹兵. 增量规划、存量规划与政策规划 [J]. 城市规划，2013，37（02）：35-37，55.

[2]　林隽，吴军. 存量型规划编制思路与策略探索：广钢新城规划的实践 [J]. 华中建筑，2015，33（02）：96-102.

[3]　崔兰亭，屈爽. 平谷新城："存量精细化发展"的城市建成区改造规划实施策略 [J]. 北京规划建设，2019（02）：74-79.

[4]　王大为. 基于新城片区品质升级的存量型城市设计策略初探 [D]. 南京：南京大学，2014.

南京老城南小西湖地段更新规划管理工作探索

李建波　吕晓宁*

【摘　要】当前，我国城镇化进入质量提升阶段，面对更为关注城市内涵发展、产业转型、土地要素集约利用的发展形势，在社会参与、物权及公平意识日益提升时代背景下，各地规划资源管理部门不断反思以前城市快速更新方式，积极探索实践更好兼顾城市文脉、创新产业、居民利益和社会公正的包容性渐进更新方式。本文以南京老城南3.0版更新方式（小西湖地段微更新）探索实践为例，探讨在存量更新时期，重构后的自然资源部门针对传统风貌地段城市更新规划管理工作的积极应对。

【关键词】更新；规划管理；探索

1　前言

20世纪90年代以来，随着城市土地的市场化改革，通过土地批租为旧城改造和快速城市化提供了坚实动力，但大拆大建、统拆统建带来了城市特色的忽视和消失，特别是涉及历史城区、历史地段的更新改造挟裹着民生改善、历史保护等多重责任，一方面受风貌传承而来的高度控制及文化延续带来的功能多元化控制的限制；另一方面较高的征收成本压力和高强度开发收益诱惑，导致管理制度在冲突中左右为难，不断调适，如以南京传统民居为主要特色的秦淮河畔老城南地区，危旧房、棚户区集中，一直是当地规划和自然资源管理部门的"重点工作"和"探索前沿"，而规划自然管理体制的改革，给此地的存量更新探索带来便利的路径。

2　不断调适的老城南保护规划管理工作

"七五""八五"期间，老城南地区以注重传统建筑单体符号传承的夫子庙复建为主要内容的"秦淮风光带建设"被国家旅游局列为重点开发项目，作为南京的一号工程，拉开了老城南保护1.0版序幕。

和国内其他城区相同，在"九五"和"十五"快速城市化期间，以主干路网和阵列式住宅小区建设为主要建设内容，流行"沿街一层皮"的空间布局方式，导致老城南的居住形态、原有肌理和周边空间组织发生了较大变化。2002年，20位当地专家集体呼吁，提出建设符合历史文化名城特色的古城区。在改善民生、拉动内需的"十一五"期间，大规模的"双拆"（拆除违法建筑、拆迁危破房屋）引发了2006年社会舆论争议和2009年社会讨论事件。专家们呼吁鼓励居民按保护规划实施自我改造更新，成为房屋修缮保护的主体。在上级督查和媒体舆论下，大拆大建项目按下"中止键"，并开始主动反思和

---

* 李建波，男，南京市规划资源局秦淮分局副局长。
　吕晓宁，男，南京市规划资源局总规划师。

管理制度调适。

"十二五"期间，在原规划管理部门建议下，确立了"政府主导、慎用市场、整体保护、积极创造"的老城南保护规划方针，并按此方针编制完成《南京老城南历史城区保护规划与城市设计》获市政府批准，出台进一步彰显古都风貌提升老城品质的若干规定，严格建筑高度和城市风貌肌理。并逐步在以前已拆土地上，保留"有身份"的文物建筑，再按传统肌理新建仿古建筑，"镶牙式"织补老城南特色风貌，诞生了注重传统街巷肌理尺度再生的南京老城南保护2.0版，典型案例如当前网红打卡点南京老门东街区。

"十三五"期间，该地区的规划管理更侧重南京历史文化名城保护工作的完善，从宏观层面进一步认识到丰富而厚重的文化底蕴，是秦淮最具特色的区情和最独特的品牌，规划提出建设老城南"城景一体、主客共享"的全域旅游发展区；同步从微观角度，深刻认识到院落产权边界乃是传统街巷肌理传承的关键基因，因此继续探索基于原产权关系的老城南保护基于人文内涵、功能复兴和风貌延续的3.0版，即以大油坊巷历史风貌区（小西湖）（以下简称小西湖地段）微更新试点。

3 小西湖地段更新再探索难题

小西湖地块位于老城南门东地区，占地约4.69万 m²，传统民居风貌尚存，若干文物建筑、历史建筑、历史街巷分布其中，并承载着各类人文典故，为《南京历史文化名城保护规划》确定的22处历史风貌区之一，具有较高的历史文化价值；同时涉及居民约1173户2700人、工企单位25家，现状物质空间衰败不堪，建筑多为1～2层，少量多层建筑穿插其中，市政公用设施严重不足，人口密集，人均居住面积仅12m²，公房、私房院落内混居，并有违章插建，居民生活水平低下，亟待更新改善，并积极融入整个老城南地区。规划资源部门通过前期社会各界意见征询，按上位规划控制要求，提出明确更新路径：转政府征收改造方式为多元产权、主体参与、逐院更新方式。

但在日常规划资源管理层面，这种探索创新的更新方式还存在以下实际操作难题：

3.1 多元更新主体申报操作经验不足

这种转变直接带来规划资源管理方式的调适需求，按常规做法，一个地块由独立实施主体立项申报，进行土地整理或建设更新，该历史地段内可能有上千个更新产权主体，且细分为公房（含单位公房）、私房以及厂企房产权主体，如何按产权分类立项启动，政府实施主体如何启动示范和提供日常技术服务引导，日常更新需求如何征询相邻意见，申报技术服务和程序告知如何提供，等等，这些都是资源规划审批管理过程中现实操作难题。

3.2 按院落土地流转使用操作程序不足

常规土地流转多按控制性详细规划中规划道路围合的或红线划定的某一整体地块供地，若按地块中分散的院落以及院落中分散的产权单元供地流转，首先需调整细化控制性详细规划图则表达，并涉及商业、住宅等经营性用地和社区服务、教育等公益性用地混合供地流转，这些在现行土地利用制度中都没有明确的规定可循，需要协调并重新梳理制订操作流程和审批程序。同时，住宅、商业、办公类经营性地块划小供地面积，需有匹配的法定控制详细规划单元图则作为审批依据。

3.3 历史遗留房屋户型改善和确权制度不全

该地段现状公房建筑面积占比25%、私房占比25.2%，代管产占比1.63%，单位自管产占比17.4%，其他房占比 30.77%，产权分散，大多面积较小，其中现状公房 50% 以上使用面积小于 25m^2，更新设计如何在适当成套改善前提下合理确定户型，超出原产权面积如何划定成本分担关系，如何补缴土地出让金重新确权，涉及历史形成的无产权登记资料的房屋如何兼顾公平前提下支持确权，这些都在当前规划资源管理审批制度中找不到现成的路径。

规划及自然资源的管理体制改革，特别是土地流转、规划管理及产权登记的全流程统一管理，给基于产权边界的逐院更新探索上述问题的化解提供了机遇。

4 小西湖地段更新规划管理工作再探索

4.1 规划提出按产权分类更新路径

围绕"留住记忆、改善民生、增强活力、延续风貌"目标定位，基于历史和现场产权边界关系梳理，市规划资源部门组织编制《小西湖地块（大油坊巷历史风貌区）修建性详细规划设计方案》，该规划在坚持小西湖地区居住主体功能的原则下，提出"共建、共享、共商"的"多元产权主体参与下的社区院落微更新"模式，并明确通过"公房腾退、私房自我更新及自愿收购（或出租）、厂企房搬迁"等方式，进一步疏解历史地段人口规模，混合多元文化展示活动，激发片区活力。

实施公房腾退；公房承租人凭公房腾退合同，自愿选择按现行征收政策实施的货币补偿或保障房安置方式；符合现行公房承租政策的，可选择历史地段内异址（平移）公房安置方式。涉及的临时过渡补助费用按现行征收政策执行。并明确异址（平移）公房安置选房和租金管理办法。原则上安置使用面积不小于原承租使用面积；超出的，按不低于现行公房政策规定的数额缴纳租金。单位自管公房腾退参照直管公房腾退政策执行。

鼓励私房自我更新或腾迁；私房产权人可根据基于产权院落的微更新图则对自有房屋（含住宅、商业等性质）进行修缮加固、翻建、改扩建和使用，也可自愿选择按现行征收政策实施的货币补偿或保障房安置方式，由实施主体收购，或按市场评估价协商长期租赁；私房居民腾迁后，实施主体须严格按批准的更新方案确定的建筑功能进行运营管理。

厂企房搬迁；厂企房实行征收搬迁，由实施主体申请办理征收手续，完成土地整理，并主要用于完善社区公共服务设施。

上述土地分产权整理后实行流转制度。涉及规划社区服务、文化展示、教育、异址（平移）公房等公共服务设施用地的，由实施主体按程序立项、公示、报批后实施；涉及规划住宅、商业等经营性用地的，具备公开出让条件的，应以院落或幢为单位，带保留建筑更新图则进行公开土地招拍挂；涉及娱乐康体用地的，可按程序带保留建筑更新图则协议出让给实施单位。涉及实施主体收购的房屋及附属用地，可直接进行产权关系变更；涉及建筑面积、建筑使用性质改变的，应根据批准的更新规划，按程序报批后完善土地手续。

4.2 构建多元主体参与的协商平台

明确牵头实施主体；由区人民政府指定区国资平台为实施主体（不以就地平衡为考核内容），该实施主体负责前期规划设计、土地及房屋整理、资金筹措、异址（平移）公房建设、运营管理及市政公用配套设施建设。私房产权人根据批准的单元图则进行更新。建立社区规划师制度；由牵头实施主体会同市规划资源部门联合面向社会聘任具有古建、建筑、规划、文物等相关专业背景、热爱社区营建工作的社区规划师，具体负责更新实施单元方案设计指导、方案协商及报批组织、方案实施现场监督等工作。建立五方协商平台；建立由规划资源和建设等职能部门、所属街道和社区居委会、相邻产权人及居民代表、微更新申请人、相关技术专家组成的五方协商平台，负责审核更新申请、更新方案和竣工验收。

4.3　建立依法依规的更新审批制度

部门协同。规划资源、市文旅、房产、建设（消防、节能）、消防救援部门，根据各自职能，根据批准并公布的若干更新实施单元图则（含市政），参与五方协商平台依法开展行政审批服务工作。

私房更新申报程序。明确私房更新启动申请、规划条件、方案公示协商及审查等环节程序和牵头责任主体；依据市政府文件，私房的翻建费用由产权人自行承担。鼓励私房更新房屋优化户型，完善厨房、卫生间等必备设施功能，导致面积增加的，不得超过规划条件确定的建筑面积上限（含地下建筑面积）。增加的建筑面积须按竣工时点，同地段、同性质二手房屋评估价的一定比例补缴土地出让金后，办理不动产登记，涉及房屋性质改变且需补缴土地出让金差价的，需全额补缴。增量部分建设费用可扣除。产权人无其他住房且生活困难的，可暂缓缴纳，并在不动产登记时予以注记，待房屋上市交易或出租登记时补缴。

4.4　编制"管控 + 实施"控制性详细规划单元图则

根据后续公共使用及审批管理需要，规划创新提出基于街巷体系围合的规划管控单元（15 个）和基于产权地块（院落或幢）的更新实施单元（127 个），并同步优化原《大油坊巷历史风貌区保护规划》和控制性详细规划法定图则，形成更新实施单元图则。

规划管控单元主要作用为明确用地红线，规定边界特征、退让要求及出入口范围；微更新实施单元基于现状 216 个产权地块进行整理，主要分四类：（1）延续现状产权地块；（2）整合居民自愿搬迁合并更新的产权地块；（3）基底面积小于城市平均居住面积，且按肌理合并到相邻地块的产权地块；（4）因待更新建筑"横跨"需合并的产权地块。更新实施单元图则由边界类型（山墙／院墙、檐墙、活力界面）、交通流线（机动车流线、步行流线、出入口）、开敞空间和庭院（广场、绿地、庭院）、市政设施（接入方式和接入点、技术要求）、公共设施（公厕、垃圾箱）等五方面内容构成，并基于产权边界图示化表达；作为后续各更新行为的直接法定依据，有力保障了更新的有序实施。

5　结语

在关注城市内涵发展、产业转型、土地要素集约利用的新发展阶段，社会参与、物权及公平意识日益提升，各地规划资源部门积极探索实践更好兼顾城市文脉、创新产业、居民利益和社会公正的包容性渐进更新方式，这对于新重构的部门而言，是责任更是完善工作的方向。

总结小西湖地块基于产权边界整理的"共建、共享、共商"微更新探索实践，我们发现，涉及历史地段的存量土地资源规划编制工作需要更为翔实的现状调研和更多的社区活动，它更关注对原产权边界基于公共需要或效益最大化的整理，更关注土地整理及流转、征询意见、协同报批、规划核实、权证办理、功能再更新等规划资源管理全流程管理需求的应对；而对应的规划资源管理工作将更强调土地全生命周期管控思维，强调依法行政思维和多元协商沟通思维，很难再按统一的日照、消防、退界、管线间距进行简单划一控制，需要协商基础上的因地制宜，更需要规划管理工作相应调适。

参考文献

[1] 蒂耶斯德尔 S，希思 D，厄奇 D，等 . 城市历史街区的复兴 [M]. 张玫英，董卫译 . 北京：中国建筑工业出版社，2006.

[2] 周岚，童本勤，苏则民，等 . 快速现代化进程中的南京保护与更新 [M]. 南京：东南大学出版社，2004.

[3] 吴良镛 . 文化遗产保护与文化环境创 [M]// 《城市文化国际研讨会论文集》编委会 . 城市文化国际研讨会暨第二届城市规划国际论坛论文集 . 北京：中国城市出版社，2007：247-250.

[4] 南京市人民政府 . "南京老城南相关地块保护与更新专家会"专家意见纪要 [R]. 2007-07-02.

[5] 东南大学城市规划设计研究院 . 小西湖地块（大油坊巷历史风貌区）修建性详细规划设计方案 [Z]. 2020.

从空间到资产：新的街道治理机制
——厦门市沧林路的实证研究

邱　爽　吴元君　郑华阳*

【摘　要】街道作为一类重要的城市公共空间，其治理机制历来是城市规划研究领域内的重要话题。与基于物质形态空间导则进行街道治理的传统城市规划理念不同，本文探讨了一种新的城市街道治理机制，即通过引入公共空间有偿使用机制将街道公共空间转变为城市的公共资产。本文首先从空间使用权利和长效治理机制两方面分析了目前我国城市街道治理过程中的突出共性问题；其次，基于对市场化配置街道空间要素的理论分析，提出将街道空间要素资产化是目前应对我国街道治理问题的抓手；最后，结合厦门市海沧区沧林路的案例，较为具体地说明了街道空间要素资产化的策略方法和路径；并依据相关数据指标，测算出在新的治理机制下，街道治理能够满足公共财政的可持续性要求。

【关键词】街道治理机制；公共空间；公共资产；实证研究

1　引言

在中国城市发展方式从外延扩张向内涵提升转型的大背景下，城市空间的精细化治理成了城市规划研究重点关注的命题。城市街道作为重要的公共空间，不仅具有"城市客厅"的对外展示属性，同时也是城市内部居民生活交流的主要场所。城市街道空间的治理水平和品质优化提升是建设高质量、精致化城市的重要一环。但就现实而言，目前我国城市的街道普遍存在以下两大问题：首先是使用权利界定不清造成的"公地悲剧"问题。由于具备较强的公共属性，城市街道空间的使用主体较为多元。除了交通使用之外，街道还容纳了各类附属物、城市家具（如广告牌，邮亭等）、商业摊点以及停车空间等（根据最新版《北京街道治理更新城市设计导则》，本文将其统一命名为"商业性街道空间要素"）。由于缺乏统一的管理部门，城市街道普遍面临各类街道空间要素的使用权限交织不清所造成的街道空间功能组织混乱，空间品质价值降低等"公地悲剧"问题。其次是街道管理建设的长效机制薄弱。这主要表现在，城市街道中的公共服务性空间要素（如道路交通与市政设施等）的建设、后期维护以及管理都需要增加地方政府的公共财政成本，街道治理成为公共财政的"负担"。由于无法对商业性街道空间要素的使用进行收费（或是收益所得并没有被明确规定用于街道的建设维护和进一步提升优化），在短期内，公共服务性空间要素的供给只能通过政府专项资金划拨来进行解决，但从长期来看，这种依靠财政输血来进行街道治理的模式显然是不可持续的。

---

　*　邱爽，男，厦门市城市规划设计研究院，规划师。
　　吴元君，女，厦门市城市规划设计研究院，规划师。
　　郑华阳，男，厦门大学城乡规划设计研究院有限公司，规划师。

面对以上共性问题，传统的城市规划研究开出的药方主要基于更加细化的街道设计导则，通过设计出更加繁复的街道管控内容，以期加强对于街道空间要素建设和使用的精确控制。但静态的、自上而下的街道设计导则并不能完全捕捉预料到动态的、多元主体交织的街道空间使用情况，这使得街道设计导则的编制内容总是落后于现实，并且导则式的管控并未直面街道使用主体之间的矛盾和使用权利界定问题，街道导则往往流于空谈而无法实施。

基于以上分析研判，本文尝试从街道空间要素资产化的角度出发，对我国城市街道治理的机制做出探索。本文的创新点在于：首先摆脱了将街道作为一类单纯的城市公共空间，并进而对其编制导则进行规划管控的传统思路，而是将其作为一种资源，通过制度设计界定各街道空间要素所对应的主体使用街道空间的规则，并最终将城市街道空间转变为能产生持续不断公共收益流的城市资产；并且，本文的研究也可以被认为是在城市街道空间的微观尺度上，以小见大地对城市规划管理应该如何处理规划"弹性"和"刚性"，"政府"和"市场"关系等宏大命题进行的一次研究探索。在研究内容上，本文首先从理论层面分析了在"从空间到资产"的治理框架下，街道空间要素的使用和管理大体上基于"市场化配置资源"的思路，从而使得街道的使用更加有序、街道的品质价值提升最大化。其次为了更加详细地说明这一新的街道治理机制及其产生的后果、意义，本文选取了厦门市海沧区沧林路作为实证研究对象。

2　治理机制创新的理论分析

从理论层面来看，通过引入市场化机制，将城市街道从公共空间转变为公共资源，继而成为能产生公共财政收益的资产，是本文提出的创新街道治理机制的核心内容。新一轮的国土空间规划改革基于"全域全要素"的理念，将"山川林田湖草海"都作为全民所有的公共资源要素纳入到了规划编制管理内容当中。而在城市内部，作为同样是全民所有的公共空间，街道空间的资源属性却一直被城市规划研究所忽视。本文认为，在国土空间规划的新时代背景下，有必要对于以城市街道为代表的城市公共空间的资源属性进行再认识。一旦对于城市街道本质的认识进行了革新，其治理机制的创新势必也能跳出"导则式管控"的桎梏，向更广阔的研究领域和实践维度迈进。

党的十八届三中全会提出"市场在资源配置中起决定性作用"。如果城市街道空间具有公共资源属性，那么引入市场化机制对于街道空间进行配置便可以被认为是合理的。同时，市场化配置街道空间的使用权利可以较为完美地应对本文引言中所归纳的目前我国城市街道所面临的基本问题。首先，街道使用一旦引入市场化规则，其前提就必须明确各街道空间要素所对应的主体的使用权利和边界。在此基础上，各使用主体通过支付对价的方式以获得街道空间的使用权限。"谁使用谁付费"的市场化交易规则反过来又会进一步锚固各使用主体对于街道使用界限的共识，产权界定可以避免"公地悲剧"的问题。其次，市场化的街道空间使用规则将为建立街道空间管控的长效机制奠定坚实的基础。各类使用主体为使用街道进行付费，让街道成为可以产生公共财政收益的来源，其收益所得又可以反过来用于街道的进一步建设和品质提升。如此一来，街道治理的财政负担大大减轻，在个别城市和片区甚至可以预期实现街道内的"治理成本"与"使用收费"的财务平衡。街道空间的使用由于纳入了市场经济的"基因"，将步入一个规范化的自发秩序当中，内生出可持续的"自我造血"，而不是依赖"财政输血"的长效治理机制。

城市街道空间结合市场化的配置规则，将最终变为一类重要的城市公共资产。为了实施这一创新的街道治理机制，需要按照时序进行以下三个方面的具体工作：首先是制度准备。在正式施行市场化治理规则之前，需要具体明确什么样的城市街道空间是需要付费才能使用的公共资产，如路边停车空间、商业店招、路边摊点等。其次是制度设计。这部分内容主要包括明确街道治理主体的权限和责任，例如该主体可以行使向各街道使用者进行收费的权利，并担负维护管理的责任；确定各类街道空间要素使用的具体收费机制和价格。最后是制度调控。根据以上制度运行的现实情况和相关政策变迁，合理调校街道空间使用付费的范围、管控规则与价格水平。如通过调高路边摊点的使用价格进一步减少摊贩人数；又或是响应"地摊经济"的倡导，增加路边摊点的选点和面积规模、调低路边摊点的使用价格以促进街道经济活力的增长。

3 厦门市沧林路的实证

3.1 研究对象的选择及其现状

本文实证研究所选取的对象为厦门市海沧区沧林路，街道治理范围约12hm²。沧林路是我国典型的城市生活性道路，拥有的街道空间元素种类较为全面（如报停、店前空间等）。由于街道的使用主体较多，我国街道空间要素使用较为杂乱、缺乏维护管理的长效机制等共性问题在沧林路体现得较为明显，这是本文将其作为实证研究对象的主要原因（图1）。

图1 厦门市沧林路现状

具体来看，海沧区沧林路目前存在的街道空间要素主要包括商业性和公共服务性两类。前者包括城市家具类、标识类以及店前空间类；公共服务性街道空间要素则主要包括交通道路类和市政设施类。各类街道空间要素的具体内容见表1。

厦门市沧林路街道空间要素 表1

公共服务性 街道空间要素	道路交通类	（非）机动车道；人行道；中央隔离带；人行横道；过街天桥（地道）；公交专用道；公交车站；地铁地面线；道路广场；公交站牌
	市政设施类	行道树；道路绿地；路灯杆线；道路照明；电力杆线；电力管道；电信管道；雨水管道；燃气管道；电车杆线
商业性 街道空间要素	城市家具类	书报亭；阅报栏；信息亭；电话亭；垃圾箱；鸟箱
	标识类	路名牌；指示牌；广告；健身器材
	小区店前空间	店前空间；店前雨棚

3.2 街道空间要素资产化的治理机制

（1）构建街道空间要素管理运营平台

将目前隶属于不同部门、社区管理的街道空间要素统一纳入"海沧区街道资产化运营管理平台"下，由区城建集团负责具体运营管理事务。构建该运营管理平台的目标在于通过街道空间要素的资产化，获得足以覆盖公共服务性街道要素建设维护成本的公共收益流，以谋求街道空间整体的财务平衡，创造出街道治理在公共财政层面"造血—输血"的循环机制和可持续发展新局面。

街道资产化运营管理平台的职责主要包括通过协调自然资源、城市管理、交通管理、社区等条块单位涉及街道建设管理的相关行政事务，组建工程技术团队、经济策划团队、专家服务团队等，对街道空间使用的策划运营、建设维护更新、要素资产收支管理等方面进行统筹。该平台的权力主要为界定商业性街道空间要素的使用规则，对各使用主体按照其空间使用情况进行收费。所获得的公共收益专款专用于街道自身的建设和维护，并接受财政审计部门的年度监管。

（2）明确街道空间要素使用的收费机制

首先，结合沧林路的实际情况，对现状的各类商业性街道空间要素使用进行定价。一是针对现状比较突出的商家利用店前人行道空间进行商业外摆的行为，制定了街道外摆空间使用的规则与价格。商业外摆是商家普遍的经营需求，不应该从规划上进行压制，但其外摆的区域、规模以及和人行道使用之间存在冲突等问题应该使用市场化配置资源的思路予以应对（图2）。本文建议在保证足够宽度的店前人行通道的情况下（建议留足 2 ~ 3m 作为行人通行空间），将其余空间作为有偿使用的店前外摆空间。在具体空间使用用途上，鼓励引进咖啡、饮料、手工品等摊位，禁止私自搭建构筑物、将摊位作为堆场以及引进污染商业业态（如烧烤、大排档等）。在收费定价上，根据58同城的相关数据统计进行街道空间的有偿使用，目前厦门市海沧区店前摊位租金约为 0.6 元／（m^2·d）。二是针对占道停车行为，在充分考虑交通流的影响下，结合片区交通潮汐现象，在车行道两侧划定停车位。划定原则为不得占用小区、学校等开口；不得占用公交车港湾范围；不得占用交叉口超高加宽区域。在空间使用定价上，按照海沧区目前的停车收费标准，以 17 元／（d·个）进行计费。三是针对共享单车的停放问题，在指定区域划定停放点，计费按照机动车的收费标准计算，约为 0.7 元／（m^2·d）。四是针对公交站点的商业广告橱窗和自动贩卖机进行管控。商业广告橱窗按照目前现状进行收费，为 1 万元／（年·窗），但所得收益应该

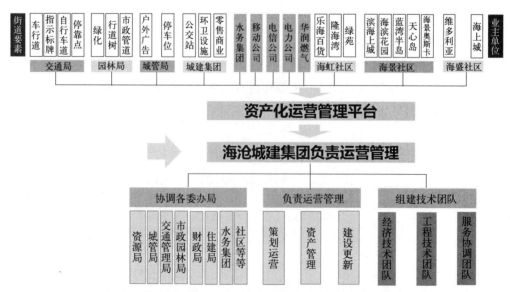

图2 厦门市海沧区街道资产化运营管理平台的组成与职责

纳入统一的街道资产管理运营平台，而不是现在的公交集团，以用于后续的街道空间建设维护管理。自动贩卖机则按照商业摊位租金的 5 折进行收费。五是针对街道两侧的商业店招进行收费。店主自行设计、安装商业广告牌，但广告牌中的文字内容和图案需得到街道资产化运营管理平台的提前审批，只要不涉及负面清单内容都可以审批通过。商家按照 1000 元 /m²（招牌面积）的价格向平台缴纳费用。也就是说，商家可以自行掌控店铺广告牌面积的大小和个性化的设计风格，但作为获取此权利的对价需要缴纳费用。如此一来，通过价格机制可以调节店招使用街道空间的程度，避免街道广告牌的形象失控；同时又规避了政府统一设计安装广告牌所产生的街道形象呆板、街道商业活力不足等问题。

其次，结合街道发展规划，对未来有可能新增的各类街道空间要素进行定价。如街头无人超市和快递鸟箱，按照 120 元 /（m²·月）计费，允许其在指定区域进行运营，其管控规则类似商业广告牌的相关机制。以上街道空间要素的收费标准与管控导则设计如表 2。

街道空间要素的定价与管控规则　表 2

街道空间要素	收费标准	使用主体的权利	使用主体的义务
店前外摆空间	0.6 元 /（m²·d）	可自主决定外摆空间的商业用途与空间样式	禁止私自搭建构筑物、将摊位作为堆场或引进污染商业
街边停车空间	17 元 /（d·个）	可以停放车辆	在指定区域和时间停放
公交站点商业空间	1 万元 / 年 / 橱窗	可以进行广告投放	广告内容需得到街道运营平台审批通过
店铺广告牌空间	1000 元 /m²	自行掌控店铺广告牌面积的大小和个性化的设计风格	广告内容需得到街道运营平台审批通过
无人超时（鸟箱）占用的街道空间	120 元 /（m²·月）	可用于相关的商业用途	在指定区域进行运营

（3）新的治理机制下沧林路要素使用的财务测算

根据以上制度设计，结合厦门市海沧区沧林路的实际情况，可以汇总得出街道资产化治理机制下的财务统计结果。如图 3 所示，首先将沧林路商业性街道空间要素进行整理，分别统计各类要素的总面积规模，并主要参考 58 同城上各类空间要素的现状价格，拟订相关取费价格标准，计算其未来运营的年度预计收益。同时，梳理了目前沧林路公共服务性街道空间要素，按照其面积和规模，根据海沧区城建集团提供的价格数据，计算了每年用于维护建设方面的经常性财政支出。

统计结果显示，沧林路用于公共服务性街道空间要素的年度公共支出约为 198.9 万元，而一旦采取资产化的街道治理机制，各类商业性街道空间要素的有偿使用将会带来约 354.4 万元的公共财政收益。这不仅可以覆盖公共服务性街道空间要素的维护管理成本，同时其结余可以用于进一步提升街道的空间品质，改善街道的相关服务水平，从而使得街道空间的优化提升和精致化发展进入一个良性的可持续发展轨道。

3.3　市场化的价格机制调整街道空间使用情况

使用市场化的价格机制，而不是空间导则来配置街道空间要素的使用权利，最大的功用是避免了导则管理下从物质空间层面限定了街道发展的"可能性"，从而最大化地保留了街道各使用主体自下而上的活力，让街道空间成为自发生长的组织单元。在保留街道空间发展弹性的同时，通过调校不同街道空间使用要素的价格和管控规则，让街道空间各要素能在一个合理的框架边界内增长、替代和更新，避免街道空间形象失控的问题。

空间要素的价格及其相应的管控规则如同"气候"，而城市街道最终的空间形态则只是气候内生出来的"森林"。在沧林路的实证研究中，也对街道未来的空间形态发展进行了研究。但与传统的导则式空间

序号	街道空间要素	总面积	取费价格	成本（万元/a）	预计收益（万元/a）
商业性街道空间要素					
1	街头广告牌	30.6m²	5000元/（m²·a）		15
2	机动车停车位	146个	17元/（d·个）		90.6
3	无人超市	141m²	120元/（m²·月）		20.3
4	快递鸟箱	117m²	120元/（m²·月）		17
5	自动贩卖机	6台	120元/（m²·月）		1.7
6	摊位	81m²	120元/（m²·月）		11.7
7	非机动车停车位	248m²	0.6元/（m²·d）		5.4
8	公交站广告屏	18箱	1万/（箱·a）		18
9	围墙广告牌	144m²	5000元/（m²·a）		72
10	外摆空间	3220m²	0.6元/（m²·d）		70.5
公共服务性街道空间要素					
1	公共厕所	2座	11万/（座·a）	22	
2	绿化维护	4256m²	6元/（m²·a）	2.5	
3	人行道维护	18323m²	6.5元/（m²·a）	12	
4	自行车道	7217m²	6.5元/（m²·a）	4.7	
5	车行道养护	32225m²	6.5元/（m²·a）	21	
6	公共空间广场	850m²	6元/（m²·a）	0.5	
7	环境卫生维护	74629m²	11元/（m²·a）	82.1	
8	安保、养护人员	6个	6万/（个·a）	36	
不可预计成本和收益预估			10%	18.1	32.2
总计				198.9	354.4

图3　沧林路街道资产化运营的成本收益情况

设计不同，本文所进行的空间布置研究只是一种基于要素价格的场景化预判和模拟，而不是最终的建成"蓝图"。不同街道使用要素之间，以及同一街道空间要素的使用功能之间（如店前外摆空间用于商业外摆功能或是路边停车功能）都是可以灵活调整的，而这个调整的机制是市场主体根据要素价格所进行的自发演进。如图4所示，可以通过提高停车空间的使用费用，同时降低商业外摆空间的使用费用，从而引导市场主体将街边店前空间进行用途转变并进行个性化的特色空间营造。同理，对于公交站点及邻近的街道空间也可以采取同样的调校方法，让更多、更积极的街道使用功能和设施自发地产生。街道规划只明确治理的机制规则，空间使用用途的转变及其具体的空间形式的构造，并不通过街道规划作出硬性规定，而是在满足一定的负面清单的框架内由市场自主选择。

4　结论

街道是城市重要的公共空间和人居交互界面，但我国街道治理一直面临两大共性问题。一是街道空间要素繁杂，使用主体多元。各类空间要素的合理化配置问题及其背后所反映的使用主体的利益博弈问题，一直以来无法得到根本上的解决。二是大量的公共服务性街道空间要素需要耗费源源不断的公共财政给养，在经济新常态的宏观背景下，日益成为地方政府的财政负担。这造成了街道空间优化提升的可持续性无法得到根本性的保证。

传统的街道治理依托街道设计导则，通过空间蓝图式的编制、管控路径，对街道空间要素的布置和形式进行一步到位式的安排。但导则式治理的方法由于并没有解决上述两大根本性问题，往往流于无法

图 4　街道空间要素在市场化机制调校下的自发演进

落地实施的"理想愿景"。与街道导则不同，本文根据国土空间规划改革的核心精神，结合市场化配置资源的顶层设计，挖潜街道的资源属性，尝试通过市场化的治理手段和机制设计的策略路径，探索一种新的、将空间要素进行资产化的街道治理机制。本文从治理机制的准备、设计以及调控三个方面，概括梳理了街道空间要素资产化治理机制的具体策略和路径；并结合厦门市海沧区沧林路的实证研究，更加具体地研究了该治理机制的内容。研究结果表明，这样一种新的治理机制可以在保证街道空间有序化发展的同时，最大限度地保留和激活市场活力，并在公共财政上满足可持续的、长效发展的要求。

规划不应该锚定未来，而应该制定空间发展的规则和轨道，为市场配置空间要素资源留出足够的弹性，让规划成为各利益主体表达"诉求最大公约数"的真实载体。本文的研究从街道的微观层面着眼，尝试对于规划编制与管理的"刚性"与"弹性"，"政府"与"市场"的边界等问题进行分析。本文认为，规划是面向空间的学科，但是规划的编制和管理不应该直接通过"蓝图"限定空间的形式与空间资源的配置情况，而应该是通过设计出一套完善的管控治理机制与具体治理路径，为更加有效率的、市场化的配置资源的方法开辟渠道。好的城市规划不应该在图板上限定空间发展的"终点"，而是让图板成为城市自发生长和演进的"起点"。

参考文献

[1] 谢秋山. 地方政府职能堕距与社会公共领域治理困境——基于广场舞冲突案例的分析 [J]. 公共管理学报，2015，12（03）：23-32.

[2] 李婧，唐燕，齐梦楠，等. 面向城市治理的北京朝阳区街区设计导则编制 [J]. 规划师，2018，34（06）：42-48.

[3] 赵燕菁. 论国土空间规划的基本架构 [J]. 城市规划，2019，43（12）：17-26.

[4] GORDON H S. The Economic Theory of a Common-Property Resource：The Fishery[J]. Bulletin of Mathematical Biology，1954，62（02）：124-142.

[5] CHEUNG，STEVEN，S. N. The transaction costs paradigm[J]. Economic Inquiry，1998，168（05）：89-102.

[6] 赵燕菁. 价值创造：面向存量的规划与设计 [J]. 城市环境设计，2016（02）：11-15.

国土空间规划下村庄规划建设策略探析
——以湖北省荆州市为例

宋瑞莉 *

【摘　要】党的十九大报告明确提出实施"村庄振兴战略",中央一号文件明确要求扎实推进村庄建设。2019 年 5 月,中共中央、国务院发布《关于建立国土空间规划体系并监督实施的若干意见》,标志着"五级三类四体系"的国土空间规划体系基本形成,并明确提出要编制"多规合一"的实用性村庄规划。新时代的村庄规划应在多规冲突与矛盾的基础上加以融合,从全局出发,合理布局生产、生活、生态空间。荆州市一直积极推进村庄规划编制工作,经过多年的实践取得了丰硕的成果,同时也在积极反思编制过程中的不足和问题。本文总结了荆州市村庄规划建设的简要历程,分析已有规划中存在的问题,结合具体规划实践,探索国土空间规划下村庄规划编制的思路和规划策略,以期为荆州市的村庄规划实践提供参考。

【关键词】村庄规划;规划策略;国土空间规划

1　引言

村庄是承载农业生产、生态维护和文化传承等多种功能的地域综合体,其兴衰牵动国之命脉。21 世纪以来,我国对村庄规划的重视程度逐渐提升,国家出台一系列政策和方针来指导村庄的发展与建设。2005 年,党的十六届五中全会提出建设社会主义新农村的方针;2007 年,村庄规划正式纳入《城乡规划法》,明确了其法定地位;2008 年,住房和城乡建设部为提高村庄整治水平颁布《村庄整治技术规范》;2013 年,中央提出"美丽村庄"建设目标;2019 年,提出以"产业兴旺、生态宜居、乡风文明、治理有效、生活富裕"为方针的村庄振兴战略。

实施村庄振兴,规划是先导、是支撑、是保障。随着村庄发展理念的转变,传统的村庄规划思路与方法已不适用当下村庄地区的建设发展。在新形势背景下,规划者需要转变规划思路,围绕村庄振兴的总体要求,深刻领会村庄规划重点目标及特色,探索具有村庄特色并且适合村庄的新发展模式与路径。

村庄振兴战略的提出,顺应了我国社会主要矛盾变化和新时代"三农"发展阶段性特征的要求。

---

　* 宋瑞莉,女,华中科技大学城市规划系硕士。

2　荆州市村庄建设规划回顾与反思

阶段	时间	政策文件	代表案例	实践特点	问题反思
初步探索阶段	2013 年以前	荆州市提出了"五新一好"（新产业、新村庄、新农民、新风尚、新机制和好班子）的新农村建设目标	刘家场镇	积极推进转型建设，打造良好经济基础，加快棚户区改造，完善城镇配套服务设施，加快推进城乡一体化，着眼农村新的社区建设工作	在建设社会主义新农村的政策指引下，一批村庄建设取得了一定的成果。但仍然存在农村劳动力水平低下、以点带面效果不佳、建设资金筹措不足、注重物质生活水平，忽视村民精神需求等问题
全面推进阶段	2013—2017 年	湖北省农业厅在全省开展"美丽村庄"试点工作，《关于改善农村人居环境推进美丽村庄建设的实施意见》（荆政办发〔2016〕15 号）	桃花村、梅槐村、天鹅村	着重强调生态旅游、文化建设、产业创新、环境整治和移民定居五个方面。以打造具有"秀美宜居的村民生活环境""特色鲜明的村庄产业格局""可持续的生态景观系统"和"丰富多彩的民俗文化"的"美丽村庄"为目标	全面系统地规划村庄，取得不错成绩的同时也存在不足之处。如注重物质生产，忽视人居环境；注重景观整治，忽视生态保育；注重村庄形象，忽视文化特色的问题
品质提升阶段	2017 年至今	《湖北省村庄振兴战略规划（2018—2022 年）》《关于大力实施村庄振兴战略的意见》（荆发〔2018〕1 号）《荆州市村庄振兴战略规划》《荆州市建设江汉平原实施村庄振兴战略示范区三年行动计划》		围绕村庄"产业振兴、人才振兴、文化振兴、生态振兴、组织振兴"，统筹推进村庄振兴各项工作	新的政策背景下应发挥村庄规划的引领作用推动村庄向更高品质更具特色的方向发展。存在激活内生动力不足、争取社会资金投入、盘活村集体资产方法不多、经验不足的问题。实践中有"等、靠、要"思想，规划编制滞后，部门聚焦不够，相关职能部门主动服务村庄振兴工作意识不强、配合不够等

2.1　初步探索阶段：以建设"五新一好"村庄为目标的探索期（2013 年以前）

2013 年以前，荆州市的村庄规划实践主要围绕社会主义新农村政策展开。针对农村地区长期以来形成的"脏、乱、差"局面，进行环境卫生整治；加快推进招商引资，助力村庄的经济发展，以此来缓解村庄劳动力外流的状况；推进城乡一体化建设，以城带乡，以工促农，推动村庄的发展；对农村棚户区进行整治改造，建设新社区，提升农村的居住生活条件。这一时期的村庄规划以提升村民物质生活水平为重点，出现了如刘家场镇等一批成功案例，取得了一定的社会经济效应。但是由于农村地区基础薄弱和决策者认知不足、观念滞后等原因，在实践过程中存在注重村民的物质生活水平，忽视精神生活的弊端；同时，存在招商引资力度不够、产业发展不如预期，农村劳动力大量外流等问题。

2.2　全面推进阶段：统筹村庄"民居、产业、环境、文化、生态"建设的成长期（2013—2017 年）

党的十八大报告首次明确提出规划"美丽村庄"的要求。按照中央文件精神，湖北省农业厅提出在全省开展"美丽村庄"试点工作，荆州市提出《关于改善农村人居环境推进美丽村庄建设的实施意见》。该文件提出以农村环境综合整治为重点，以提高农民生活品质为目标，以农业产业化发展为动力，全面改善农村人居环境，促进荆州市美丽村庄建设的总体目标。

美丽村庄规划不仅仅是村庄人居环境的改善，而是涵盖村庄"民居、产业、环境、文化、生态"的方方面面。因此，这一时期的村庄规划以打造具有"秀美宜居的村民生活环境""特色鲜明的村庄产业格局""可持续的生态景观系统"和"丰富多彩的民俗文化"的"美丽村庄"为目标，在数量和质量上较上一阶段有很大提升。与此同时，这一时期的村庄规划也出现了新的问题：对村庄环境的整治流于表面，缺乏对村庄生态要素的整体认识；盲目借鉴成功经验，对村庄自身特色和文化历史挖掘不够等。

2.3 品质提升阶段：着力推进村庄"产业、人才、文化、生态、组织"全面振兴的成熟期（2017年至今）

实施村庄振兴战略，是党的十九大作出的重大决策部署，是新时代做好"三农"工作的总抓手。湖北省委、湖北省人民政府印发了《湖北省村庄振兴战略规划（2018—2022年）》。为落实党中央和湖北省政府的文件要求，荆州市印发《荆州市建设江汉平原实施村庄振兴战略示范区三年行动计划》。文件指出，要突出"双水双绿"，在产业振兴上做示范；突出"三乡工程"，在人才振兴上做示范；突出"乡风文明"，在文化振兴上做示范；突出"治水兴水"，在生态振兴上做示范；突出"红色阵地"，在组织振兴上做示范。

在新的历史背景下，城乡关系已然被重塑，村庄的价值和使命也发生了变化。村庄规划旨在充分挖掘地域特色，打造"产业兴旺、生态宜居、生活富裕"的村庄，重塑村庄魅力，带动村庄的全面高质量振兴。在新形势新目标的推动下，村庄规划工作也需要改革创新，摒弃不适用的理念和方法，充分发挥规划的引领作用，让村庄规划更好地解决"三农"问题，助力村庄振兴。

3 国土空间规划下村庄规划建设的思路

3.1 战略层面——衔接乡村振兴战略

乡村振兴战略是党中央为了解决农业、农村、农民问题所提出的重大战略。要解决当前村庄建设发展中的现实问题，必须充分对接乡村振兴战略的要求。在新时期的村庄建设发展中，紧紧围绕"产业兴旺、生态宜居、乡风文明、治理有效、生活富裕"的二十字方针，统筹推进，推动农业发展、农民增收、农村繁荣，建设幸福美丽的村庄家园。

3.2 实践层面——以问题为导向

在国土空间规划的大背景下，应充分认识到过去"多规冗杂冲突、村庄建设活动无序，甚至照搬城市建设发展经验导致村庄建设缺乏依据"的不足，规划坚持全域管控和底线思维，考虑村庄现实困境和长远需求，尊重村庄发展实际，因地制宜，坚持问题导向和需求导向相结合，优化国土空间布局，落实生态保护和永久基本农田保护红线要求。同时，明确规划目标任务，综合考虑村庄建设发展实力和村民诉求，提出基础设施、公共服务设施、居民点建设、国土整治与生态环境保护修复、产业支撑等近期建设重点，指导村庄建设有序推进。

3.3 技术层面——大数据助力村庄建设

当前我国的城乡规划进入了深度发展期，传统的平面二维规划技术手段不足以应对新要求。在新时期村庄规划的实地勘测过程中，可以对各乡镇政府所在地和有条件发展的村庄点进行无人机航拍，对集镇区、村庄建设用地进行三维数据采集，并对收集到的资料进行整理、剪辑，为乡镇、村庄的建设规划提供了可视化资料，作为村民解读村庄规划的重要技术支撑。除此之外，将Arcgis等新的规划技术方法应用到村庄建设规划中，极大地改变了原有的城乡规划模式。

4 新时期村庄规划策略

4.1 空间优化：合理布局村庄用地，实现"一张蓝图"

21世纪以来，我国对村庄建设规划提高到了新的高度，前后进行了新农村规划、美丽村庄规划等多轮村庄规划，主要是对村庄建设的用地布局、基础设施建设、公共服务设施布局进行具体安排。而村庄土地利用总体规划主要是对村庄土地实行控制，重点落实保护基本农田政策，做好土地空间管制。在内容上，这两者既有联系，又有区别，在以往的实施过程中也难免存在矛盾和难以协调的地方。为系统解决村庄多规合一问题，规划采用第三次全国国土调查数据作为工作底图，平面坐标系采用2000国家大地坐标系，比例尺不低于1∶2000。统一底图是建立数据库、实现国土空间"一张图"管理的基础。村行政边界与"三调"工作界线保持一致，确保数据统一。

4.2 产业发展：优化村庄产业结构，促进"产业兴旺"

实施村庄振兴战略，要牢牢抓住产业兴旺这个"牛鼻子"。把大力发展农村生产力放在突出位置。新时期，村庄产业规划应该在对现状条件进行深入研讨的基础上，确定符合村庄发展且突出特色的产业布局，促进一、二、三产融合发展。村庄传统产业普遍存在主导产业弱、特色缺乏、结构单一等缺点，村民经济收入不高，外出打工者较多。规划可根据村庄自然生态环境、特色资源要素以及现状发展基础，充分利用村庄区位优势，围绕村民致富及现代化、规模化、标准化和效益化发展，提出村庄特色产业发展思路和策略，明确产业发展方向和重点。突出村庄特色，提升产业吸引力，促进村庄的经济发展。

4.3 环境提升：挖掘村庄地域特色，打造"宜居家园"

村庄是一个地方多样化的、活态的乡土社会文化生活和景观的有机体。村庄规划必须要深入挖掘村庄的地域文化特色，体现有别于城市的独特魅力。村庄环境提升可以针对村庄现状村湾现状沟渠水系单调、自然元素零散不成体系，废弃物堆积、建筑风貌不佳、景观设施小品缺乏、道路景观差、公共空间缺乏等问题展开。从建筑风貌整治、村庄道路整治、村庄环境与卫生整治、公共活动空间整治五个方面进行。通过对村庄人居环境整治，改善村民生活、生产环境，使村庄面貌发生明显变化，最终打造村庄优美、设施完善、乡韵浓郁的"美丽宜居村庄"。

4.4 治理转型：强化村民主体地位，注重"以人为本"

村庄振兴战略的实施主要是为了满足人们的生活，提高村民的生活质量，所以在规划过程中，应以农村的要求作为主导，充分尊重村民的意愿，发挥村民进行村庄建设和环境整治的主动积极性，引导村民积极参与，从而确保村庄规划的顺利开展。在村庄规划前期调研中，可对村干部及村民代表进行走访，通过他们了解村庄建设发展的过程和当前困境。同时，根据需要，对村民进行问卷调查，听取村民对村庄规划的建议，深入洞察村民对村庄建设愿景和需求，以便更好地指导村庄规划编制工作。在编制过程中，要凝聚各界力量，将高校师生、规划设计单位、社会团体、政府机构、当地村民、企业经营者等多元主体纳入到村庄规划工作中，鼓励社会各方共同参与村庄建设。突出"自下而上"的村庄治理模式，强化村民主体地位，增强其"主人翁"意识，打造政府、社会、村民良性互动的治理局面，为实施村庄振兴战略创造条件，促进乡村更好地发展。

参考文献

[1] 高信波，李芳."多规合一"实用性村庄规划助力村庄振兴研究 [J]. 村庄科技，2019（33）：28-29.

[2] 李仲楠. 村庄振兴战略下村庄规划编制的思路及方法 [J]. 居业，2019（11）：27，29.

[3] 罗静. 关于荆州市美丽村庄建设的若干思考——基于黄冈、孝感等地实地踏勘比较研究 [J]. 农村经济与科技，2017，28（24）：160-161.

[4] 程梦. 武汉市：实用性村庄规划的编制实践 [J]. 城乡建设，2019（19）：63-65.

[5] 苟安经. 新时代我国的"三农"问题与应对策略 [J]. 农业经济，2018（09）：26-28.

[6] 李荣. 基于村庄振兴战略的实用性村庄规划问题思考 [J]. 山西建筑，2018，44（31）：24-25.

基于多元主体参与的乡村规划实施研究

杨　静*

【摘　要】乡村规划实施过程错综复杂，受到社会多方利益主体的影响，是多元主体利益诉求和价值导向的集中体现。单一的实施主体具有与生俱来的缺陷，导致诸多实施困境。因此，乡村规划实施主体必将多元化，只有多方力量相互协作才能在乡村规划实施中发挥更大的作用。本文对乡村规划实施中多元利益主体进行梳理，突出多元主体在乡村规划实施中的作用，以便更好地进行乡村规划实施。
【关键词】多元主体；多元主体参与；乡村规划实施

1 乡村规划实施的典型模式和困境解析

当前，全国推行乡村规划全覆盖，乡村规划建设加速进行。但是乡村规划实施中常常出现规划与实践脱节的问题，导致乡村规划成果难以真正落地，乡村规划的实施陷入困境。

1.1 典型模式

目前，虽然乡村规划实施内容及方式不一，但可以归纳出乡村规划实施多由当地政府和社会资本等主体来推动，即乡村规划实施典型模式主要有地方政府主导模式和开发商主导模式。但是，政府"自上而下"的实施模式和开发商"市场导向"的实施模式中村民参与度极低，甚至流于形式，设计师在政府、开发商等甲方项目的开发中，大多只起着画图者的作用。这些乡村规划实施模式很难保证乡村规划的有效实施。

1.1.1 地方政府主导模式

地方政府主导的乡村建设是一种自上而下的实施模式，政府通过对实施项目控制和管理的方式，实现经济目标在乡村空间上的落实，推进乡村规划实施落地。这种地方政府主导的实施模式有其优势，从项目开始立项到规划方案确定再到项目的实施，都是一条直线的工作流程，可以从宏观大局出发控制乡村规划的实施进度，快速推进乡村建设。但是，在这种自上而下的政府主导模式下，政府是利益引导下的权威性行为，追求的是宏观社会利益。在整个实施流程中，村民是乡村规划实施的被动应对者，参与程度极低。然而，村民才是乡村规划的最终使用者，他们对乡村规划实施建设有重要的发言权。同时，政府过度的行政干预容易导致乡村弱势群体利益失衡，造成弱势群体的正当利益被侵害，最终激发社会矛盾。例如在推进乡村环境整治过程中的拆迁问题，由于缺乏与当地村民的沟通，很多村民不愿意配合，从而引发村民与政府的矛盾。

1.1.2 开发商主导模式

开发商主导模式是市场导向下的乡村规划实施模式，开发商通过招商引资下乡在乡村拿地发展项目，

---

* 杨静，女，华中科技大学在读研究生。

进而推进乡村建设。开发商在乡村发展项目会得到当地政府的大力支持，实施流程主要是开发商拿地之后，当地政府会负责完成道路等基础设施的建设，开发商按其设计方案找施工单位完成项目建设。在这样的流程下，开发商的实施主体地位很高，项目实施进度较快，同时项目投产后，可以提供就业岗位，提高村民收入。然而，这种模式下的村民处于一种弱势地位，多数是处于一种被动接受的状态，参与度极低。同时，随着开发商在获取利益和资本扩张的时候，为了实现经济效益而忽略行为的外部负效应，导致对其他利益主体的侵害。例如在乡村修建商业街时对传统村落肌理的破坏，将会损害村民的公共利益。

1.2 实施困境解析

乡村规划实施陷入困境，主要原因有：（1）乡村规划设计模式固化，乡土文化缺失，规划设计方案不被村民认可，规划难以落地；（2）乡村规划实施资金不足，有限的资金难以保证规划项目落地；（3）乡村规划实施主体单一，单一的实施主体力量不足，难以协调各利益主体的需求。

1.2.1 乡村规划设计模式固化

在乡村规划设计阶段，设计模式固化、乡村本土文化缺失，使规划方案常流于套路化。边防等认为囿于我国城乡二元结构的影响，乡村规划未给予区别化地对待，常常用城市规划的理论及技术路线对农村进行风貌及建设的统一，忽略乡土文化的多样性，造成了"千村一面"、乡土文化特色缺失等问题。文剑钢和文瀚梓认为乡村地区是中华文明的根源，这里的农耕文化和邻里宗亲关系都是与现代城市"陌生人"社区完全不同的"熟人社会"概念。乡村人地产权的利益背景和宗族信仰的复杂关系，带来城市规划和乡村规划的巨大差异。然而，现在大部分的乡村规划却未能脱离用城市视角看待乡村的局限，深受现代规划学科理论教育的规划师很难转变其审美价值观，常常套用城市规划设计方法进行乡村设计，设计模式固化，直接导致乡村规划方案违背乡村现实，而变成无法实施落地的文件。

1.2.2 乡村规划实施资金不足

乡村规划植入了新的生活功能和生产方式，赋予了较高的规划期望，包含了产业发展、文化打造、空间整治和基础设施建设等众多内容，但是与之关联的村民土地权属协调、实施资金来源等问题都没有确定和解决。政府每年扶持资金有限，单靠村民自筹资金难以确保规划目标落实。乡村规划实施资金不足可能会导致一个规划目标都无法实现，规划难以实施落地。正如孟莹等认为按照马克思对资本逐利的定义，如果乡村本身的社会文化不能转化为经济价值，就无法吸引市场资金的投入，那么相应的乡村产业经济等各个方面都无法持续发展。但是目前大多数乡村都面临这一尴尬处境，乡村自身的社会文化很难吸引外部资本的进入，乡村规划实施主要还是依靠政府下发的资金。同时由于地域差异性，各地政府下发资金数量不同，导致实施效果不一。例如网上查询发现湖北近几年的美丽乡村建设扶持资金力度是平均每个村 400 万～667 万元，远低于河南省 2016 年平均每个村 960 万元的资金扶持力度。

1.2.3 乡村规划实施主体单一

多数乡村规划实施都形成了路径依赖，依赖政府政策、资金的支持和依赖外部资本的投入。路径依赖中的实施主体多是单一主体主导的，存在着诸多实施弊端。单一主体实施乡村规划，容易导致利益倾斜，侵害弱势群体利益。例如多数乡村环境整治实施普遍由政府、开发商主导，村民和其他组织等未能参与其中。这种自上而下＋市场导向的方式虽然可以快速促进规划实施，但是也会导致乡村空间秩序、生活传统发生不可逆的变化。实际上，随着乡村社会的快速发展，乡村规划实施涉及政府、村民、设计师、开发商等多个主体的利益诉求，是一种利益互动过程。在规划实施主体研究中，很多专家学者开始关注乡村规划实施中多元参与主体的关系。边防等梳理了乡村规划中多元利益主体的利益关系，认为不同利益主体对乡村建设有不同的诉求，并且直接或间接地关系着乡村规划的质量。因此，多元实施主体在乡村规划实施中应发挥其各自作用，相互协调，共同引导乡村规划实施。

2　多元主体相关概念与相关理论

2.1　相关概念

多元主体：乡村规划实施过程中，在规划过程的立项、决策、编制、审批、实施、监督、管理等阶段直接或间接参与的个人和群体的总和，包括村民、村委会、地方政府、设计师团队、开发机构、企业和民间团体等。本文重点探讨的多元主体包括政府（当地政府、村委）、设计师团队、村民和开发商。

多元主体参与：指相关主体发挥各自作用，协同参与乡村规划实施建设，使其利益诉求得到合理分配和有效落实。多元主体参与的乡村建设是多元协商的模式，实现权力的委托与利益分配之间的平衡。多元主体参与体现了乡村规划的政治性、社会性以及为弱势群体服务的宗旨。

2.2　相关理论

"多中心"治理理论：乡村规划实施建设过程中贯穿着乡村治理理论。多中心治理强调治理主体的多元化以及各种主体之间的网络化关系，表明政府不是唯一的治理中心，以前一直当观众的非政府组织、私营单位、公民个人等和政府享有同样的治理权利。多中心治理作为一种现代社会的治理模式，在治理过程中，通过多元主体的参与，可以激发社会各种力量对社会治理的热情，加深公众参与的力度。多中心治理的核心是各个独立主体之间的合作治理，通过合作治理，促进各治理主体之间的合作，实现合作共赢。

博弈论：博弈论研究的是多元决策主体的不同决策以及这些决策对其他决策主体受到影响时做出相应决策的影响。博弈的过程，就是要对多个决策主体的对策进行分析选择，在反复相互影响和决策的过程中，最终会达到所有决策主体利益最大化的结果。任何一个平衡的利益格局都是各种利益主体相互博弈的结果。博弈论常用在城市控制性详细规划中，在研究城市每块地的开发意向和开放强度上面，分析各方利益冲突和利益矛盾。乡村规划实施内容复杂，涉及多个利益主体，同样可以采用博弈论，分析多元主体在乡村规划实施中的利益诉求，协调各方利益，顺利推动乡村规划实施。

3　多元主体协同参与乡村规划实施

乡村社会是一个"熟人社会"的网络关系，因这一现实条件，我国乡村治理走的是村民自治的道路。但是乡村规划实施是一个庞大而复杂的工程，单一的组织群体难以很好地建设这一工程，因而既要有政府引导下的村民主体参与，更要有社会不同团体和个人参与，激发多元主体在乡村规划实施中的作用，构建政府、市场、村民、设计师团队协同参与的乡村规划实施格局，支持和参与乡村规划实施。

3.1　乡村规划实施中多元主体利益诉求分析

在乡村规划实施过程中，政府、村民、设计师和开发商等主体的利益相互博弈，不同的利益主体对乡村规划实施有不同的诉求，这些诉求直接或者间接影响到规划实施的成效。政府制定公共政策和组织社会力量进行乡村规划实施，设计师协调多方利益推进乡村规划实施，村民最大程度维护和争取自身利益，开发商对乡村资源进行资本运作以期获得最大经济利润。多元主体的利益诉求如表1所示。

多元主体利益诉求　　　　　　　　　　　　　　　　　　　表 1

多元主体	利益诉求
政府	政府以公共利益为目标导向，统筹各方利益，希望通过提供相关政策和投入实施资金等各项行政支援进行乡村实施建设。地方政府希望尽快推进乡村规划实施以期获得社会、经济、文化等多方面的收益；村委既对上级政策指令进行贯彻，又维护乡村的集体利益
设计师	设计师受雇于政府和开发商，所做出的方案反映了政府和开发商的发展意图。为了维护自己的职业精神和价值导向，在满足一定社会经济宏观利益基础上，本着追求公平公正和照顾弱势群体的原则，合理平衡各方利益，追求和谐的多元利益关系
村民	在乡村规划实施阶段，村民容易和建设主导方产生利益冲突，希望在乡村规划实施建设中，维护自身经济利益，同时也期望自己的家乡变得更美好
开发商	开发商是乡村实施建设的经济主体，通过对乡村资源进行资本积累和再循环，是推动乡村建设发展的重要推手。开发商以经济效益最大化为主要目标，重点关注的是投资项目的经济收益

来源：根据参考文献 [1] [5] 整理绘制

3.2　多元主体在乡村规划实施中的作用

3.2.1　政府力量的积极引导作用

政府拥有财力和物力等大量资源，在乡村规划实施中，通过政策宏观把控、实施资金支持、项目施工管控和引导等作用，积极引导乡村规划实施建设。在政策宏观把控上，通过相关政策扶持乡村的本土产业，促进乡村产业规划实施。如黄冈市董河村，政府大力扶持本村的有机茶产业，同时整合服务于有机茶产业的社会力量，通过招商引资将企业的作用发挥到乡村规划实施中来。在资金支持上，政府下发扶持资金助力乡村规划实施。根据 2016 年湖北出台的《关于统筹整合相关项目资金开展美丽宜居乡村建设试点工作的指导意见》，湖北省政府每年整合 20 亿元的省级财政专项资金，来支持省内 300 ~ 500 个村的美丽宜居乡村建设。在施工管控上，通过招标筛选出合格的施工团队，并且制定法律合同约束多方行为，保证项目施工按照项目设计要求建设实施。

3.2.2　设计师团队的沟通协调作用

在乡村规划中，设计师团队主要有规划师、建筑师和景观设计师，他们共同为乡村提供规划设计和规划实施等方面的专业知识。在整个乡村规划实施过程中，设计师团队作为协调者，在当地政府、开发商以及村民之间进行沟通协调，成为乡村规划实施的中坚力量。在项目实施前期，设计师团队就规划设计方案与当地政府和村民反复交流，就规划平面布局、建筑平面设计、景观空间划分等方面向政府和村民征收意见，进而根据实际条件修改完善方案，经过多次交流，最后确定项目实施方案。在项目实施过程中，设计师团队驻足施工现场，及时发现施工中的问题，现场与施工团队协商决定施工修改方案，保证项目的进度和质量。在项目实施完成后，设计师团队将对规划实施项目进行回访，对不足之处进行更正。

3.2.3　村民的主体意识作用

村民在乡村规划实施中起着重要作用，村民的积极配合是保证项目实施的关键。同时，村民是乡村规划实施的直接受益者，应该踊跃参与到乡村规划实施建设活动中来。村民的主体作用主要有：主动参与乡村规划、成立乡村合作组织、支持村庄环境整治工程。在项目实施前期，积极主动与设计师团队沟通，表达自己对村庄建设的看法。在乡村产业实施方面，勇于尝试，成立专业合作社，促进乡村产业发展。例如在黄冈市华家大湾村，通过采取"公司＋农户"的发展模式，成立了鑫民商贸股份有限公司，让 40 余位村民自由入股，利润按股分红。在村民的主体意识作用下，该村经过几年的建设，一座集体验农业、观光旅游、商贸餐饮于一体的鑫民生态农庄已经形成，农庄每年可吸引百万人来乡村游玩。村庄整治工程和基础设计建设工程是民生工程，是检验乡村规划实施的重要标准。在村庄环境整治方面，村民理应发挥主体意识作用，主动配合参与到公共空间的建设中。

3.2.4　开发商的积极参与作用

开发商是介入乡村产业经营的主要投资主体，主要以资本的直接投入参与到乡村规划实施建设中。主要表现在：对乡村进行地产开发、资源利用、旅游产品供给等商业行为。乡村有良好的自然景观资源，开发商在乡村进行地产开发，建设旅游服务设施，可以带动乡村旅游产业的发展，促进乡村规划实施建设。如乡村农业产业观光园的实施建设就需要开发商的积极参与，农业产业观光园的实施建设，不仅可以带动乡村基础设施建设，而且可以解决众多村民就业问题。同时，有些乡村拥有本土产业，但因其没有打开销售渠道，导致本土产业岌岌可危。在开发商与这些产业达成合作后，可以带动本土产业发展，推动乡村经济建设。

3.3　多元主体的相互作用

乡村规划实施过程错综复杂，需要多元主体、多种力量的协同参与。上一节已分析多元主体在乡村规划实施中的作用，其中，政府"自上而下"的积极引导作用，村民"自下而上"的主体意识作用，设计师团队专业支撑的沟通协调作用，开发商资本投入的积极参与作用，这些多元主体力量以及他们的相互作用，共同推进乡村规划实施建设，将乡村建设得更美好。并且最终构建政府、市场、村民、设计师团队协同参与的乡村规划实施格局（表2）。

多元主体的相互作用　　　　表2

相互作用	政府	设计师团队	开发商	村民
政府	—	项目委托、提出要求	政策支持、监督管理	政策补贴、管理引导
设计师团队	提供方案、沟通协调	—	提供技术、方案沟通	方案讲解、施工指导
开发商	寻求支持、配合管理	提出意向、实时沟通	—	提供就业、提高收入
农民	提出想法、积极配合	参与设计、主动沟通	主动了解、积极参与	—

来源：根据参考文献[7]整理绘制

政府、市场、村民、设计师团队协同参与的乡村规划实施格局，是多方协调、协同共建的协助形式。这种多元主体力量的协同作用在推动乡村规划实施中有重大优势。乡村规划实施涵盖了多方主体诉求，每个主体都有其关心的问题，如果政府、村民、设计师、开发商等实际参与到乡村规划实施过程的各方力量所关心的问题中，只要有一个环节存在问题，项目就不能顺利推进。归咎原因，主要是多方主体之间信息不对称、沟通不及时所导致，如果是多方协调，互相协作，项目进展必将会很顺利。同时，这个格局发挥积极作用的前提条件是一定程度上要约束各方主体的行为和准入原则，在设计师团体的协调下，确保各方利益（图1）。

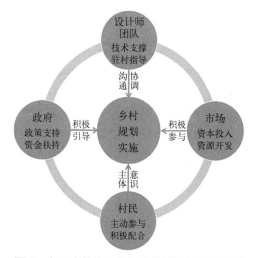

图1　多元主体协同参与的乡村规划实施格局

4　结语

乡村规划实施涉及政府、农民、设计师团队和开发商等多元利益主体，是一个长期动态性的多方利益互动的过程。单一的规划实施模式无法满足当前乡村发展的需求，因此为了更好地推进乡村规划实施，必须立足以"多元主体参与"为出发点，综合考虑各主体利益诉求，发挥各主体的协同参与作用，促进乡村规划有效落实。

参考文献

[1] 边防，赵鹏军，张衔春，屠李 . 新时期我国乡村规划农民公众参与模式研究 [J]. 现代城市研究，2015（04）：27-34.

[2] 文剑钢，文瀚梓 . 我国乡村治理与规划落地问题研究 [J]. 现代城市研究，2015（04）：16-26.

[3] 孟莹，戴慎志，文晓斐 . 当前我国乡村规划实践面临的问题与对策 [J]. 规划师，2015，31（02）：143-147.

[4] 潜莎娅 . 基于多元主体参与的美丽乡村更新建设模式研究 [D]. 杭州：浙江大学，2015.

[5] 韩雨薇 . 基于多元主体参与的苏南乡村环境更新规划研究 [D]. 苏州：苏州科技大学，2017.

[6] 熊周蕾 . 社会治理导向下的乡村规划实施机制研究 [D]. 武汉：华中科技大学，2018.

[7] 罗翔 . 以问题为导向的乡村规划建设落地实施研究 [D]. 昆明：昆明理工大学，2016.

山西城市用地扩张特征及与人口增长协调性分析

肖艳秋　张　婷*

【摘　要】本文选取山西 107 个县级以上城市为样本，通过分析 2010 年以来城区（县城）建成区面积，分析山西不同城市用地增长特征；以及采用城市用地扩张与人口增长协调性系数（CPI）分析二者的协调性，进而制定合理的人地协调和土地集约政策。结果表明：① 2010 年以来，城市（县城）用地扩张速度逐渐降低；"一圈三群"地区城市用地扩张较快，不同等级城市用地扩张呈现省会城市略 ＞ 地级市 ＞ 县级城市；②全省城市土地扩张和人口增长之间协调性较弱；"一圈三群"地区太原都市圈和晋东南城镇群土地扩张显著，晋北、晋南城镇群人口快速扩张明显；地级城市以土地快速扩张为主，县级城市人口快速扩张和土地快速扩张两极分化同时存在；此外，两山地区城市增长停滞乃至城市收缩的现象出现，以及人口收缩现象显著。

【关键词】城市用地扩张；协调性；山西

土地是人口、经济、城镇的重要载体。伴随山西的快速城镇化进程，城市人口规模增长，建设用地快速扩张，城市人口和用地扩张特征以及用地扩张和人口增长的协调性直接反映城市空间特征和绩效，为下一步存量时代国土空间规划制定合理的土地投放策略和用地政策提供参照。考虑到城市（地级、县级）建成区比较接近于城市／县城的实体区域，因此选择城市建成区面积表征城市用地，对应的城区（县城）人口代表城市人口，数据来源于山西省 2010—2017 年建设统计公报。

1　山西城市建设用地扩张的基本特征

1.1　近年来城市和县城用地扩张速度逐渐降低

2010—2017 年，山西省城市（地级、县级）的建成区平均面积由 1445.8km² 逐年增加至 1906.96km²，年平均增长率为 4.56%。历年增长速度逐年降低，城市扩张速度逐渐减缓（图 1）。

1.2　"一圈三群"地区城市用地扩张较快，且内部差异较大

2010—2017 年，山西省确定的重点城镇化地区

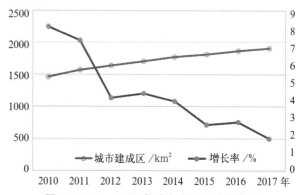

图 1　2010—2017 年城市建设区增长情况

---

* 肖艳秋，山西省城乡规划设计研究院。
　张婷，山西省城乡规划设计研究院。

"一圈三群"建成区面积由 1164.77km² 增加至 1566.34km²，年均增长率为 4.93%；而外围地区建成区增长面积由 281.03km² 增加至 340.62km²，年均增长率为 3.03%，低于城镇化地区年均 1.9 个百分点。

"一圈三群"内部以太原为核心的太原都市圈建成区增长势头最为强劲，年均增长 5.91%；其次是晋南城镇群，因地处运城临汾盆地，土地平展，城镇化势头强劲，年均增长率 5.54%；再次是晋东南城镇群，年均增长率 3.54%；而晋北城镇群增长势头最差，年均增长率 2.59%，低于山西省的生态地区，晋北的增长滞缓直接反映出当地城市增长动力的缺乏和不足（表 1）。

"一圈三群"及外围地区建成区增长情况一览表 　　　　　　　　表 1

项目	太原都市圈	晋北城镇群	晋东南城镇群	晋南城镇群	外围地区	全省
2010 年城市建成区 /km²	559.85	199.5	168.32	237.1	281.03	1445.8
2017 年城市建成区 /km²	791.53	235.71	210.07	329.03	340.62	1906.96
年均增长率 /%	5.91	2.59	3.54	5.54	3.03	4.56

1.3 不同等级城市用地扩张速度不同，省会城市略 > 地级市 > 县级城市

2010—2017 年建成区面积增幅最大的是省会城市，其后依次是地级市、县级市。2010—2017 年建成区面积年均扩张分别为 5.54%、5.49%、3.69%。但是根据前四年和后三年建成区增长的速度看，省会城市、地级城市和县级城市扩张速度大幅放缓，城市发展逐渐由增量发展向存量更新演变，尤其是省会城市，近三年建成区增长率为 1.01%，未来很可能出现建成区 0 增长，用好用足存量用地是未来城市发展的关键（表 2）。

不同等级城市建成区增长情况一览表 　　　　　　　　表 2

项目	省会城市	地级市	县级单元	全省
2010 年城市建成区 /km²	245	445.52	755.28	1445.80
2014 年城市建成区 /km²	330	562.63	883.18	1775.81
2017 年城市建成区 /km²	340	616.67	950.29	1906.96
2010—2014 年均增长率 /%	8.67	6.57	4.23	5.71
2014—2017 年均增长率 /%	1.01	3.20	2.53	2.46
2010—2017 年均增长率 /%	5.54	5.49	3.69	4.56

2 城市建设用地扩张与人口增长的协调性

制定合理的空间规划方案，必须实现土地发展与人口、经济相协调。近年来人口城镇化与土地城镇化的协调发展关系受到更多关注。从二者关系上来看，城镇人口增长是城市建设用地的驱动力，而城市用地的扩张又会吸纳更多的城镇人口，研究二者的协调关系对于进一步了解城市集约节约发展，提高城市发展效率至关重要。

2.1 城市用地增长弹性系数和人均用地不断扩大，人地矛盾突出

对比 2010—2017 年山西城市（含县城）建成区面积增长率和城镇人口增长率，可以发现 2010—2017 年间，土地城镇化速度始终快于人口城镇化，城镇人口的增速稳定在 2.54% 左右，而建成区面积的增速一直高于 4%。

城市用地增长弹性系数是城市用地增长率与城市人口增长率的比值，通常被用来衡量城市用地扩张与人口增长之间的协调关系，一般认为该系数为 1.12 时比较合理。但通过计算发现，这一系数已经超过 1.12，且后三年比前四年平均协调系数明显增加；与此同时，人均城镇建设用地由人均 97m^2 增长至人均 107m^2，人地矛盾逐渐突出。连续的城市空间扩张背景下，城镇人口增长速度不及建成区增长，意味着出现更多的城市布局分散、低密度城市空间、土地利用率不高的现象（图 2）。

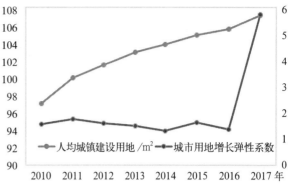

图2　2010—2017 年山西城市用地增长弹性系数和人均城镇建设用地

2.2　城市用地扩张与人口增长协调性分级

城市用地增长弹性系数很难反映一个城市人均指标的多少。当城市人均建成区用地面积很大，处于粗放式发展阶段时，如果再按照城市用地规模弹性系数 1.12 的水平来衡量时，则有违紧凑城市等节约用地理念，也不能客观反映城市用地扩张和城市人口增长之间的协调关系。故此处参考已有研究，计算城市用地扩张与人口增长协调性系数（CPI）来反映二者之间的协调关系。计算公式为：

$$CPI = \frac{CR_t}{PR_t} \times R$$

$$R = \frac{LR_t}{LPI_t} \bigg/ \frac{LR_0}{LPI_0}$$

式中：*CPI* 为城市用地扩张与人口增长协调性系数；*CR_t* 和 *PR_t* 分别为建成区用地和城市人口年均增长率，均取几何平均值；*R* 为人均城市用地约束系数，其中 *LP_0*、*LP_t* 和 *LPI_0*、*LPI_t* 分别为基年（2010 年）和目标年（2017 年）某城市人均建成区面积和该城市当年所属类别城市的理想人均建成区面积。关于 *LPI* 的取值问题，根据集约城市发展的需要，按照《城市用地分类与规划建设用地标准》GB50137—2011 中规划人均城市建设用地标准的上限值作为人均城市用地理想值（表 3）。

城市用地扩张与人口增长协调性分级标准　　　　表3

类型	级别	标准	特征
土地快速扩张	土地显著扩张	$CPI < 1.7$	建成区土地扩张远高于人口增长速度，导致人均用地显著增加趋势
	土地明显扩张	$1.3 < CPI \leq 1.7$	建成区土地扩张高于人口增长速度，导致人均用地有明显增加趋势
人口快速扩张	人口显著扩张	$0 \leq CPI \leq 0.5$	建成区土地扩张远低于人口增长速度，导致人均用地显著减少趋势
	人口明显扩张	$0.5 < CPI \leq 0.9$	建成区土地扩张低于人口增长速度，导致人均用地有明显减少趋势
人口基本协调	人地基本协调	$0.9 < CPI \leq 1.3$	建成区土地扩张和人口增长基本同速度，二者关系基本协调，人均用地变化幅度不大
人地有所收缩	人地有所收缩	$CPI < 0$ or $CPI > 0$ $CRI < 0 \& PRI < 0$	建成区土地和人口数量同时减少或者其中一个减少

全省 107 个城市 2010—2017 年间城市人口与建设用地协调性的评价表现出以下主要特征：

（1）全省城市的土地扩张和人口增长之间协调性较弱，土地快速扩张和人口快速扩张两极分化特征突出。总体上，约 38% 的城市为土地快速扩张类型，36% 的城市为人口快速扩张类型，人地基本协调城市 9 个，仅占 8%，此外，山西有近 18 个城市出现了人地收缩。重点城镇化地区"一圈三群"地区太原都市圈和晋东南城镇群土地显著扩张，外围地区人口快速扩张明显，且人地收缩型城市多数出现外围地区（表4）。

山西省和不同区域城市用地扩张与人口增长协调性分级　　　　表4

协调性		合计	太原都市圈	晋南城镇群	晋北城镇群	晋东南城镇群	外围地区
类型	级别	数量／个	数量／个	数量／个	数量／个	数量／个	数量／个
土地快速扩张	土地显著扩张	31	9	6	1	4	11
	土地明显扩张	9	2	1	0	2	4
人口快速扩张	人口显著扩张	28	4	6	1	2	15
	人口明显扩张	10	3	0	2	1	4
人口基本协调	人地基本协调	9	3	1	0	0	5
人地有所收缩	人地有所收缩	19	2	2	2	1	12

（2）地级城市以土地快速扩张为主，县级城市人口快速扩张和土地快速扩张两极分化问题突出。地级城市中省会城市为土地明显扩张，晋中市、阳泉市、忻州市、吕梁市、运城市为土地显著扩张，长治市、朔州市、晋城市为人口快速扩张，临汾市人地基本协调，大同市人地有所收缩（因数据上报的真实性有待验证，此处研究仅供参考）。县级城市土地快速扩张和人口快速扩张数量相当，但是从建成区和人口的占比看，人口快速扩张略高于土地快速扩张（表5）。

山西省不同级别城市用地扩张与人口增长协调性分级　　　　表5

城市级别	协调性		城市	人口		建成区	
	类型	级别	数量／个	数量／万	比例／%	面积／km²	比例／%
地级城市	土地快速扩张	土地显著扩张	5	220.77	23.3	280.57	29.4
		土地明显扩张	1	370.97	39.2	340	35.6
	人口快速扩张	人口显著扩张	1	75.08	7.9	59.4	6.2
		人口明显扩张	2	92.67	9.8	97.5	10.2
	人口基本协调	人地基本协调	1	61.70	6.5	51.4	5.4
	人地有所收缩	人地有所收缩	1	125.97	13.3	125.2	13.1
县级城市	土地快速扩张	土地显著扩张	26	212.34	25.5	254.88	26.8
		土地明显扩张	8	71.71	8.6	69.94	7.4
	人口快速扩张	人口显著扩张	27	242.2	29.1	261.66	27.5
		人口明显扩张	8	81.17	9.8	81.28	8.6
	人口基本协调	人地基本协调	8	86.56	10.4	94.19	9.9
	人地有所收缩	人地有所收缩	18	137.49	16.5	188.34	19.8

（3）城市增长停滞乃至城市收缩的现象出现，人口收缩现象显著。人地收缩类型的城市有19个，占比为18%，一定程度上反映资源型城市城镇化动力不足。

3 结论对策和思考

3.1 结论和对策

（1）2010年以来，山西城市用地扩张速度放缓。表明山西城市发展逐渐由增量发展向存量更新演变，未来用好用足存量用地是山西城市聚焦的重点。

（2）2010年山西城市建设的重点地区主要是"一圈三群"地区和中心城市，地级市扩张速度逐渐追赶省会城市。因此，在提高城市群和省会城市承载力的基础上，应该加大对地级城市的建设力度，增加向中等规模城市的资源配置，补齐这些城市的发展短板，增强其吸引力。

（3）2010年以来，山西省城市用地增长弹性系数和人均用地不断扩大，同时 CPI 分析结果表明全省城市的土地扩张和人口增长之间协调性较弱，土地快速扩张和人口快速扩张两极分化特征突出。而城市建设的重点应该顺应人口流动的趋势，构建与人口协调的城市增长格局。因此，针对山西实际情况，首先应该针对不同人地协调类型城市，分门别类调节城市建设用地，提高用地集约度。

（4）城市增长停滞乃至城市收缩的现象出现，以人口收缩现象显著。这些城市多分布山区，以资源型城市为主，一定程度上反映资源型城市城镇化动力不足。山西省资源型城市众多，未来随着城镇化进程的推进，可能会出现更多的收缩型城市，对于收缩型城市，要进一步分析原因，细化扶持政策，切实激发资源型城市活力，支持资源型城市转型。

3.2 思考与不足

国土空间规划应加强城镇扩张与人口增长协调研究，本次研究采用山西省建设统计公报中建成区面积和县城人口的数据进行研究，因数据可获取性、统计的真实性以及数据时间段选择较短等原因，得出的结果不一定能符合当地发展实际，但研究方法值得借鉴。在下一步市县国土空间规划中我们可以采用更长时间序列的土地增长数据，研究土地增长的方向，分析城市的用地扩张特点，为指标合理分配和布局提供依据；研究国土资源要素中土地增长和人口增长匹配情况，从而为制定土地集约节约利用方案提供依据。

参考文献

[1] 刘云中，刘嘉杰，中国城镇人口和建设用地扩张的空间特征及其启示 [J]. 发展研究，2020（07）：8-15.

[2] 杨艳昭等. 中国城市土地扩张与人口增长协调性研究 [J]. 地理研究，2013，32（9）：1668-1678.

[3] 林坚等. 2016年土地科学研究重点进展评述及2017年展望 [J]. 中国土地科学，2017，31（03）：61-69.

[4] 王婧，方创琳等. 中国城乡人口与建设用地的时空变化及其耦合特征研究 [J]. 自然资源学报，2014，29（08）：1271-1281.

基于海绵城市的历史街区保护与改造策略研究

张乐天 *

【摘　要】当前，我国海绵城市建设正逐步推进，历史街区的生态改造也是海绵城市建设中的重要组成部分。过去的历史街区开放路径往往从文化传承与发展、业态改良与复兴、主题旅游开发等方面入手，在规划实施阶段忽视历史街区的基础设施建设尤其是雨水处理等问题，导致原本基础设施建设落后的历史街区在建设中无限制增加不透水下垫面的面积，造成内涝灾害和面源污染。而如今在规划实施过程中一般采用的城市历史街区海绵化改造方式往往受地上、地下多层次空间的制约，竖向设计及其与现存环境的链接关系是实施时必须要考虑的因素。同时，目前现有的技术文件重点在新建类项目，无专门针对历史街区的实施路径研究。本文的研究对象是历史街区，通过对国内外历史街区保护与改造的历史和发展趋势的探索和总结，探寻海绵城市建设的立足点，针对不同类型历史街区推出改造实施方案及技术措施，综合考虑历史街区各类改造项目的协同关系，从管理、技术、维护等多角度提出针对性的 LID 设施布局及组合方式，以期为历史街区的人居环境提升及提供技术支撑。

【关键词】海绵城市；文化遗产；历史街区；低影响开发

历史街区作为承载城市文化遗产的载体，且作为城市发展初期提供居民生活生产空间的主要场所，承担了重要的城市功能。过去的历史街区开放路径往往从文化传承与发展、业态改良与复兴、主题旅游开发等方面入手，但对历史街区从古至今延续下来的人地关系的保护与发展没有被足够重视，保护与改造也大多停留在做"表面文章"，历史街区的基础设施建设也相对滞后。随着历史的积淀和街区建筑年限的增长，相当一部分历史街区呈现出配套设施不健全、环境脏乱差等问题。由于历史街区内大部分建筑因其历史文化价值受到保护，并未达到必须拆除重建的标准，当前仍然以综合整治作为其保护与改造的主要思路。2019 年国务院政府工作报告提出，城镇中存在数量较多面积较广的老旧小区，针对这些老旧小区要大力进行建筑改造和环境提升，例如更新各类现代居住区必须具备的配套设施，支持加装电梯和无障碍环境建设。历史街区中也有大量的老旧小区，对历史街区的基础设施改造情况也更加复杂。

海绵城市作为近几年城市发展理论中新兴的重要理念，倡导模仿自然界对雨水的利用，包括雨水的积存、渗透、净化都需要自然地进行。但是由于历史街区的绿化较低，改造空间制约因素大，如何在历史街区改造中落实海绵城市理念，是城市整体推进海绵城市建设的重要环节。

1　海绵城市建设和历史街区保护与改造

1.1　海绵城市理念在城市规划中的应用

海绵城市是指城市能够像海绵具有吸水的性质一样具备良好的"弹性"，在应对环境的突然变化尤其

---

* 张乐天，男，硕士研究生，华中科技大学建筑与城市规划学院，湖北省城镇化工程技术研究中心。

是短时连续强降雨的情况下能有很强的适应性。

海绵城市理念在不同国家的规划实践语境下有着不同体现。在美国,低影响开发是海绵城市的代名词,而可持续排水系统在英国正在逐步推广,澳洲的水敏感城市设计是一种新型水源头控制理念。当前美国各城市正在实施的基于低影响开发的规划建设和我国的海绵城市建设方向基本吻合,海绵城市是一种对国际流行的城市雨水管理理念的中国化表达。近年来,海绵城市在我国的规划实施中逐渐得到重视。国家陆续出台了《海绵城市建设技术指南》和《关于推进海绵城市建设的指导意见》,部署推进海绵城市建设工作。2015 年 4 月确立了全国首批 16 个海绵城市试点。

海绵城市建设在各个层面上都有各自的实现途径。宏观层面上是区域水生态系统的保护和修复。中观层面上是在城市总体规划中:①针对雨水管理系统构建的相关专题研究;②提出开发策略、原则与目标要求;③各类控制目标和指标的确定;④各相关专项规划配套落实;⑤提出适应海绵城市开发的用地布局及相关要求,确定重点建设海绵城市的区域。

中观层面还包括控规、修详规的要求。控制性详细规划是海绵城市在规划实施层面能否实现的关键一环,它包括:①低影响开发控制在各地块的具体指标的确立;②地表径流的合理组织;③各类各级低影响开发设施统筹布置。在修建性详细规划阶段,要明确雨水管理设施的组合方式、设施规模和空间布局。

1.2 历史街区保护与改造演变和发展困境

历史街区具有真实性、完整性、延续性和多样性。我国历史街区保护与改造的历程,总体经历了从静态保护到动态保护、从一刀切改造到分级分类改造,从一次性开发到可持续发展,从粗放到集约的过程,从物质性保护到非物质性保护,从个体性保护到整体性保护的过程。

我国历史街区的发展困境包括城市风貌破坏、建筑景观衰败、道路交通不便、居住环境恶化,公共空间与绿地缺乏,基础设施建设落后。其中基础设施建设落后所导致的雨水问题日益突出:

(1) 不透水下垫面增加。许多历史街区内的道路及开放空间由原先的泥土和碎石地面变成了不透水的水泥地面,可渗透的土壤被不可渗透的水泥覆盖,这就导致雨水汇流。不可渗透的硬质路面越多,历史街区内的地表径流量就越大。地表径流的增大造成两方面的影响,一方面雨水随着管道和地表快速流动,下渗水量减少导致地下水补给量减少;另一方面原有水环境破坏影响区域气候特征,城市硬质地面增加导致"热岛效应"加剧。

(2) 低洼院落内涝。历史街区内的许多院落低于一般地面标高,被称为"低洼院落",根据北京旧城历史文化保护区居民环境有关调查表明,只 1.7% 的居民的居住院落内排水顺畅,由此可见一旦遇到强降雨,历史街区内的大部分院落都将处于内涝状态。造成低洼院内溃的原因有两方面:①外高内低。城市新建道路标高普遍高于传统院落,从雨水无法利用地形高差顺利外排。②院落排水不畅。由于历史街区内人口剧增,建筑面积远不能满足需要,原本开敞的院落空间被占用,建成各种临时性建筑,雨污合流导致管道堵塞,同时院内道路渗透率不够,雨水无法在院内下渗,因此降雨时雨水无法排出,造成低洼院内溃灾害频发,给院内居民生活造成了极大不便。

历史街区发展的这些困境导致原住民的生活质量提升受到限制,越来越多的原住民搬离历史街区,这对延续历史街区的生活状态和文化传承极为不利。我们亟需改变过去粗放式、大规模、一次性、静态的改造模式,完善基础设施建设,改善原住民的生活质量,保障市民基本的生活需求,不搞面子工程,为市民实实在在办事。

2 历史街区中海绵城市建设的可行性

2.1 历史街区的特殊性

2.1.1 历史街区产权状况复杂，大规模改造成本高

历史街区形成时间较长，房屋产权多次易主，权属关系相对一般街区更加混乱，有公有房、自建房、单位房、私有房等多种产权，也有一部分建筑产权尚不明确。不同产权主体对所属产权房屋管理方式不同，协调各产权主体需要耗费大量的人力和时间成本。生活在历史街区的居民平均收入较低，难以支付高额的改造费用，也难以承担改造后的地租。

2.1.2 历史街区承载城市文化基因，不能武断拆除

芒福德说过，城市是一个容器。历史街区正是城市文化基因的载体，每一栋建筑、构筑物、景观都留存着历史的印记，为了城市的可持续发展，保持历史文化遗产的真实性和代际公平，对历史街区中的每一处我们都不能武断拆除，对环境的提升要以保护历史文脉为前提。

2.1.3 历史街区风貌具有整体性，环境协调要求高

对于一般街区而言，实施新的改造工程，增加新的建筑物和设施，对其外观风貌的要求并不高，可采用模块化可批量应用的设计。而对于历史街区而言，任何改造都应与历史街区的整体环境风貌相协调，因此，改造需要做因地制宜的设计，尤其需要考虑风貌的问题。

2.2 海绵城市理念在历史街区的应用优势

海绵城市建设迫切要求改善城市环境质量、提高城市生态功能。历史街区由于其特殊的发展历程，多建设密集，城市发展弊病积蓄良久。

由此，一方面海绵城市建设针对水资源、水环境等突出问题，找准原因、对症下药的工作思路正契合了历史街区保护与改造中解决环境问题的迫切需求；另一方面，在"历史文化"为主导的城市建设氛围之下，历史街区保护与改造工作也应以古代朴素的"天人合一"山水城建智慧为指引，将"城市修补"与"生态修复"有机结合，强调用现代生态技术手段修复历史山水格局、园林绿化环境，以达到提升城市空间品质、历史文化氛围的目的。海绵城市建设中净化水体、改善水文循环以及促进水文平衡的目标也有利于促进城市水文化的提升，促进水文化遗产功能的维持与恢复，维持水文化遗产生存本底。

海绵城市建设中包含的生态格局修复、LID源头减排技术、生态景观设计的多元生态技术集合精准契合了历史街区保护与更新的技术应用需求。海绵城市所倡导的低影响开发也与历史街区尽可能保持其真实性、完整性和延续性的原则相符合。由此，海绵城市建设是历史街区保护与改造的重要途径和技术保障。

2.3 海绵城市理念在历史街区的应用目标

历史街区的海绵城市改造的目标主要分为四个方面：

（1）水环境——削减径流污染、控制径流总量、消除旱天污水漏排、减少雨天溢流。

（2）水安全——构建良好的防洪排涝体系，有效应对局部地区防洪标准内的降雨，与城市总体防洪相衔接。

（3）水生态——恢复自然水文循环，提升小区人居环境。

（4）水文化——促进城市水文化的提升，促进水文化遗产功能的维持与恢复，维持水文化遗产生存本底。

3　应用海绵城市理念的历史街区保护与改造策略

3.1　构建海绵城市下的历史街区水循环系统

传统街区注重功能使用，努力让街区内场地达到最佳使用效果，对雨水采取"速排"的策略，通过高效率的地表径流将雨水汇入地下管网中，再通过市政管网快速地排放至末端。这种处理方式会导致地表下渗功能的削弱，在水资源短缺的压力下地下水被过量开采，同时硬质化建设使街区土壤地质失去自然调蓄能力，地下水资源得不到补充，自然水循环系统就被破坏。

与传统街区排水方式相反，低影响开发技术重拾自然水文环境，恢复其未开发前的水文特征。街区地面由原先的窒息状态回归呼吸状态，并且具有收放自如的海绵体特征。雨水资源化利用是低影响开发技术下水循环系统的重要组成部分，蓄存的雨水一部分蒸腾和下渗融入大自然水循环体系，还有相当一部分被净化作为街区灌溉和冲洗用水资源，缓解了街区水资源短缺问题。

3.2　构建海绵城市改造的流程

历史街区低影响开发改造设计与其他规划设计相同，需要按照既定工作流程进行，历史街区的低影响开发改造设计流程可概括为现状分析、竖向设计、平面布局设计、景观融合、道路交通设计等5个步骤。

3.3　海绵城市改造技术模块化运用

历史街区种类繁多，本次研究无法对历史街区详细分类并逐一提出应对的改造方式，我们考虑将历史街区划分为几个构成模块，便于具体项目改造的开展。

历史街区改造的工作对象是物质空间，要对历史街区进行生态改造首先要探究历史街区的物质空间构成，最常用方式是按尺度大小进行分类，分为街区、建筑、细部三个层次的物质要素。总的来说，历史街区物质空间由建筑、场地、道路、绿地等物质要素组成。通常我们所做的保护或更新类规划都是从街区总体把控，然后再具体细化控制到每个建筑、街巷，这是自上而下的管控，有助于对历史街区风貌的整体把控。建设实施过程则需要自下而上的建设才能达到控制目标。因此根据历史街区物质空间要素构成和历史街区保护规划的需要，本文将历史街区分为三个低影响开发改造模块，分别是院落空间、交通空间、绿地空间。

院落空间是历史街区最基本的空间组成单元，也是人们日常生活使用最频繁的空间，要素涵盖建筑、绿化甚至交通停车。在建筑密度较大的历史街区，院落空间正是低影响开发技术从源头控制雨水的空间源头，也是改善人居环境形成小气候的空间场所。

交通空间是历史街区连接外部环境、联系邻里关系的重要通道。每一个院落作为一个雨水源头，道路就是雨水输送的通道。街道作为历史街区风貌展示的一个立面，同时也是低影响开发改造连接通廊，据调查，大部分历史街区的面源污染来自街道路面，因此历史街区街道是重要的雨水径流控制渠道。

绿地空间是雨水消纳和净化的主要场所，如何合理的改造现有绿地和增加低影响开发绿地空间是提升历史街区整体环境的重要内容，景观绿化与低影响开发设施相融合是实现历史街区土地利用集约化的途径，便于低影响开发改造工作的顺利开展。

3.4　形成"点—线—面"的低影响开发雨水利用景观体系

历史街区低影响开发改造的目的是建立一个完整的雨水系统，这三个模块改造正是历史街区雨水系统的构成部分，最终在历史街区内形成"点—线—面"的低影响开发雨水利用景观体系。

院落是雨水系统的点要素，分布在历史街区的各个点位是雨水产生的主要源头；绿地是历史街区的面空间，在区域范围内承接点空间的雨水溢流部分，承担了大部分的雨水净化、蓄集功能；道路空间则是点空间和面空间的连接轴，院落雨水溢流最终通过道路低影响开发技术设施的滞留、预处理等进入绿地系统。

4　结语

新时期海绵城市已经成为我国城市发展更新的重要理念，历史街区的保护与改造等各种相关规划项目的实施也需要以此为理论以及行动指导。在历史街区开展海绵城市在历史城区开展海绵城市建设工作，既应满足海绵城市的指标管控要求，也应结合文化遗产保护的原则，制定紧扣实际、针对问题、有机更新的工作路径。由于海绵城市建设广泛的内涵性与适用性，以及历史街区发展情况的复杂性，本文仅就海绵城市理念介入历史街区保护与改造的规划实施研究提供一种思路供参考，尚有诸多不足，还待更深入的研究验证。

参考文献

[1] 车伍，闫攀，赵杨，Frank Tian . 国际现代雨洪管理体系的发展及剖析 [J]. 中国给水排水 . 2014, 30（18）：45-51.

[2] 车伍，马震，王思思，张琼，王建龙 . 中国城市规划体系中的雨洪控制利用专项规划 [J]. 中国给水排水 . 2013, 29（02）：8-12.

[3] 张晓东，胡俊成，杨青，蔺彦玲 . 老旧住宅区现状分析与更新提升对策研究 [J]. 现代城市研究 . 2017（11）：88-92.

[4] 于中海，李金河，刘绪为 . 已建建筑小区海绵化改造系统设计方法探讨 [J]. 中国给水排水 . 2017, 33（13）：119-123.

[5] 任彬彬，张梦倩，李慧 . 建成区海绵化改造设计研究 [J]. 建筑节能，2017, 45（11）：82-87.

[6] 宋代风 . 可持续雨水管理导向下住区设计程序与做法研究 [D]. 杭州：浙江大学，2012.

[7] 魏媛媛，李玲，阎轶婧，黄天地 . 海绵城市规划建设中的老旧小区改造方案探讨——以潍坊新村为例 [J]. 净水技术，2018, 37（10）：118-123.

分论坛三

国土空间规划实施技术

全生命周期视角下的工业区弹性控规编制研究

刘天韵 吴捷文 *

【摘 要】当今城市建设进入存量更新时代，工业区规划要求覆盖其全生命周期。在生命周期的末期，面对工业转型的需要，传统"蓝图式规划"的控规体系刚性有余、弹性不足，导致了工业区升级难、转型难等问题。在推进"放管服"和供给侧改革的背景下，研究工业区弹性控规的编制愈发重要。本文将对工业区弹性控规的编制背景、编制策略进行解读，认为工业区弹性控规是对时代要求、现实问题的回应，其弹性则体现在控规的管理、内容上。在此基础上，从全生命周期的视角，文章提出工业区弹性控规的编制包括预测、规划和转型三个阶段，通过案例借鉴、要点总结等方式，归纳提出工业区弹性控规的编制流程。

【关键词】工业区；全生命周期；弹性控规

1 工业区弹性控规的编制背景

工业区的建设和城市的经济发展、资源环境息息相关。编制工业区控制性详细规划，也应站在全生命周期的视角下，在满足工业区建设发展要求的同时，为其日后的转型升级留有余地。如此，才能避免传统的"蓝图式规划"所导致的工业区升级难、转型难的问题，工业区弹性控规的编制需求也应运而生。

1.1 时代要求

1.1.1 工业转型要求

中国经济发展进入新常态，经济结构的转型给传统投资拉动的工业带来了压力。工业的发展过程要求土地及规划管理部门在规划工业用地时，从供给侧改革的角度对规划管控进行相应调整，为日后工业用地的用地性质和功能变化留出可调整的空间。

1.1.2 城市建设要求

以往工业区更新通常以大拆大建的方式进行，消耗土地的同时也对环境造成负面影响。新时期国土空间规划注重生态文明建设，要求城市土地利用由增量规划转向存量更新。工业区更新如何通过规划手段，减少土地利用改变对周边环境的影响，提高土地循环利用的效率，成为生态绿色之路的关键课题。

1.2 现实问题

1.2.1 全生命周期视角下蓝图式规划失效

不同工业区的生命周期各不相同，且其用地性质的变化是动态的过程，这导致了工业用地需求在时

---

* 刘天韵，女，东南大学建筑学院。
吴捷文，女，东南大学建筑学院。

间上的差异性。现有的"蓝图式规划"无法把握用地的动态变化，也无法引导相应的用地结构调整。这要求制定规划时考虑工业区全生命周期的变化规律，并指导工业区用地的合理管控，保障其在全生命周期内的正常运作与土地的高效利用。

1.2.2 工业用地弹性供应下指标弹性缺位

工业区内部的企业对土地使用的年限具有差异性，为了提高土地利用效率，要求建立符合市场规律的用地供给制度，提供弹性的土地利用方式，例如提供不同年限的土地出让选择等。将选择权交到企业手中，使得企业能够从市场的角度考虑运作成本等因素，从而自发节约利用土地，为日后的存量更新提供便利。

2 工业区弹性控规的编制策略

2.1 工业区控规的弹性管理

控制性详细规划承接城市总体规划的要求，引导修建性详细规划的制定。控规通常由市县政府规划主管部门组织编制，经批准后若要修改，需上报原审批部门。

相应的，城市工业区的控规由市政府组织编制，通过审批后，对地块指标的局部调整都将上报市政府方可进行。因此，工业区控规的编制管理缺乏一定弹性，使得基层规划管理部门在面对具体案例时缺乏自由裁量权，即使是不涉及公共利益或不会带来负面外部性的调整，也无法在基层部门直接得到解决。

可见，对控规的编制和调整增添弹性，将给予基层管理部门一定的自由裁量权，允许其在面对具体案例要求时灵活调整，从而提高编制管理的效率。

2.2 工业区控规的弹性内容

控制性详细规划的核心内容包括产权地块划分、地块指标控制两项，其中指标包括条文、图则等规定性指标，城市设计引导等指导性指标。

相比以往控规对地块、指标提出明确的刚性要求，现在国内各大城市均对各自的控规体系进行一定程度的弹性改良。刚性和弹性结合，标准和灵活兼顾的制定方式已成为制定控规的趋势。

对于工业区控规的制定而言，一方面，不可失却刚性约束对工业用地的管控作用，根据产业特征、开发强度等方面的要求，引导工业企业的开发建设；另一方面，由于工业发展受地价波动、产业升级等多变性因素影响，从全生命周期的视角，考虑到工业区末期转型需求，地块划分、指标控制需加强弹性和应变。

需要注意的是，工业区的弹性控规并不等同于指导性指标。指导性指标往往是基于城市设计，对建筑的形式风格等做出引导。在工业区全生命周期的视角下，控规的内容应考虑与未来转型升级的对口需求，通过增添地块划分、指标控制的弹性、灵活性，为工业区全生命周期的开发建设提供保障。

3 全生命周期视角下的工业区弹性控规编制流程

考虑到工业区用地在全生命周期的变化规律，其弹性控规应当从制定之初，就对末期的转型发展做出预测，在控制内容上为转型升级留有余地，从而避免转型时期建设工程量过大。因此，提出工业区弹性控规的编制流程应当分为预测、规划和转型三个阶段。

3.1 预测阶段——工业区转型方向的预测

3.1.1 工业区的四种转型方向

当工业区面临转型升级时，通常采取产业结构调整、经济效益提高、环境品质提升、基础设施更新、文化保护发展等一系列措施。不同的更新路径下，功能模式和用地配比也有所差异。据此，工业区的转型方向可被归纳为产业升级型、商业商务型、创意休闲型、品质生活型四类。

3.1.2 工业区的转型预测方式

在工业区的规划建设时期，对其更新转型时期的转型方向做出预测，是工业区弹性控规编制的基础。工业区的转型方向主要通过上位规划直接引导和未来土地利用预测两种方式进行预判。

上位规划直接引导，是指长期性的城市总体规划对工业区的未来定位有指导意义。例如，在《南京城市总体规划（2018—2035）》中，以将南京建设成为国际创新名城为目标，绘制市域创新空间结构图，规划了环江高新技术产业开发带。在该结构图中，江宁小龙湾地段的现状工业用地被纳入高新技术产业开发带，从而推知该地段工业区的转型方向是以高新技术为主导的产业升级型。

未来土地利用预测，是通过引入模型对工业区未来土地功能利用进行预测，确定工业区建设时的控规指标体系。在模型选择上，可应用 CA 模型进行土地利用情景模拟，对转型时期的土地利用进行一定程度上的预测，从而预判工业区的转型方向（表 1）。需要注意的是，模型的结果仍有较大的局限性。例如，存在着参考因子具有主观性、比例确定缺乏科学依据、未来变化突破现有技术等局限。因此，通过模型进行未来土地利用预测，主要作为上位规划的补充部分，二者结合才能对工业区的转型方向有较为科学的预判。

CA 模型所采取工业用地影响因素 表 1

工业用地演变影响因素					
影响因素	变量因子	影响因素	变量因子	影响因素	变量因子
政策制度	规划建设干预和引导	区位	城市发展定位	土地价值	区位
技术进步	新技术开发潜力		交通条件		占地面积
产业调整	生产能力		开发强度		地质条件
	市场需求	交通可达性变量	到铁路的距离	生态污染	污染水平
	产业潜力		到高速路的距离	历史文化	工业遗产
	城市产业结构		到地铁站的距离		情感记忆
人口情况	人口总量		周边道路密度		
	城市化水平				

(最左侧"宏观"、中间"中观"、右侧"微观")

3.2 规划阶段——工业区弹性控规的制定

在工业区规划阶段对末期的转型升级予以弹性预留，可以避免转型时期"大拆大建"现象的发生。本节将选择对应四种转型方向的国内外工业区更新案例，通过分析其在转型时期的控规调整，归纳推知工业区在控规制定阶段应怎样增添弹性，以应对转型时期不同方向的调整需求。

3.2.1 不同转型方向的工业区控规调整

3.2.1.1 产业升级型——苏州独墅湖科教创新区

苏州独墅湖科教创新区位于苏州工业园区内，由中国和新加坡共同建设。20 余年以来，工业园区经济增速喜人，但资源环境的约束、产出效益的降低，要求园区开展转型提升工作。为此，园区构建四大板块，为首的独墅湖科创区以高新技术产业为主导，生态工业园区为目标，制定了灵活化、低碳化的控规体系（表2）。

苏州独墅湖科教创新区转型期控规调整策略表　表 2

转型期控规调整方面	控规调整具体内容
产权地块划分	引进"白地"概念，发展"灰地、弹性绿地"等概念
土地使用性质	"留二混合"的土地使用变更策略，在原有工业功能基础上加入研发、创新等新功能
土地使用强度	"留二优二"土地使用强度优化策略，针对新的业态，加大土地开发强度
道路及其设施	以"交通减碳"为目标，改善路网密度，增加绿色交通要求
城市环境景观	新增多项低碳生态指标，强化传统控规指标的生态属性

3.2.1.2 商业商务型——深圳华强北片区

华强北地区原本是中国最大的电子市场。1996 年，城市中心区从罗湖向西转移，商业中心也移至华强北。原工业用地性质无法满足城市商业功能发展需求，产生空间资源紧张、环境品质较差、配套设施不足等问题。从城市更新的角度，政府为华强北地区制定了适应于商业化、慢行化需求的控规体系（表3）。

深圳华强北片区转型期控规调整策略表　表 3

转型期控规调整方面	控规调整具体内容
产权地块划分	划定更新单元地块，设置拆除重建区、功能改变区和综合整治区三种类型的更新单元
土地使用性质	允许土地使用者自发地调整用途和使用方式
土地使用强度	根据土地价值、景观状况、功能需求以及改造程度评估等因素赋权重并进行打分，基于此设定各地块的目标容积率；"容积率开发奖励"手段
道路及其设施	利用原工业区供运输车通行的双向四车道，打造以慢行为主的交通体系；进行景观等综合整治和改造，结合功能转型需求进行相应配套设施建设

3.2.1.3 创意休闲型——北京首钢工业遗址公园

北京首都钢铁厂始建于 1919 年，曾是北京工业经济的代表。在转型升级时期，利用"退二进三"的契机，腾退土地发展新兴产业、修复工业破坏土地，成为首钢的转型要求。作为工业遗产的重点单位，北京首钢以遗址公园为转型目标，制定了留白化、多元化的控规体系（表4）。

北京首钢工业遗址公园片区转型期控规调整策略表　表 4

转型期控规调整方面	控规调整具体内容
产权地块划分	通过街坊方式划分地块，留出空白地块，为未来土地利用留下建设空间
土地使用性质	引入多功能用地
土地使用强度	实行减量发展和战略留白的原则，降低土地开发强度
道路及其设施	加密路网、重点补充公共交通设施
城市环境景观	通过场地设计、绿色生态、建筑风貌、地下空间等附则的管控体系开展城市修补

3.2.1.4 品质生活型——马尔默西港区

马尔默西港区是造船业聚集的滨海工业区，传统工业的衰弱给其带来转型的压力。借助欧洲住宅博览会举办的契机，马尔默西岗区提出"工业蝶变"的口号，要通过生态恢复等手段，废弃老码头改造成品质生活住宅区。在转型过程中，马尔默西港区制定了渐进式、宜居化的控规体系（表5）。

马尔默西港区转型期控规调整策略表 表5

转型期控规调整方面	控规调整具体内容
产权地块划分	运用渐进式开发的方式，划分小规模地块作为规划单元
土地使用性质	在展览会结束后将地块作为新的住宅区，原本单一工业用地性质的海港区转变为具有完整功能的全新住区
土地使用强度	体现北欧城市的特点，多数为底层，布局较紧凑，以低容积率、低建筑高度、高密度为地块控制指标
道路及其设施	在外围规划有主干道、公共交通系统连接老城区，降低机动车的使用需求； 同时充分利用地下交通和地下停车场
城市环境景观	优化绿化系统、水系统，借助海港、码头等原有工业骨架，创造联通的社区绿地开放空间系统

3.2.2 转型时期工业区控规调整内容总结

不同转型方向的工业区规划调整如表6所示。

不同转型方向的工业区规划调整总结表 表6

	产权地块划分	土地使用性质	土地使用强度	道路及设施	城市环境景观
产业升级型	"灰地、弹性绿地"，赋予弹性功能	"留二混合"，加入升级后的产业用地	"留二优二"，适度提高容积率	改良路网，绿色交通	建造低碳生态工业园区
商业商务型	划分属性不同的城市更新单元地块	允许土地使用者自发调整用途	不同城市更新单元有不同目标容积率	完善交通网络，提倡慢行交通	治理环境景观
创意休闲型	白地，为未来预留建设战略空地	用地功能置换，土地多功能混合使用	适度提高容积率，景观重点地块控制高度	完善公共交通设施，提升交通承载能力	生态修复，附则管控体系控制
品质生活型	小规模地块规划	单一工业区转变为复合功能的住区	低容积率、低建筑高度、高密度的住区	公交、自行车网络便捷联络	联通的社区绿地开放系统

3.2.3 不同转型方向的工业区弹性控规制定

总结转型时期工业区控规调整内容，并纳入对工业区控规制定的思考中，从而在规划制定时期增加控规的弹性，减少转型时期的建设量。面对四种转型方向的工业区，其弹性控规的制定也各有不同。

3.2.3.1 产业升级型

转型方向为产业升级的工业区，在制定控规时，用地上可趋于灵活化，指标上倾向于低碳化。具体来讲：地块划分留有弹性，对于近期性质不明的用地赋予弹性的功能，便于产业升级时期调整；土地使用性质提倡混合使用，允许业主根据自身的产业升级需求，适当调整土地使用性质；划定容积率上限以及下限，提倡集约式开发，防止产业升级"无地可用"；划定弹性路网，考虑到产业升级需要大地块、小地块相结合，路网划定应满足不同的产业需求，同时注重慢行交通的构建；控制园区内绿地率下限，并控制厂房排污指标，以产业升级后绿色低碳化为目标。

3.2.3.2 商业商务型

转型方向为商业商务的工业区，在制定控规时，可借鉴商业用地的相关指标，从区位经济的角度提倡因地制宜。具体上讲，根据区位条件等因素，划分地块单元，各单元控规有所差异，以便后期更新；允许土地所有者自发调整土地用途，并且为土地产权的出让提供较为便捷通道；规划不同单元有不同容积率，针对工业逐渐更新为商业的情况，为先更新为商业的单元提供地块指标上调的便捷通道，并鼓励容积率奖励式开发；构建完善的路网，保证更新过程中路网的承载能力，建设地下停车系统并为地下交通运输留有空间；从环境美学等方面设计良好的景观，工业区初始绿化率应向转型后商业区绿化率看齐。

3.2.3.3 创意休闲型

转型方向为创意休闲的工业区，在制定控规时，可以考虑留白用地，为未来预留建设性用地，并保障用地环境品质。具体来讲：用地性质适宜功能混合,预留调整的用地功能空间；工业厂房可选用大空间、层高较高的建筑类型,营造承载多功能的建筑空间,满足未来创意休闲空间的需要；路网功能结构完整,满足交通承载的同时注意构造慢行系统；控制园区绿地率下限,提供生态修复的策略,保障良好的周边环境。

3.2.3.4 品质生活型

转型方向为品质生活的工业区,在制定控规时,可采用渐进式更新的方式,并提升用地的宜居品质。具体来讲：地块划分以居住单元为考虑依据,尽量向居住单元的规模靠拢,并且公共服务设施地块的布置也应满足转型为居住区后的要求；用地性质拒绝单一工业,而是对基础设施、公共设施等生活空间进行混合配置,方便日后转型为居住区的日常需求；工业厂房的布置可以适当考虑日照间距等住区相应指标,这样转型为居住区后,可以改建原厂房为LOFT等居住单元；配置合理的园区路网,并留有通向城市主要功能区的干道,其中有公共交通路网方便出行；园区绿化应当以整体为考虑,绿地系统联通不破碎,同时留有易于转型为绿地的地块,从而满足转型后的绿化率需求（表7）。

不同转型方向的工业区弹性控规总结表 表7

	产权地块划分	土地使用性质	土地使用强度	道路及设施	城市环境景观	建筑建造控制
产业升级型	根据产业特点划分集约大地块或灵活小地块	同类企业预留空地	容积率上限下限双向控制,建筑密度可浮动区域较大	完善路网系统,运行效率高	绿化率适中,绿地布置关注其生态功能	建筑高度上限控制,建筑间距可浮动范围较大
商业商务型	根据区位划分不同指标控制的地块	集约利用土地,局部预留空地	容积率可浮动区域较大,建筑密度较高	棋盘格式布局,预留未来道路口	绿化率适中,绿地布置关注其景观功能	建筑高度和间距可浮动范围较大
创意休闲型	为未来预留空地	用地功能混合	容积率上限控制,建筑密度较低	引导性明显,道路间距不宜过宽	绿化率应较高,且具有美学价值	建筑高度控制,主要视觉通廊间距范围较大
品质生活型	接近居住组团的小规模地块划分	增加公共服务设施用地	容积率上限控制,建筑密度较低	公交、自行车网络便捷联络,交通结构清晰	绿化率应较高,且绿地系统可达性强	建筑高度上限控制,间距日照要求控制

3.3 转型阶段——工业区弹性控规的引导

3.3.1 控规导则引导

控规导则分强制性和引导性两部分,其中强制性内容,例如产权用地划分、地块指标控制等,可以通过上限和下限的双向控制、针对转型方向的特定控制等措施,增强其弹性；其中引导性内容,例如建筑建造控制,则具有更强的自由裁量权,针对转型方向可以做出相应的调整。

在工业区的转型时期,弹性控规导则可以对工业区转型起到一定引导作用。例如转型为品质生活的工业区,可以参考控规导则中对于地块划分、用地性质、环境绿化等方面的引导,较为便捷地从原有注重产能效益的工业区转变为注重宜居环境的居住区；也可以参考控规导则中针对建筑体量和形式的引导,为厂房建筑转变为居住建筑提供依据。

3.3.2 企业自我调整

在工业区的转型时期,规划管理部门会对转型加以引导,工业区原业主也会产生自我更新转型的需求。具有弹性的控规能够赋予企业一定的自我调节的空间,补充法规不能覆盖到的部分。例如转型为产业升级的工业区,其业主在土地使用性质和土地开发度上拥有一定的调整权限,可以在原制造业的主导功能外增加科技创新等升级后的功能,并相应地提高容积率。由此,可以促进工业区自我产业升级,有助于提高工业区产出效益。又例如，转型方向为商业商务的工业区，其业主在土地产权变更上享有较便捷的通道，从而减少工业区向商业转型的流程上的阻碍，使得城市地块的更新便捷、流畅。

4 小结

4.1 全生命周期视角下的工业区弹性控规编制流程

全生命周期视角下的工业区弹性控规编制流程如图 1 所示。

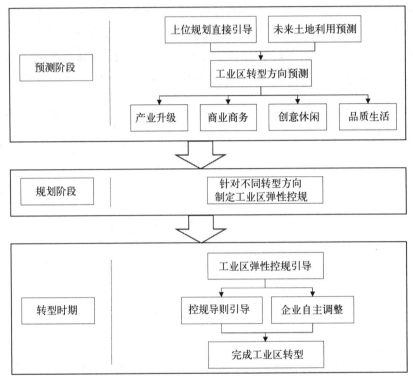

图 1 全生命周期视角下的工业区弹性控规编制流程图

4.2 全生命周期视角下的工业区弹性控规制定意义

在城市存量更新背景下，土地的集约利用和高效更新是一个重要的议题。通过案例分析，根据工业区转型前后在地块划分和指标控制上的异同点，在规划初期制定相应的弹性控规，求同存异，为转型时期的建设提供基础，从而尽量减少"大拆大建"式的更新。

此外，为了减少城市变化的不可知性对土地资源的浪费，一方面增强工业区控规在管理体系上的弹性，基于基层管理部门一定的自由裁量权，从而减少工业区用地在时间维度的利用空白；另一方面采取预留"白地"、容积率"双限控制"等空间规划手段，为未来地块划分、使用性质等变化留有缓冲地带，提高工业区用地在空间维度的利用质量。

参考文献

[1] 曾真，李津逵. 工业街区——城市多功能区发育的胚胎——深圳华强北片区的演进及几点启示[J]. 城市规划，2007（04）：26-30.

[2] 丁增一．"全生命周期"的城市规划管控路径探索——以温州市规划管理制度的发展为例 [M]// 中国城市规划学会，重庆市人民政府．活力城乡　美好人居——2019 中国城市规划年会论文集（14 规划实施与管理）．北京：中国建筑工业出版社，2019：726-730.

[3] 谢亚．企业生命周期视角下产业园区工业用地管控策略研究 [D]．南京：东南大学，2018.

[4] 刘敏毅．基于全生命周期的生态工业园区评价指标体系的设计 [J]．科技创新导报，2011（33）：24.

[5] 熊毅寒．基于邻域因素影响的城市中心区存量工业用地演变研究 [D]．天津：天津大学，2018.

[6] 金碚．工业的使命和价值——中国产业转型升级的理论逻辑 [J]．中国工业经济，2014（09）：51-64.

[7] 刘哲．中小城市控制性详细规划编制中的弹性方法研究 [D]．济南：山东建筑大学，2019.

[8] 段德罡，王瑾．工业园区控制性详细规划编制方法调整的探讨 [J]．现代城市研究，2010，25（06）：30-34，49.

[9] 王兴文．传统工业园区转型发展对策研究 [D]．上海：东华大学，2016.

[10] 朱方乔．基于生态存量视角的旧工业区更新策略研究 [M]// 中国城市规划学会，重庆市人民政府．活力城乡　美好人居——2019 中国城市规划年会论文集（08 城市生态规划）．北京：中国建筑工业出版社，2019：375-383.

[11] 章斌．研究旧工业区城市更新策略 [J]．科技与创新，2019（07）：78-79.

[12] 黄伟．基于定量分析的工业区更新与再开发研究——以苏州工业园首期控制性详细规划为例 [M]// 中国城市规划学会．城乡治理与规划改革——2014 中国城市规划年会论文集（06 城市设计与详细规划）．北京：中国建筑工业出版社，2014：1090-1100.

[13] 周竞宇．基于"更新单元"方法的城市中心区更新规划研究 [D]．西安：长安大学，2012.

[14] 陈密．深圳市华强北片区规划实施机制研究 [D]．深圳：深圳大学，2018.

[15] 王嘉．多重视角下旧城改造项目地块合理容积率确定方法探析——以深圳市华强北地区城市更新实践为例 [M]// 中国城市规划学会，重庆市人民政府．规划创新：2010 中国城市规划年会论文集．北京：中国建筑工业出版社，2010：2262-2272.

工业遗产创意园区管理的问题及对策研究报告

青木信夫 徐苏斌 孙淑亭 郝 博 陈恩强 薛冰琳 *

【摘 要】天津市自 20 世纪 90 年代后期开始发起大规模以经济转型为目的的旧城更新，城市功能、产业和空间格局重组引起城市中心历史街区，特别是转型中的工业街区的普遍士绅化。社区参与被认为是社区更新中最重要的指标之一。相较之下，工业遗产在保护更新中的社区参与环节因多种因素而难以推进，本次研究意在探讨社区参与方式的同时，也探讨了社区居民流动变迁的原因、经济价值变化的内在逻辑、整体区域的价值如何变化以及对社会关系有何影响等，最后提出工业遗产社区的改造对策与增强社区认同的策略。

【关键词】工业遗产社区；创意产业园；管理与对策；社区认同；社区更新

1 概述

1.1 研究背景

1.1.1 社会背景

在整个社会"退二进三"浪潮的背景下，工业遗产地的转型发展成为城市更新过程中的首要目标，而产业的变迁常常也代表着从业者群体的变迁，因此在工业遗产转型的过程中如何带动既有的社区居民充分参与其中，成为遗产保护中亟待考量的问题。与此同时，在资本全球化笼罩下，城市更新也呈现出多元新趋势，天津市自 20 世纪 90 年代后期开始发起大规模以经济转型为目的的旧城更新，城市功能、产业和空间格局重组引起城市中心历史街区，特别是转型中的工业街区的普遍士绅化。它们记录了工业城市的崛起与演变轨迹，其人文与社会价值不仅体现在对工业精神的象征，也承载着工人阶级数十年的场所依附、集体认同和赖以生存的社会经济根基，因此对于工业遗产地的场所特质的深入探讨也将包含在其中。

1.1.2 历史背景

1897 年，天津近代纺织业开始繁盛。解放后棉纺厂全部归为国有并改革兼并，更名为棉纺一到七厂，棉纺厂和棉纺宿舍一度曾是老天津人对海河沿岸的共同记忆。

棉纺宿舍原是外人对棉纺厂职工居住地的统称。由于近代天津棉纺织业的兴盛，开始棉纺宿舍往往是厂内为了棉纺职工的居住需求而设立的，而后慢慢成为棉纺职工居住生产生活的社区。

---

* 青木信夫，男，天津大学建筑学院中国文化遗产保护国际研究中心，教授，基地主任。
  徐苏斌，天津大学建筑学院中国文化遗产保护国际研究中心，教授，基地副主任。
  孙淑亭，女，天津大学建筑学院中国文化遗产保护国际研究中心，在读研究生。
  郝博，女，天津大学建筑学院中国文化遗产保护国际研究中心，在读研究生。
  陈恩强，男，天津大学建筑学院中国文化遗产保护国际研究中心，在读研究生。
  薛冰琳，女，天津大学建筑学院中国文化遗产保护国际研究中心，在读研究生。

抗战后期的天津纺织产业因受到战争冲击，纺织厂多处于缓慢生产或停工状态，赢弱的手工艺传统在时代骤变下艰难转型，对生产原材料和生产机器的过度依赖，以及生产模式仍然处于家庭、工坊和企业并存的局面，使得纺织工人只能在夹缝中利用自己的力量求得生存：纺织工人大多来自天津本地和周边河北省，由于政治和资本制度的脆弱和多变，他们仍然采用乡村式的亲眷关系网来抱团。他们多数是不被承认的市民，范围仅限于工厂或工坊内，一日工作时间远超 10 小时，几乎全年无休，待遇微薄，既使作为中国工运史上不可或缺的群体，他们的斗争也并非为单一底层对上层阶级的反抗，内部也存在着不同社会群体派别的争斗。在这种社会语境下的棉纺宿舍往往是较为传统封闭的社会形态。

解放初期，棉纺宿舍较民国时期无太大差别，依旧是自建的住房、阁楼，拥挤不堪。社区整体卫生、秩序、安全也得不到保障。由于全市"房荒"，房子租金还很高，且市内交通不便，居住在厂外的工人强烈希望搬到厂子附近去住。棉纺宿舍也纷纷仿照工人新村的样式，规划建造新宿舍。

1976 年天津大地震后，棉三翻建了一工房、二工房的房子。棉纺一厂、三厂、五厂的平房宿舍都成为平房改造的受益者（图 1）。

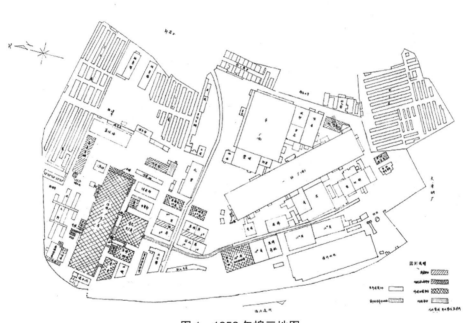

图 1　1953 年棉三地图
（图片来源：棉三历史档案馆）

1.2　研究目的与意义

1.2.1　研究目的

工业遗产的社区参与过程需要涉及原先在厂区工作的工人、居住在附近的居民以及新迁入的工作者和居民。研究涉及不同群体参与的方法、工人及居民在地理空间上的流动变迁以及地租经济在地理空间的变化。在探讨社区参与方式的同时，社区居民流动变迁的原因是什么，经济价值变化的内在逻辑是什么，整体区域的价值如何变化以及对社会关系有何影响等，也将会是研究中的重点问题。

1.2.2　研究意义

工人居住区向工业遗产社区转变是全国工业遗产中普遍存在的问题。旧有工业遗产中，厂区的改造再利用相对更加容易，因为涉及的国企和房企对话较为容易。而附属老旧家属区由于居民繁杂、老龄化严重、经济状况一般，在与房企和政府协商时往往难以达成共识，导致搬迁和改造困难。这个问题也反映了城市化进程中工业遗产社区不可忽视的士绅化、老龄化、贫困化等多种问题。在本调查中也将社区问题纳入调查范围。我们想要探索是否有保存和更新双赢的局面，既带来居民生活质量的提高，又可以改变老旧工业家属区"老、破、小"的困境，较为合理、温和地保留文化"留住人，留住家"（keep people，keep house）。

1.3 研究范围及对象

1.3.1 研究范围

本次研究的区域毗邻海河东路，北至北柴厂街，紧邻富民公园，与天津湾公园对河相望。该地占地 10.5hm^2（图 2）。

图 2 研究范围
（图片来源：作者自绘）

由于周边水系和道路分布的原因，整个地块与其他社区三面隔离，东侧接壤的滨河庭苑小区是自建的中高层住宅区，拥有较为完备的内部功能。如果以围墙厚度、高度、完整程度作为评分标准，可得从滨河庭苑小区到棉三创意街区到棉三宿舍楼再到棉三拆改区，封闭程度逐渐降低。其中，棉三创意街区开设的 4 个出入口中有 3 个与棉三宿舍区、拆改棚户区相连。

1.3.2 研究对象

研究对象主要分为四大类：1. 棉三创意街区周边社区物质结构形态现状调查，包括社区建筑现状，基础设施现状，外部空间状况，周边服务设施的调查。2. 棉三创意街区周边社区的社会结构形态现状，包括社区居住人群构成现状，产权变化，居民年龄层次现状，收入现状以及居住年限统计。3. 对社区管理者进行深度访谈，进行社区与创意园区管理问题调查。4. 对社区居民进行访谈，了解居民的记忆口述史，工人及居民在地理空间上的流动变迁以及地租经济在地理空间的变化。

笔者从 2018 年到 2019 年联系调查棉三。2018 年的调查重点在于产业园，2019 年的调查在于产业园周边的工业遗产社区。在正式调研前，我们针对棉三创意街区及周边社区进行了预调研，首次现场调研，通过访谈居住区负责人和对周边居民随机采访形式，对棉三创意园区及周边社区有初步完善的实际认识。正式调研中则通过现场考察、问卷调查的方式采集数据，并通过关于棉三今昔生活图景的描述和绘制，用来录入更多日常生活信息。同时关于现在棉三社区问题意见的深入采访，作为群众心声的采样，以此得出结论。

1.3.3 研究方法

研究方法如表 1：

研究方法 表 1

研究方法	研究对象	调查内容	获取数据
文献调查法	无	完成对去年研究的资料整理和补充，完成对棉三创意街区的基本资料整理和社会环境状况进一步梳理。查阅工业遗产与周边社区相关的论文	基础文献资料若干
实地考察法	棉三工业区	对棉三社区和周边物理环境的实地勘测工作，主要对遗产数量、年代、保存情况、用途、居民意见建议、实际使用利用方式进行收集整理	现状物质结构分析图若干
问卷调查法	居民	在社区中发放问卷，详细统计社区内住户类型、入住时间、休闲场所、居住优缺点分析等基本情况	60 份
访谈法	居委会主任与居民	与社区负责人进行对接，获取棉三创意园区及周边基础的人口和产业数据。并获取基层工作的开展模式和基本内容，获取全市最新的基层工作指导文件	10 次深入访谈和 73 次简短访谈
比较分析法	社区规划案例	分析比较其他城市中工业遗产社区规划的经验，探寻可以在棉三工业区实施的规划措施，同时考虑是否可以推广到整个天津	3 个案例分析

1.3.4 研究框架

研究框架如图 3：

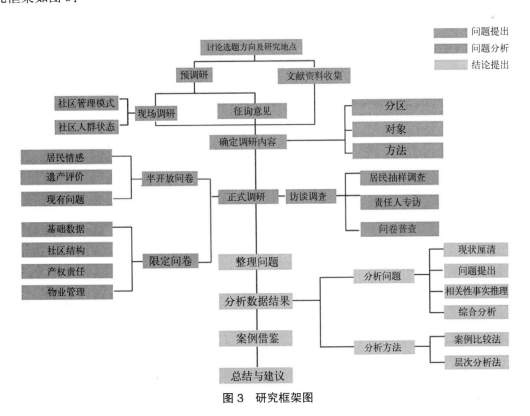

图 3 研究框架图

2　棉三创意街区现状情况调查

2.1　街区社会结构形态现状

2.1.1　街区人群社会关系变化

如果站在棉三的当下去理解，原住民住在社区的最内部，收入较低，老龄化严重，居住环境较差，自然是处在社区较为劣势的社会地位。但回顾新棉纺工业和社区的历史，棉纺工人的社会身份在百年间经历了四次巨变。如果可以将时代群体的变化具象到人，再去抽象，可能对社区居民现状的把握会更深刻，这四次身份转变分别是："外来村民——革命骨干——生产光荣——改革开放——下岗潮"。

2.1.2　社区居住人群构成现状

天鼎社区的管理范围包括了棉三宿舍和美岸名居。棉三宿舍是当年工厂的宿舍，美岸名居是棉三生产区改造后新建的住宅。目前棉三宿舍总的登记在册的房屋户数是1358户，但是真正住有居民的房屋要少于这个数据。在2016年，统计的常住人口总共有998户，当时美岸名居刚刚建好，入驻了50户左右；现在美岸名居基本住得比较满，有152户，所以棉三宿舍和工房一共1310户（表2）。

社区人口统计表　　　　　　　　　　　　　　　　表2

	天鼎社区	棉三宿舍	美岸名居
房屋套数	1510	1358	152
实际居住户数	998	948	50
实际居住人数	2512	2400	112

数据来源：富民路街道办事处

2.1.3　社区居民年龄层次现状

常住人口2400人左右，有老人也有小孩子。而我们经过走访社区街道办，查阅到天鼎社区户籍人口4523人，60～79岁1504人，80岁以上318人。这也就意味着社区老龄化程度较为严重，而这些老人的子女大多数在天津别的小区居住。此外社区中还有一部分是租户，租户大多数是本市人在这里租，外地人很少租住在这里。以前在四工坊的平房中，租户很多都是外地人，租金大约几百元一个月，现在整体租户人数不多，这也加强了老龄化的程度。

2.1.4　社区产权现状分析

本次针对棉三宿舍的调研考察区域如表3、图4：

棉三宿舍产权现状　　　　　　　　　　　　　　　表3

楼号	建造年份	用途	产权
2、4、6、8号	1969	居民（8号单身公寓）	单身公寓企业产
10、12号	日占时期	托管中心占用，做办公用	托管中心企业产
14、16号	1989	已拆迁	托管中心企业产，私产
17、18、19、50号	1989	居民	托管中心企业产，私产
棉三四工坊	1989	居民	托管中心企业产，私产

数据来源：富民路街道办事处

一直作为宿舍性质的楼栋，都属于企业产；一直供家庭居住的楼栋，因为国企房屋改制不完善，所以存在企业产和私产混合存在的现象；另外还存在不少在房子间的空隙处搭建的小房子、窝棚等属于私产。

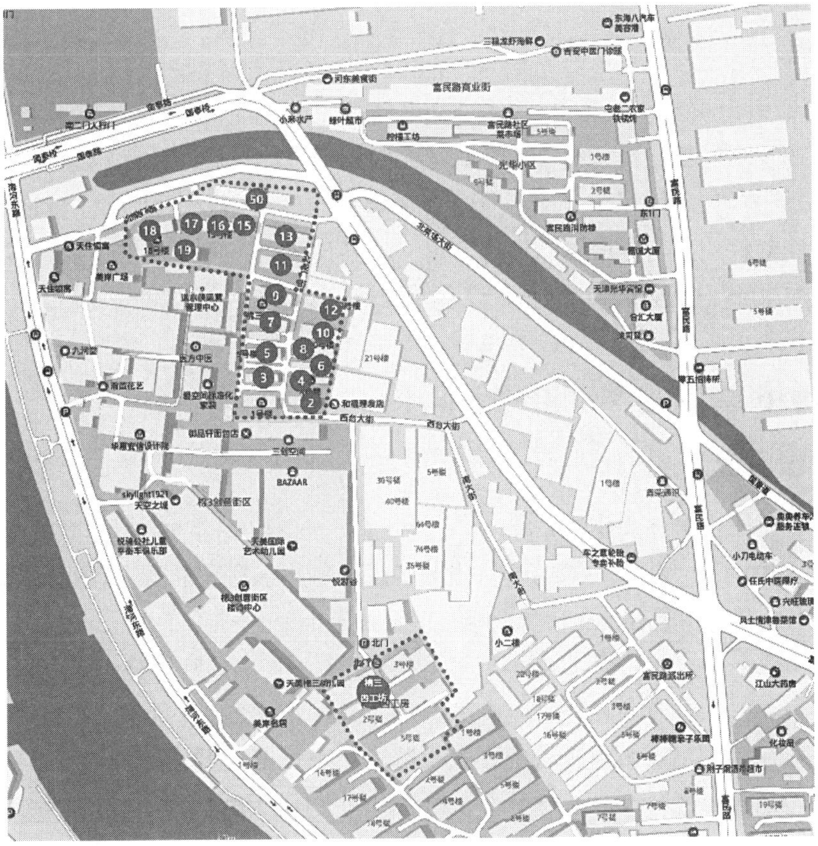

图 4　调研区域及楼栋编号
（图片来源：笔者自绘）

2.2　街区物质结构形态现状

2.2.1　街区基础设施现状调查

给排水系统过于陈旧，无组织排水及排水管阻塞等问题导致院中甚至室内常有积水现象，且供水系统暴露于室外，冬季供水管冻结使生活用水供给不能保证；部分社区的厨房及私人卫浴设施匮乏，需要到公共卫生间解决，所以导致居民日常生活极为不便；单身公寓例如房龄最老的八号楼，居住空间过于拥挤，线路老化外露。房屋普遍缺少保温措施，对于一个老龄化社区而言，会对居民的生活产生巨大的影响。

2.2.2　街区外部环境状况调查

街区外部道路狭窄，随意停车，没有规划的停车位，阻碍道路车辆通行，有部分交通要道的宽度甚至仅有 4.1m 宽。街区外部绿化主要形式为每两栋之间的院落内部种植的树木，剩余的绿化基本都是居民自家的盆栽等，缺少绿化。经规划设计的公共空间偏少，目前的状况基本是，在某个大树下或者较宽敞的居民家前面自发形成的“公共节点”，因为社区老人偏多，居民也确实反映希望能够拥有公共交通空间，这样可以解决大部分居民的活动问题。

2.2.3　街区周边服务设施调查

棉三社区周边毗邻棉三创意街区，创意街区主要针对的是高端层次消费人群，其中的产业包括有餐饮服饰、文创摄影、展览等，与棉三主要居住人群的消费水平不对等，存在很大差异。但是周边有菜市场、派出所，街区内部有房管站等，可以满足基本生活需求。但是棉三周边的几条主要进出口道路，尺度不符合消防规范，对于可能会有紧急事故发生的住户，无法得到保障。

2.3 社区建筑现状调查

棉三宿舍共有 1 ~ 19 号楼，其中 2，4，6，8 号楼是 1969 年所建，其余建于 1989 年。历经唐山大地震的几栋楼，其建筑本身都已经状况不佳。建筑光线昏暗、墙皮脱落、私拉电线，存在安全隐患。楼内没有卫生间，十分不方便。近期发生的建筑阳台整体掉落的事件，使得居民对于建筑安全问题更加担忧。建筑的门窗破败，密封性差、有居民强烈反应希望可以早日换新；楼梯踏步陡峭，不符合建筑规范，对于老人来说行走更加艰难；楼道内杂物堆积，没有人清扫。

3 社区与创意园区管理问题调查

3.1 基层管理问题

1953—1959 年，棉三宿舍逐步建造完成，形成 1—5 工房。1969 年加建了 2、4、6、8 号楼。1989 年在原有平房基础上将 17、18、19、50 号楼直接改造为多层楼房。直到现今，区域内总体肌理没有太大变化。受 20 世纪 90 年代市场开放和国有企业转型影响，棉三工厂于 1998 年停产。

从解放后设立街道办事处起，棉三社区居民以及郑庄子一直都归富民路街道办事处（2000 年前为郑庄办事处）下属的天鼎社区居民委员会（2000 年前为棉三一五居委会）管理，一些和职工相关的事务则归工厂管理。而在工厂倒闭后，组建托管中心负责解决企业遗留问题，例如棉三社区的房屋产权问题。托管中心的建立并不是转向社区，也不与街道办相关，它隶属于纺织公司（过去为纺织局）仅解决工厂倒闭的后续问题。目前棉三工厂及创业园区内部事务并不属于街道办事处的管辖范围，而由自己管理。但是属于创业园的美岸名居则属于天鼎社区管理。因此在管理上社区和产业园有一定交叉。

目前针对物业等房屋管理问题由民政局、房管局和街道办事处三方协同管理。

原本工厂有房管科或房管处，棉三社区的物业本应由工厂自身管理。在企业倒闭后，托管中心未进行有效干预，而后托管中心将产权委托给房管局。房管局下设有物业办，主管其产权范围内的旧楼改造和维修修缮事项，其中修缮资金据街道办人员描述可能存在两条路径，一是职工的公积金的补贴，二是国家相关规定的补贴。

民政局设有物业办，主管现今的准物业。2007 年，天津市"创新创卫"，由于过去老居民区没有人管，所以商议成立一个准物业公司。棉三的物业费用为一户 5 元一月，包括了保洁人员和两门卫。保洁人员由物业公司负责指派，工作主要是进行楼道清洁和室外整洁，收费低廉，属于社会福利的一部分。若是自身有引入物业的（例如美岸名居）则归属于街道办事处的物业管理科。

针对人事等社区居民问题也是由街道办和工厂一起处理。在过去，工厂制定有工厂职工的各种保障制度，例如医疗报销、困难补助等都较为完善，所有的资金都是来自企业。但从 1997 年起，国家制定并推行了社会保障制度，成立了社保中心，居民除了可以从工厂获得相关补助外还通过参保获得相应的国家补助。

对于现今的老棉三内部退休工人、学生政审、大学生入党、档案和人事关系等都由托管中心负责，他们的关系仍然没有和工厂脱开。除了社会福利外，所有的事项仍然要通过托管中心处理。

而对于买断的退休工人，则完全与工厂脱节，若仍然居住在此，则所有居民事项仅与居委会相关。比较特殊的是，街道办作为政府派出机构与工厂一起管理社区的党建与党组织、居委会正逐步改革，天津市也在对其统一管理和财政支出。针对棉三社区，居委会只管社区民情。

以上的分管情况也出现了很多问题。在社区中有居民提出小区门口的树每年都会生虫子，居民苦不堪言。树所在的地产权是棉三，但是树是园林局种的，所以两方都认为不是自己的管理内容，因而每年居委会只能自费打药。相似的问题还有：出于为居民出行考虑，拆迁办将拆迁地围起来，导致了棉三四工房的唯一一条老路被堵住，而另外的路归产业园区所有，常年停满车辆，影响车辆和行人同行也增加了出行距离。背后的原因还是分管的独立导致了协调的困难。

除此之外，还有一片拆迁区，原为城中村——郑庄。其拆迁和安置工作由建设委员会和房管局负责，街道办与居委会都不了解具体情况。但由于户籍未转走，搬迁居民办理各种事仍需返回富民路街道办事处。区域内整体的建设规划都是由上级进行，基层不参与相关工作。显然这是一次典型的自上而下的建设。

3.2　街区公共活动管理问题

棉三产业园区在后勤管理上与街道办和居委会的平行关系，不仅仅造成了物质空间的割裂也造成了精神情感的割裂。

产业园区的改造在项目层面上是成功的，但是对于棉三老职工老居民，他们熟悉的空间已经被改变，新的人群和新的商业都让他们疏远了产业园。而产业园的管理范畴是产业园本身，产业园的目标主要还是新的租户和旅游者。在笔者调研中发现，刚搬过来的居民甚至都不清楚棉三产业园是由老工厂改造而来，说明产业园的宣传重点并非放在工业文化上面。老职工是工业精神的创造者，如果他们在宣传工业文化上能够发挥作用，而产业园也给予老职工一些支持，发挥互动作用，这可能是较好的探索。我们在北京史家胡同看到引进的文化产业和居民的互动，值得借鉴。

这里试图从公共活动管理上讨论问题所在。产业园区和居委会的完全脱开，致使居民公共活动与产业园区公共活动完全脱开。居委会主办的居民活动较丰富，活动内容包括但不限于：青少年教育、党建、市民教育、法律宣传、志愿者、健康教育六大类以及节假日的相关活动。由于老年人占多数，大部分活动就近在居委会内的活动室和社区内部进行，与产业园基本没有关联。棉三宿舍区作为一个老工业社区本应通过一些公共活动和集体记忆以促进社区内部的凝聚力，但是这样的活动却很少举办，居民述说个人记忆的意愿也不高。产业园往往通过出租公共场地的方式举办一些商业活动，虽然产业园区没有限制进出，但是对于居民而言其活动也仅限于散步、遛狗等。

综上，管理的范畴割裂了原本是一个工业区的两个部分，这是目前工业遗产改造的文化产业园与周边工人社区普遍存在的现象。这种情况使得周边工人社区逐渐贫困化，拉开了和以前自己曾经工作的工业遗产的距离，导致工业遗产社区的士绅化和贫困化。从工业遗产的完整性角度考虑文化产业园应该更多地介入周边社区的活化活动，以产业园带动周边工人社区，同时也利用社区工人的集体记忆而产生的社会价值补充文化产业园的文化氛围。

4　街区内居民访谈与问卷调查分析

4.1　共同记忆

在传统中国社会组织中，除了家庭和宗教外，还有一些结社具有超越亲属关系的社会与经济功能，这类结社能够为一部分人提供家族体系内难以得到满足的需求，具有某种功能性地位。从棉三宿舍职工的一些话语中，不免会让人怀疑，是否也存在某种复杂的社会关系，使得他们在几十年后的今天不愿脱离社区，不愿离开社区中那些熟悉的人。

据《天津工人》一书介绍，1945 年国民党政府接管天津，生产逐渐开始恢复。以中纺三厂（棉三前身）为例，接收时中纺三厂共有职员 67 人，工人 2962 人，其中身负管理和技术的重要职员共 14 人，其余都是没有任何管理或者技术经验的普通工人。工坊和企业并存的局面使得纺织工人只能在夹缝中利用自己的力量求得生存，纺织工人大多来自天津本地和周边河北省，由于政治和资本制度的脆弱和多变，他们仍然采用乡村式的亲眷关系网来抱团。他们多数是不被承认的市民，范围仅限于工厂或工坊内，一日工作时间远超 10 小时，几乎全年无休，待遇微薄。

他们曾一起经历过风起云涌的天津工潮，是当时罢工潮中的中坚力量。中纺五厂（棉五前身）、中纺四厂（棉四前身）作为工潮的活跃力量，先后开展了推翻旧工会破坏选举、全场大罢工、筹建新工会的活动。1946 年 5 月 4 日，以中纺四厂、中纺五厂为代表的纺织工人在与中纺五厂驻厂军警谈判中发生了工人被殴打刺伤的事件，新工会拉响防空警笛召集海河两岸的纺织、钢铁工人集体增援，最终赢得谈判。他们曾一起经历过 1976 年天津大地震，经历过房屋的损毁。他们曾一起经历过棉三锅炉房爆炸，"火球冲天，比大地震都厉害"——现 50 岁的棉三职工子女如是说。60 多岁的大爷们围坐在一起时感叹道："一辈子生活在这里，现在老了，生活也没什么指望了，好在还可以和老邻居老朋友聊聊天。"巨大灾难会刺激社区的共同意识，这一切都提醒着居民们整个社区正面临着一场共同危机，大家正采取集体行动以获得救助。个人安危与社区紧密凝聚在一起，让人们感觉到自己并不孤单，而是生活在社区这样一个有秩序的群体中。这样的案例或可类比中国广东。广东作为当时中国的丝织中心，工厂中存在着"互助会"这样的组织，"互助会"的成员共同生活，共同经历很多事情后，当一个成员死去后，其所属团体的姐妹会供奉并祭拜她的灵位，这是中国社会中存在的许多拟似亲缘团体组织的一个典型实例。棉三亦同。

4.2　社会关系

在访谈中，人们还是能将这些祖祖辈辈传下来的史实甚至是其中的细节娓娓道来，段义孚曾在解释恋地情结时写道：恋地情结里有一项很重要的元素就是恋旧。宣扬爱国主义的文字往往都会强调某个地方是一个人的根。当人们试图去解释自己对一个地方的忠诚时，或会用生养的概念，或会述诸历史。大多数人表示不愿意离开，因为生活了很久，已经熟悉了周边的环境，据负责棉一至棉四片区多年的天鼎社区居委会韩书记口述："很多已经搬走的居民，如果是办事还要回这个居委会办，因为他们大多数都不选择迁走户口，宁愿跑大老远回来办事也不拆迁，说是自己习惯了。"街道负责的具体事务其中一项是丧葬费养老费，据街道综合办刘主管解释："街道管的事多了，生老病死，如老人的社保，企业保险都归街道管，企业也管。棉三还没破产，这个人就退休了，这个人他就得管，托管中心就得给丧葬养老的钱（过去企业给，现在归社保了），从社保给他领这个钱。"

关于棉三社区中葬礼与祭礼一事，据上文推断，这样的社区中存在着乡村式的亲眷关系与拟似亲缘团体的组织混合的社会关系。杨庆堃曾与写过，在中国传统社会秩序中，葬礼与祭礼一定程度上用于展示家庭的富有和影响力，并重新确定了家庭在社区的地位。个人是非常依赖于家族的影响来寻求社会、经济帮助的。棉三纺织厂中人们家中四五辈都居住于此，亲属关系网必有众多分枝于此，故在社会交往有限的日常生活中，为了保持个人的家族群体意识，通过某些仪式不断追忆先祖，强化子孙间的血缘联系，以便由血缘联系带来的社会责任传递下去。

4.3　改造意愿

关于改造问题，韩书记表示：居民自愿改造的难度大，自愿改造出钱的居民大多数是退休职工，他们有一定的退休金和养老保险，身体还算健康，儿女也不用操心他们的生活，这算是居民中条件较好的一种，但是大部分居民的生活质量较差，也不同意政府民众合资改造进行改造。今年清片大伙儿都很积极搬走，因为之前拆迁后这边没水没电没暖气，居民虽然有发一点儿补贴，但是根本不够负担这些费用。

在民意调查中也有听见一些积极的声音，居民愿意在力所能及范围内出钱，但力所能及的范围尚未定义。而有些居民则表示，关注于改造项目，有些项目可以合资改造，有些坚决不行。例如，居民认为连接小区的原有的道路路灯拆除是政府的事情，但小区内房子道路老化和卫生维护可以由居民出部分的钱；无论如何都不出钱，老百姓没有钱改造了，政府的钱都用不在老百姓需要的地方。

5 解决方案设想

5.1 重塑产业园和工业遗产社区的关系

在棉三项目里，棉三民众和棉三创意产业园的割裂是最为显而易见的。就像邻里关系，建设高墙隔开并不能避免所有的日常交往。虽然大多数产业园内部工作人员都对老棉三居民印象模糊，但他们每天上班下班，停车吃饭都要经过、利用老棉三员工家属区，和棉三原住民打交道。同时，作为棉三原有的居民，反映最多的问题就是他们有表达的欲望，却没有人帮助她们表达或者把表达内容落实。在较为封闭的生活环境里，又要面对老龄化、身体不再健康、空巢化等自身问题，他们面对太多来自社会各界"敬而远之"的对待。工业遗产是工业遗产社区原住民的遗产，也是全体人民的遗产。如果没有认识到原住民的重要性，那么遗产性也要大打折扣。

减少产业园和棉三居民区之间的隔阂，重塑厂与工人间的新纽带。作为条件较好的公共绿化场地，老棉三居民往往愿意走更远的路去他们理解的"公共空间"——富民公园，也不愿意去棉三产业园内。其主要原因是园区是经营为主，居民租赁场地需要按照常价支付费用，这使得周边居民感到压力。这些细节都在不断扩宽产业园和居民之间的距离。建议引入居民志愿者等方式使社区和产业园建立良性循环。

5.2 史家胡同的启示

2018年11月14日，习近平总书记主持召开中央全面深化改革委员会第五次会议，审议通过《"街乡吹哨、部门报到"——北京市推进党建引领基层治理体制机制创新的探索》，强调推动社会治理重心向基层下移，把基层党组织建设成为领导基层治理的坚强战斗堡垒。

北京史家胡同以设立第三方"责任规划师"和居民、政府一起对社区治理献计献策（图5）。这个制度提供了政府和居民通过责任设计师的纽带共建理想社区的可能性。责任规划师有一部分是从高校教师

图5 史家胡同社区非物质文化遗产转化部分成果
（图片来源：作者自摄）

中选出，有一部分是从当地规划设计研究院选出的驻场人员，他们都是具有一定专业知识的研究者。在对史家胡同的实地采访中，驻场规划师潘禾说："在筹备社区博物馆的过程中，他们有非常多的高校志愿者加入进来，愿意帮助他们说服居民，献计献策，义务开展一些科普课程，因此带动了周边的居民形成了稳定的志愿者群体。"史家胡同微更新点"27号院"商业项目负责人称："他们和北京工业大学，中央戏剧学院等多个高校的师生都有合作，有人帮忙设计海报和展览内容，有人帮忙参与举办演出。由于社区的相关规定，大部分演出和展览都是义务对居民开放，例如，许多奶奶穿上了几十年前的衣服开开心心参加化装舞会。因此可以前期维持整个项目，今年开始随着名气的扩大，商业项目才开始盈利。"

这样的社区共建实践获得成功，北京市规划和自然资源委员会2019年5月10日发布了《北京市责任规划师制度实施办法（试行）》的通知，推广了责任规划师的制度。目前北京市很多社区都在推进这个实践。

5.3　政府针对工业遗产社区的政策

工业遗产社区有三个方面的关系：工业遗产、产业园和社区。工业遗产转变为文创园是跨学科的大课题。包含了工业用地、工业遗产、创意产业、建筑学、生产流程、遗产保护、文化政策、经营管理等，因此目前的政策主要局限于一个部分的政策，比较少见综合政策。事实上在中央层面有工业用地方面的文件，也有创意产业方面的文件，但是很好地把产业园和工业遗产融合为一个文件应该是2018年1月北京出台《关于保护利用老旧厂房拓展文化空间的指导意见》（以下简称《指导意见》）。这个意见补充了过去对于工业遗产再利用和保护文件的不足。《指导意见》中强调了保护利用的工作原则，提出"坚持保护优先，科学利用"，把保护放在首位，而不是把开发放在首位。"坚持需求导向，高端引领"。聚焦文化产业的创新发展，让老房子对接高端项目资源。"坚持政府引导，市场运作"，在工业遗产保护问题上强调了政府的督导作用。《指导意见》第二点是"扎实做好保护利用基础工作"，普查、评估、规划、促进多元利用。这个部分提示了保护前期的研究工作，天津也完成了这个步骤。第三点是"完善保护利用相关政策"。这个和工业用地政策配套的政策还需要强化，没有政策在操作过程中就会根据自己的需要改变规划。第四点是"健全保障措施"。加强组织实施，加大资金支持，加强服务管理。工业用地是国家的，工业遗产的土地使用权也没有必要通过出让金的方式征收，此外还应该支持各种补助金。北京是文化创意产业发展比较早的城市，推出这样的《指导意见》是基于一定的经验积累，值得各地学习。

社区共建方面近年备受研究界关注，这与提高人民生活质量密切相关。在此方面，史家胡同值得参考。北京市规划和自然资源委员会总结史家胡同的经验，2019年5月10日发布了《北京市责任规划师制度实施办法（试行）》的通知，推广了责任规划师的制度。这个政策强调了各个区政府的职责包括了选聘责任规划师，而选聘责任规划师所关注的范围并不一定是历史街区，也包括一般的居民社区，因此也包括工业遗产社区。尽管北京的《指导意见》比较好地说明了保护工业遗产和文化产业园的关系，但是没有特别提到工业遗产改造的文化创意产业园和周边社区的关系。在处理好和周围社区的关系中"坚持政府引导，市场运作"依然有效。

到目前为止，就工业遗产社区而言还没有完全对应的政策，这正说明有必要重视这类的遗产社区。工业遗产社区是目前社区建设相对薄弱的环节，需要关注；也因为其与工业遗产的纽带关系而显出更多的重要意义。我们认为除了参考上述一系列有关工业遗产和社区的政策之外，还应该制定政策，强调工业遗产和周边社区的相辅相成的发展关系。

深圳市物流园区规划实施的影响因素分析

刘丽绮 *

【摘 要】现代物流业的发展带来了我国物流园区的兴起，在市场与政府的共同推动下，全国各地规划建设的物流园区不下千家，陆续出现了建设盲目、规划难以实施、建设用地闲置等问题，亟待对我国物流园区的规划实践进行评估和总结。深圳是我国最早开展物流园区规划建设的城市，积累了近二十年物流园区规划、建设和管理运营等方面的实践经验，是一个不可多得的研究物流园区规划实施问题的现实样本。本文以深圳市政府主导规划的六个物流园区为研究对象，通过对其实施现状的评价分析，包括经验和教训的总结，提出了物流园区选址、规模和管理等方面的建议，希望深圳的这些经验教训能为我国今后的物流园区规划建设提供有益的借鉴。

【关键词】物流园区；规划实施；影响因素；深圳

1 引言

作为连接着生产和消费两端的重要环节，物流是国民经济发展的基础性产业，我国巨大的经济体量和分散的经济结构也决定了物流对中国经济的重要性。网上购物的快速发展给人们带来了最直接的物流体验，但这只是整个物流产业的最末端的消费品配送环节，其背后庞大的供应链和物联网支撑的工业、贸易等物流活动才是一座城市甚至一个国家正常运转的关键。

千禧年之后我国物流产业步入了快速增长期，从国务院在"十一五"期间印发的《物流业调整和振兴规划》开始，国家相关部委陆续出台文件政策，加强物流基础设施建设和人才培养等工作，提出"大力发展现代物流业"，从土地节约、合理物流布局的原则出发，将物流园区建设作为发展现代物流业的重点工程。随着社会物流量的不断增加，在国家政策的鼓励和地方政府的推进下，从1998年我国规划实施的第一个物流园区——深圳市平湖物流基地起，我国已建和确定规划的物流园区的数量从2006年的207家，增加到了2015年的1210家，增长了484%[①]。尽管物流园区的社会和经济效益越来越受到重视，物流园区得到了快速发展，但整体而言，我国物流产业发展水平还比较低，物流园区在政策定位、规划建设以及运营管理方面还存在着一定的问题，很多物流园区项目通过政府的审批，却尚未得到企业和市场的认同。近年来不断出现的物流园区项目停滞、运营困难、园区空置率居高不下、盲目求大等问题，很多建成的物流园区发展成了杂乱的批发集散中心或者空旷闲置的"形象工程"。

作为我国对外开放的重要窗口，深圳市的区位和功能定位决定了物流对于城市发展的重要作用，物流业更成为深圳市的支柱产业和发展带动性产业。物流园区的建设是现代物流集约发展的必要环节，而

---

* 刘丽绮，女，中国城市规划设计研究院深圳分院城市规划师。
① 数据来源于中国物流与采购联合会2015年发布的《第四次全国物流园区（基地）调查报告》。

深圳市在我国物流园区的规划实践中具有探索价值。早在"十五"期间，深圳就在全国范围内率先进行了物流园区的规划和建设工作，并在 2000 年提出了具体的物流园区空间规划，为现代物流业在深圳的发展提供了空间支持。经过了近 20 年的发展，深圳市物流园区的建设实施已经初具规模，在全国范围内也产生了积极影响和示范效应，其宝贵的实施历程不仅有其特殊性，其中出现的诸多问题也反映了当下物流园区规划实施困境的普遍性。

2　国内外物流园区研究情况

国外物流园区建设历程长，园的发展模式各不相同，园区之间的运营形式和使用功能存在较大差异。相对于产业园区功能，在国外物流园区更多的是交通运输枢纽终端，功能性比较强，所以对园区研究主要集中在对交通运输组织和疏导能力的分析、解决园区选址方面的问题，以及对园区规模和区位的分析等。

我国在物流园区建设和研究方面还处于起步阶段，对物流园区问题的研究主要集中对园区选址、布局以及园区规模，甚至是基本概念的认识等方面，采用 GIS 以及模型分析等方式，从功能定位和选址条件等影响因素对园的选址进行了大量的研究。另外，园区的交通影响分析和交通组织设计，是物流园研究中的另一个主要研究方向。其他的包括从物流功能使用的角度进行布局分析；从物流体系角度对物流园区规划的方法和案例研究，对物流园区规划建设的研究；从空间使用角度对园区进行总体设计分析；从区域发展角度对物流园区一体化实施问题的研究，等等。

可以看出，现阶段国内外对物流园区问题的研究，主要集中在物流园规划实施的前期阶段，尽管已经开始有部分学者关注物流园规划建设面临的问题，但对园区实施方面详细的案例研究还比较少，尤其缺乏从土地利用和物流空间使用角度进行的分析。

3　深圳物流园区实施现状评价

3.1　研究对象与相关概念界定

3.1.1　研究对象

早在 2000 年，按照市政府要求，原市规划国土局完成了《深圳市现代物流业发展策略研究》，对深圳的物流、物流用地、物流业发展的现状及趋势进行了全面系统的分析，并结合物流业的空间需求和仓储用地现状，从物流与城市环境的协调发展考虑，制定出了深圳物流园区规划。规划中根据不同的区位特征和物流功能，提出了从西部到东部的多个物流园区布局，但并未拟定出具体的土地规划安排。随后在 2006 年的物流布局规划中，结合仓储用地权属和对城市发展的预测，做出了更具有实施性的物流布局规划，并在深圳市 2010 版总体规划的用地布局中同步反映了出来，经历演变，最终形成了前海物流园、盐田物流园、机场物流园、平湖物流园、龙华物流园和笋岗—清水河物流园这 6 个规划实施相对成熟的物流园区①。六大物流园区的划定是出于物流业自身发展的需要和城市空间布局的要求，定位在深圳市重要的交通枢纽节点周围，并根据园区各自的功能组合确定了相应的管理区范围。

---

① 从深圳市 2010 版总体规划可以看出，仓储用地的用地布局基本符合 2006 版物流产业布局规划对于深圳市物流园区的安排，本文评价涉及的六大物流园区在此版总体规划中得到了土地上的落实。

3.1.2 相关概念界定

（1）物流园区

根据我国 2014 年首次制定的国家标准《物流园区服务规范及评估指标（GB/T 30334—2013）》中对物流园区做出了如下定义：为了实现物流设施集约化和物流运作共同化，或者出于城市物流设施空间布局合理化的目的而在城市周边等区域，集中建设的物流设施群与众多物流业者在地域上的物理集结地。物流园区应包括物流中心、配送中心、运输枢纽设施、运输组织及管理中心和物流信息中心，以及适应城市物流管理与运作需要的物流基础设施。

物流园区的作用除了作为交通运输的一类基础设施外，更多的还承担着促进经济发展、完善城市功能和加强物流产业的集约化的作用，物流园区将各类物流企业聚集起来，发挥整体优势和规模优势，实现产业的互补和系统运作。同时，这些企业也可以共享一些基础设施和配套服务，毕竟物流基础设施投入大、使用时效长，在降低运营成本的同时也获得了规模效益。

（2）园区和管理区

在早期的研究报告中，对各规划园区的用地规模和范围都做了说明，但在日后园区的开发实施中，却并没有完全按照规划要求执行，每个物流园区的范围都超出了初期规划中提出的规模，甚至是远远超过数十倍。其中如盐田港和机场现状已经超过规划确定的规模；平湖、前海物流园区尽管现状建设程度不高，但计划发展或控制管理的范围都是原来规划的数倍（表1）。

六大物流园区用地规模统计 （单位：hm²） 表1

园区名称	初期规划规模	现状仓储用地规模	实际管理规模
前海物流园区	40	201	825
盐田港物流园区	50	266	439
机场物流园区	20~25	116	116
平湖物流园区	50	231	1475
龙华物流园区	40	62	65
笋岗—清水河物流园区	50~60	49（清水河片区）	474

尽管 2000 版规划对深圳市物流园区用地规模做出了建议，但并未划分出具体的仓储用地布局和区位，这就导致所形成的仓储用地聚集缺乏明确的用地范围和界限，前海物流园、盐田物流园等很快超出了规划初期确定的规模。为了适应当时园区管理和迎合不断扩张的土地开发现状，在 2006 版的园区规划中采用"物流园管理区"概念，以期将物流园区范围与周边区域做出清晰的划分。新增的管理区概念弱化了物流园区的绝对空间约束，提高了规划弹性和适应性，在这种情况下，各园区管理机构便把园区所在的区域通过行政手段来尽量扩大园区管理范围，如笋岗—清水河所在的两个片区、前海片区、盐田后方陆域都被视作园区的开发管理范围。规模也要比上一版规划中确定的大许多。这样一来原有的物流园区规模就日渐和管理区范围混淆起来。

管理区是指物流园区的一个空间管理范围，是物流功能的集中布局引导区，但这并不意味着管理区内的所有土地都是物流功能用地，园区的管理方可以根据客观需要，允许管理区内存在或者布局其他功能用地。但要警惕非物流功能对管理区内仓储用地的过度侵占，尤其是一些钻政府地价优惠政策空子的用地单位。在规划和管理这样的非物流功能用地时，要明确其与仓储用地的区别，不能简单地一视同仁（图1）。

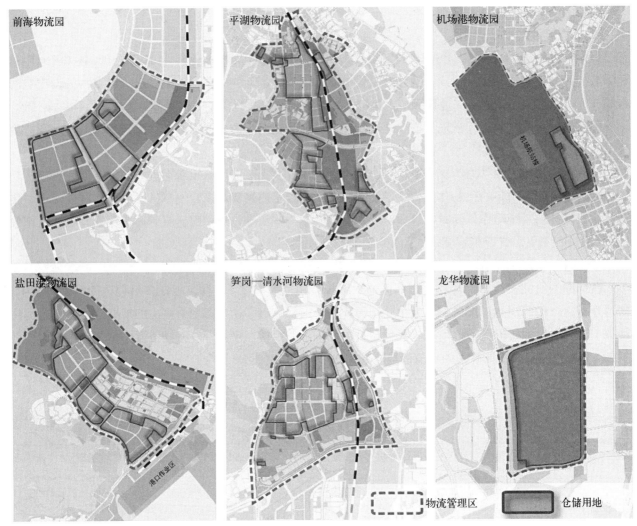

图 1　深圳市六大物流园园区范围与管理范围示意图
（来源：作者自绘）

3.2 六大物流园区甄别性评价

土地的布局与使用是城市规划工作中最核心的内容，土地使用状况也是建设成果中最能够直接反应的城市规划实施程度的指标，尽管规划实施的状况并不能完全以土地使用状况来衡量，但可以通过土地使用状况来掌握园区实施的基本成效，以及作为进一步分析研究的线索。甄别性评价主要指的是针对与规划要求不符合的部分规划实施现状，鉴别出这些建设成果的由来和现状，并从城市发展、规划定位的整体性来做出分析和评价。

（1）前海物流园

前海物流园是六个园区中唯一一个在规划确定之后落地实施的园区，规划明确、功能清晰、土地权属相对简单，具备了较好实施基础。园区内大部分物流用地都已有明确权属并落地实施，规划中安排的西部保税仓储区和港口后方堆场用地实施相对比较完善，形成了集中仓库和堆场的物流功能组团，但在园区具体实施过程中还是出现了部分用地使用功能与规划不一致的情况。出现了部分以建各类汽车商贸销售中心或其他商业办公用途，此类功能的使用并未违背《深圳市城市规划标准与准则》中仓储用地的使用要求。为了适应城市发展中新型产业业态的涌现，早在 2013 版深标中在仓储用地类下新增了 W0 物流用地类型，允许发展批发展销类综合物流功能和附设商业、公寓等其他用途。混合土地使用功能的新政策使得本来就是地价洼地的仓储用地成为各路资本的新目标，这样的"特权"为市场行为开了一道口，无形中鼓励了仓储用地的转型，成了更改用地功能合法合理的解释。在促进现代物流业发展的同时也模糊混淆了真正物流仓储功能的发挥，尤其在缺少监管的情况下，对物流园区发展形成冲击。

（2）盐田港物流园

在单一的实施管理单位的监管下，盐田港物流园现阶段的实施成果与规划要求一致性较高，且未出现功能变更的情况，园区仓储用地实施情况与规划不符的主要是盐田街道还未搬迁的原村集体宅基地。其中坳背村尽管还保留着城中村的建筑形式，但港区物流发展加快，土地空间紧缺，城中村的内部功能已经基本改为包括货车维修在内的港口物流配套服务，并集聚了大量的物流代理公司。尽管盐田物流园现阶段并未发生物流功能转变的情况，随着盐田港的扩建、生活人口的增加，园区周边的居住和商业活动也在不断增强，城市功能的扩张对盐田港区的物流功能影响在慢慢增加。在西部港区转型崛起的背景下，盐田区政府也一直在推进现代城市服务产业转型，积极推动在盐田港新增港区及后方陆域发展金融中心、总部产业、进口汽车销售和会展休闲中心等，并计划打造东部"前海"，物流园区也面临着下一步的深化和转型。

（3）机场物流园

伴随着深圳机场的发展，机场物流园项目启动和实施时间早于规划安排，所以在规划中主要沿用园区当时的布局安排，其新增的建设项目主要集中在了规划预留的发展备用地。园区管理方主要采取的是转让使用权和租赁的方式，为园区引进了邮政分拨中心、UPS亚太分拨中心、顺丰深圳分拨中心、Fedx和DHL快运中心等，都是符合园区现状和功能定位的物流单位，配合与机场物流园内部完善的物流信息平台，属于实施完成度较高的园区。

尽管机场周边仓储物流用地紧张，园区管理方在对发展备用地开发过程中还是更改了部分物流用地的使用功能，出现了两处与规划安排不一致的用地：带有机场公司家属楼性质的怡安居小区和深圳航空公司的总部办公区。在规划实施的角度，这样使用功能上的变动不符合规划的目标，同时也体现了园区在单一管理单位运营下，缺少监管的风险。

（4）平湖物流园

从1998年平湖物流基地成立，2004年华南城的入驻，2007年大量仓储用地出让，到现阶段园区的升级转型发展，园区经历了20多年的发展历程。由于平湖物流园较大的规模和多样化的用地关系，园区的现状实施成果比较复杂，出现了大量转型诉求，例如华美嘉酒店管理公司项目用地，2007年时报批建设项目酒店用品物流中心，现状为家具展示和销售的华南红木城；康利石材报批为石材供应链物流项目，但2007年在平湖物流园拿到土地后并未立即开工，而是进行更改土地使用功能的申请，重新定位为康利研发中心。

对用地单位而言，更改土地用途的行为无可厚非，市场中的确存在转型升级甚至更改经营范围的行为，属于市场行为。但在物流园区实施的角度，大量随意更改仓储用地用途是十分不利于园区建设的，这也是平湖物流园发展缓慢、物流集聚效应弱的主要原因。从深圳整体物流布局来看，原特区内的物流功能和物流单位都在往外迁，平湖是关外物流设施最完善、仓储面积最大的园区，是外迁物流企业的最佳选择。然而园区内用地企业以享受物流优惠政策的地价拿到土地后，并未真正用以发展物流，这对园区建设和真正有土地需求的物流单位而言都是不合理的现象。

（5）龙华物流园

龙华物流园在六个园区中管理面积最小，园区实施的完整度也是最高。园区项目以保税监管物流服务为核心，由深国际华南物流有限公司负责投资、建设和运营，园区运行 15 年来一直保持着现状与规划的高度统一。2015 年园区出现了两处与规划安排不一致的仓储用地使用情况，华南物流公司在闲置口岸用地的基础上，开始发展商贸产业，在仓储用地上建成了一个商业综合体和一个汽车销售广场，同时由市经贸委批准的跨境电商交易中心项目也在推进中。在园区运营的角度，龙华物流园运营至今外部环境和行业内部都发生了变化，园区四周已经发展为高密度生活社区，生活功能的加强，改变了园区的区位属性，进出园区的货物流也与外部环境产生矛盾；同时在物流产业转型中，利用园区已有的流通通道和货源发展商贸物流是很多园区转型升级的首选。在园区收益有限的情况下，物流园区在寻求自身发展过程中往往倾向于发展物流行业上游运转周期短的商贸销售，特别在自贸区、跨境贸易、电子商务热潮下，不仅龙华物流园，深圳六个园区都正在或已经开始经营这部分业务。

4 物流园区实施成效的影响因素分析

4.1 区位因素对物流园区实施的影响

城市扩张带来的一系列变化，使得靠近中心区的仓储用地失去了物流功能的最优发展条件，其他城市功能的入侵直接导致了物流功能的消失或转移。笋岗—清水河物流园所经历的变化并不是偶然个例，在我国社会经济快速发展背景下，区位因素的影响在前海、龙华等物流园都有体现，是园区实施过程中常见的影响因素。

根据 2011 年深圳市建筑普查的结果，深圳全市范围内仓储建筑面积共有 680 万 m²，占全市建筑物总量的 0.88%。从仓储建筑面积分布来看，市域内仓储空间主要分布福田保税区、清水河物流园、南山仓储区，以及前海盐田等港口后方区域，原特区内占比高达 68%。

与笋岗—清水河物流园类似，大部分集中在原特区内的物流仓储空间，都在不同程度上受到区位变化带来的影响，福田保税区内办公空间占了一半以上，梅林关西边的华通源 2015 年开始进行整体搬迁。在现代物流的发源地日本，物流园区被定位为一种具有社会属性的公共设施，政府致力于保障物流园区实施和长期稳定发展，首批建成的葛西、平和岛等物流园运行至今已经超过 40 年，尽管周边环境发生改变，但园区并未出现搬迁或使用功能的变化，持续支撑着东京物流运输的高效运转，是全球物流运转最高效的地区。

对于物流园区的选址而言，在满足园区布局要求的前提下，应该保持与城市发展区域的距离，对园区运营与城市蔓延的关系进行预测，避免因为城市扩张而给物流园区发展带来的负面影响。同时，不能忽视的是城市扩张形成了更大的城市范围，也带来了更大的物流需求，对城市物流运输有着更高的要求（图 2）。

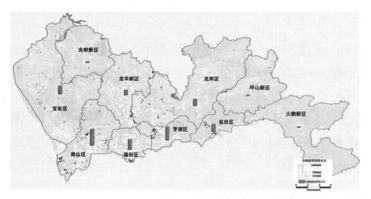
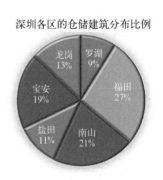

深圳各区的仓储建筑分布比例

图 2 深圳仓储建筑分布情况（2011 年）
（来源：作者自绘）

一味地更改或外迁城市物流设施并不是解决城市问题的好方法，尤其对于深圳这样一个开放型经济和城市发展组团紧靠港区的港口城市而言，处理好城市与物流的关系，建立高效的现代物流设施和运转体系是不可回避的重要议题。城市土地的使用功能转变也是常见的，物流仓储用地外迁是符合发展规律的，但是在没有搞清楚仓储用地的作用和意义的情况下，简单地将其视为低效率用地设施是不科学的，也为城市发展埋下隐患。

4.2 规模因素对物流园区实施的影响

最近几年我国城市建设发展中出现了一些因为土地过度出让导致的空城和各类闲置的产业园，物流园区的审批建设中也存在着类似规模过大、建设不足的现象。很多物流园区动辄上百平方公里，一个二线城市新建物流园的面积甚至超过整个香港建成区的面积。很多地方脱离了城市真实物流需求，盲目地规划建设物流园，片面地追求占地面积和投资规模和土地收益，但是从已建成的园区来看，很多园区无法达到规划限定的园区面积，多数物流园区的水、电以及道路等基础设施建设严重滞后，由于盲目占地，很多物流园项目缺少调研，或者不重视物流基础设施的作用，导致物流园区项目后期运营起来困难重重。

平湖物流园的实施案例表明了规模过大给园区实施带来的负面影响，理论上来说，物流园区在客观上受限于所在区域的交通承载力和土地功能结构，园区的规模存在上限，并不是面积越大、功能越多越好。我国城市大多为放射式发展模式，且城市密度高，这样的城市结构更适合分散的、规模适宜的园区布局，尤其是服务于城市货物流通的园区，在土地资源紧缺的城市区域，应适当控制园区规模，分阶段开发。

4.3 管理运营模式对物流园区实施的影响

不同的开发模式在园区定位、建设、运营和管理上都存在差异，开发运营模式直接关系到物流园区的实施效果。单一企业自主建设运营的龙华物流园与机场物流园无论在园区运营、物流平台建设、信息化管理和物流功能发挥方面都相对更成熟完善，功能变更情况少，实施成效好，形成了高效的运营管理体系；前海物流园和盐田港物流园尽管一开始在规划建设和用地开发方面都是由一个大企业主导（这也使得相关的物流用地优惠由土地开发者获得，后来具体的用地单位并未获益），但由于土地使用权的出让，园区在实践中采取分散运营，各自为政的管理模式，并没有统一有效的物流园区管理机构，加大了园区的不确定性；笋岗—清水河物流园与平湖物流园由地方政府统一开发管理，但园区内仓储用地的权属属于具体的不同的用地单位，管理机构并不掌握实际权力，园区建设运营的自由度较高，加之地方政府从经济利益考量，大多鼓励物流园区的转型，引导协助更改物流使用功能的审批，使得园区功能变更情况严重，严重影响物流实施成果。

5 结论与建议

从物流园区整体发展实施的成效来看，深圳市物流产业布局规划经过近20年的实施周期，物流园区的空间布局安排得到了比较完整的实施。尤其是六个主要的物流园，对城市空间结构形成了战略性的影响，提升了深圳市整体的物流承载力和物流运输效率，改善了城市环境，更为深圳市现代物流发展提供了空间支持，这对于普遍缺乏法律效力的产业布局规划而言是巨大的成功。但由于城市发展与规划实施的不确定性，以及物流园区往往缺少后续运营管理上的支撑，园区的实施现状较之规划目标还是存在部分不一致的情况。

通过对变化原因的具体分析，可以看出区位的相对变化是长期存在的，物流园的实施既要对区位变化做出调整和适应，同时也要防止区位变化带来的负面影响。随着商品流通和经营方式的变化，高密度的城市结构对物流功能的依赖将越来越大，在规划物流园区时，既要与城市中心区保持一定的距离，也要考虑到城市物流市场的需求，物流功能一味地外迁转移不能一劳永逸；同时，以平湖物流园实施为例证明物流园区的规模存在上限，在确定物流园区规模时既要适当预留园区未来的发展需求，也要考虑到来自城市环境、交通等方面的限制。当面对园区规模比较大的情况时，应该更严格地把控园区实施的节奏，实行分阶段、小规模的开发模式；物流园区的发展不能简单地克隆"工业园区"或者"开发区"的开发运营模式，需要认清物流园区的功能与定位，加强对园区运营的监管，科学的规划只是物流园项目成功的第一步，更大的挑战是园区的实施和运营。这部分可以参考德国、荷兰的行业协会管理模式或日本独立于地方政府的专门的物流业管理机构模式，对园区内部平台、空间的分配使用、进驻企业和功能定位实施等方面进行严格有效的监管，保证园区内入驻企业的经营内容要与园区定位相吻合。

参考文献

[1] Taniguchi E, Noritake M, Yamada T, et al. Optimal size and location planning of public logistics terminals[J]. Transportation Research Part E Logistics & Transportation Review, 1999, 35 (03)：207-222.

[2] Drezner Z E. Facility Location：A Survey of Applications and Methods[M]. Springer, 1995.

[3] 李玉民，李旭宏，毛海军，等. 物流园区规划建设规模确定方法 [J]. 交通运输工程学报, 2004, 4 (02)：76-79.

[4] 牛慧恩，陈璟. 我国物流园区规划建设的若干问题探讨 [J]. 城市规划, 2001, 25 (03)：58-60.

[5] 牛慧恩. 关于物流园区规划几个基本问题的再认识 [J]. 城市规划学刊, 2009 (06)：35-38.

[6] 夏纯欢. 城市物流园区合理规模与布局选址研究 [D]. 成都：西南交通大学, 2008.

[7] 过江鸿. 物流园区选址与布局规划 [D]. 武汉：武汉理工大学, 2005.

[8] 彭驰. 物流园区交通影响分析研究 [D]. 长沙：长沙理工大学, 2007.

[9] 张永，王宁. 城市物流园区交通影响分析方法探讨 [J]. 物流科技, 2006, 29 (06)：140-142.

[10] 陈达强，孙单智，蒲云. 基于区位论和城市 GIS 的物流园区布局研究 [J]. 交通运输工程与信息学报, 2004, 2 (03)：77-82.

[11] 张晓东. 物流园区布局规划理论研究 [M]. 北京：中国物资出版社, 2004.

[12] 王丽娜. 物流园区空间布局规划研究 [D]. 郑州：郑州大学, 2006.

[13] 韩勇. 物流园区系统规划的理论、方法和应用研究 [D]. 天津：天津大学, 2003.

[14] 窦亚妮，胡伟. 浅谈分期建设条件下的物流园区总体设计 [J]. 中外建筑, 2011 (06)：82-84.

[15] 王淑琴，陈峻，王炜. 长三角物流园区一体化规划探讨 [J]. 城市规划学刊, 2004 (03)：54-56.

[16] 邓爱民，周艳辉. 论长株潭城市群物流园区规划建设 [J]. 财经理论与实践, 2009, 30 (01)：85-88.

[17] 渠涛. 我国物流园区建设面临的问题与对策——基于深圳物流园区建设经验 [J]. 经济与管理评论, 2012 (04)：157-160.

[18] 张志坚. 江西省物流园区建设规划存在问题及对策研究 [J]. 物流工程与管理, 2015, 37 (06)：25-27.

[19] 魏丹. 关于物流园区建设项目实施策略的探讨 [J]. 商场现代化, 2012 (04)：31.

实施导向下的重点地区总设计师制度探索
——以深圳市龙华区为例

翟 翎 郭素君 凌 锋*

【摘 要】随着我国城市发展进入存量时代，城市建设重心由发展向实施转变，构建能够促进高品质和高效率实施的跟踪管理机制成为必然要求。深圳市率先搭建重点地区总设计师制度框架，指导各区深入实践。本文以深圳市龙华区为例，从重点地区规划建设的全链条进行研究，包括前期策划、规划咨询、地块条件、建设方案、建设施工等环节，以提高实施品质和效率为导向，构建总设计师制度以优化重点地区规划建设管理的全流程环节。提出重点地区总设计师制度在实践中的核心内容，以制定年度实施地图、活化法定图则、策划重要事件为抓手，做强前端发展策划；以实施规划和实施方案为依据，做优中端审查咨询；以发展信息平台、技术协调会和技术协调图为手段做细后端组织协调。

【关键词】重点地区；总设计师制度；实施导向；跟踪管理机制

1 前言

随着城市化进入中后期，我国从增量建设走向存量建设，从政府主导走向市场主导，从高速发展走向高质量发展，新时期城市建设侧重实施成为必然趋势，高品质和高效率实施成为必然要求。然而高品质高效率实施与政府部门的统筹力度不够及技术支撑不足的矛盾日益凸显。深圳市率先开展重点地区总设计师制度，龙华区深入探索实践，为龙华区高标准建设、高品质实施和精细化管理提供了技术支持和制度保障。龙华区总设计师制度对我国其他城市新时期的规划管理制度设计具有重要的参考价值和推广意义。

2 我国总设计师制度背景与制度盘点

2.1 制度背景：应对新时期城市发展三大转变

2.1.1 从增量建设向存量建设转变

2015年我国的建成区面积达到5.2万km²。按照现在的城市实际用地标准，这一面积足以容纳12亿城市人口，按13.6亿人口计算城市化水平可以达到88%（赵燕菁，2017）。这一数据表明，我国城市发展已从增量建设走向存量建设。同时，规划建设管理工作也从侧重物质空间规划走向侧重沟通协调和

* 翟翎，女，硕士，深圳市蕾奥规划设计咨询股份有限公司，城市规划工程师。
郭素君，男，硕士，深圳市蕾奥规划设计咨询股份有限公司，高级工程师。
凌锋，男，本科，龙华区重点区域建设推进中心，城市规划工程师。

利益平衡。因此，搭建政府与市场沟通的桥梁，建立完善的跟踪服务机制成为有效推动存量建设的必然路径。

2.1.2 从政府主导向市场主导转变

新时期我国经济社会发展从政府主导向市场主导转变，市场的主观能动性为城市发展注入动力，高效和动态的市场需求也给政府的规划建设管理带来了新的挑战。为了适应市场需求，城市规划管理也从静态蓝图式向动态按需式转变，并建立相应的跟踪管理服务机制以提升政府服务效能。

2.1.3 从高速度发展向高质量发展转变

在我国从高速发展向高质量发展转变的大背景下，城市建设也从速度规模优先向品质效益优先转变。高质量发展要求规划要精准、建设要精致、管理要精细。然而，城市的高质量发展与政府部门的统筹力度不够以及技术支撑不足的矛盾日益凸显，急需通过建立稳定的技术服务队伍，以跟踪服务的方式为精细化管理和高品质建设提供技术支持。

2.2 制度盘点：我国三类制度实现跟踪管理服务

2.2.1 社区规划师制度：推动社区城市更新

20 世纪 60 年代，"社区规划师"这一概念伴随英、美等发达国家的社区更新运动开始出现（程哲，2018）。随着我国进入存量建设时代，台湾、深圳、上海等城市先后开展社区规划师制度以推动城市更新项目的实施。

社区规划师的管理范围结合社区、街道等行政边界，例如深圳以社区为单位，上海以街道为单位。我国目前的社区规划师由技术人员担任。在深圳推行制度初期，将行政系统内部力量派驻到各社区担任社区规划师，自上而下地向社区提供规划服务（吴丹，王卫城，2013），后期社区规划师由政府骨干逐渐转向专业技术人员。社区规划师主要职责为行政沟通、技术咨询和公众协调，协助政府和市场进行利益协调，提供城市更新全流程技术咨询，搭建政府与社区居民的沟通桥梁。

2.2.2 责任规划师制度：实现控规跟踪管理

我国最早实践责任规划师制度的城市是厦门，厦门的责任规划师制度是控制性详细规划管理的配套机制。厦门的控规分为大纲和图则两个层级，大纲管控单元层面内容，实现法理全覆盖；图则管控地块层面内容，根据市场需求动态编制。为了提升图则的编制效率和实现控规的动态维护，厦门建立了稳定的技术服务队伍对控规进行长期的跟踪管理和稳定维护。

厦门市城乡规划行政主管部门按照管理单元确定责任规划单位及其责任规划师。每个控规项目负责人为该控规管理单元的责任规划师，在控规审查通过后服务 3 ~ 5 年（张建荣，翟翎，2018）。责任规划师的主要职责为图则编制、控规维护、技术咨询，责任规划师需带领团队编制图则，协助责任区的控规信息维护，列席规划部门关于责任区内重大建设项目的会审，提供技术意见及其他规划服务（何子张，李小宁，2012）。

2.2.3 总设计师制度：保障城市设计实施

总设计师制度相关概念最早由发达国家（地区）提出并得到不同形式的运用，如美国的"总设计师协作组"、日本的"主管总设计师协作设计法"、英国的"设计顾问制"（陈可石，魏世恩，马蕾，2017）。2013 年广州市国际金融城率先开展规划设计总顾问制度，2015 年广州市琶洲西区开展地区总设计师制度，2018 年深圳开始探索重点地区总设计师制度。

广州总设计师相关制度的管理范围为城市建设的重点地区，总设计师制度是为实现城市设计的土地收储、产业招商、土地出让一体化，开展精细化的控规和城市设计，引导和配合产业招商，实现高品质城市空间（广州规土委，2016）。总设计师或总顾问需要具有较高的专业素养和社会声望。总设计师或总顾问的主要职责为编制管控文件技术协调、技术审查，编制城市设计要点管控文件，在项目实施过程中提供技术协调，在项目关键环节进行技术审查。

2.2.4　我国缺乏实施导向的全链条跟踪服务机制

通过对我国跟踪服务制度的总结对比（表1），社区规划师制度、责任规划师制度和总设计师制度都是为了解决具体问题而建立。我国尚缺乏以实施为导向，从前期发展策划阶段、中期方案设计阶段到后期建设实施阶段全链条跟踪服务机制的研究与实践。

我国跟踪服务制度总结一览表　　　　　　　　　　表 1

制度类型	社区规划师制度	责任规划师制度	总设计师制度
管理范围	社区、街道	控规管理单元	重点地区
组织部门	规划国土管理部门	规划国土管理部门	国土规划管理部门、重点地区建设管理部门
主要目的	推动社区城市更新	实现控规跟踪管理	保障城市设计实施
职责内容	行政沟通、技术咨询、公众协调	图则编制、控规维护、技术咨询	编制管控文件、技术协调、技术审查
先进城市	台湾、深圳、上海	厦门、北京	广州、深圳

资料来源：作者自绘

3　深圳市重点地区总设计师制度构建

3.1　深圳市重点地区总设计师制度内涵

深圳市划定了17个市级重点地区，市级重点地区是城市建设的重中之重，是深圳未来发展的重要增长极。为保障重点地区的城市规划实施，提升城市空间品质，深圳市规划和国土资源委员会于2018年7月印发《深圳市重点地区总设计师制试行办法》，为深圳市总设计师制度搭建框架，指导深圳市重点地区有序推进总设计师制度。

3.1.1　总设计师是保障公共利益的技术团队

总设计师以保障城市公共利益、提升城市形象和品质为原则，为重点地区实现精细化管理提供专业的技术支持。总设计师由领衔设计师和技术团队组成，领衔设计师应是具有行业影响力的规划、建筑、景观设计领军人物，根据重点地区开发建设具体需求，可以设置两位领衔设计师（深圳市规土委，2018）。

3.1.2　总设计师意见是政府审批和决策的重要依据

总设计师以专业技术力量承担规划管理和决策的部分权力（黄静怡，于涛，2019）。总设计师的咨询意见，作为主管部门和建设管理部门行政审批和决策的重要技术依据，其对城市设计、建筑设计等技术方案做出否定性评价的，主管部门和建设管理部门不得进行行政审批和行政决策（深圳市规土委，2018）。

3.1.3　总设计师提供技术协调、技术研讨、技术审查、技术研究

总设计师的工作内容主要包括提供技术协调、技术研讨、技术审查和技术研究四大模块（图1）。技术协调包括协助政府部门搭建技术协调平台，组织技术协调会，提出技术协调意见；技术研讨包括协助政府部门搭建技术交流平台，组织技术研讨会；技术审查在项目规划建设实施的关键节点提出技术审查意见，以保障城市空间品质；技术研究是指根据实际需求，开展相关研究课题。

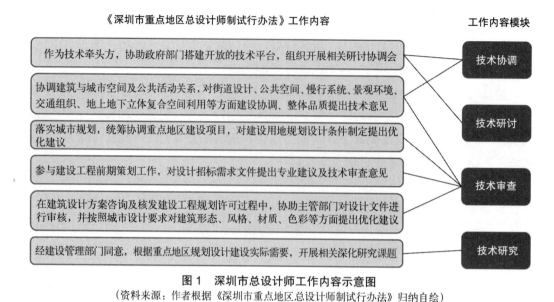

图 1　深圳市总设计师工作内容示意图
(资料来源：作者根据《深圳市重点地区总设计师制试行办法》归纳自绘)

3.2　深圳市重点地区总设计师制度运行情况

3.2.1　六个重点地区已开展总设计师制度

深圳市划定 17 个重点地区，其中六个重点片区已经启动总设计师制，包括深圳湾超级总部基地、深圳北站商务中心片区、坪山中心区、大空港地区、光明凤凰城，以及深圳国际生物谷坝光核心启动区。五个重点片区已开始进行遴选总设计师团队，其他片区正在做前期准备工作。

3.2.2　以多种模式进行总师制度探索

深圳市目前重点地区运行的总设计师制采用多种模式。深圳湾超级总部基地采用"1+N"模式，1 为总建筑师，N 为规划、景观、市政、交通等团队。空港新城、深圳北站商务中心片区采用双总师模式，即总规划师和总建筑师两个团队。坪山中心区采用顾问总师模式，顾问总师和坪山区规划国土事务中心共同组成总师团队。

4　龙华区重点地区总设计师制度实践

为推进龙华区重点地区高品质、高标准建设，有效促进项目实施，龙华区在深圳市总设计师制度框架下，以实施为导向细化总设计师实施方案（图 2），从引领实施、保障实施和联动实施角度切入开展总设计师实践。

总设计师团队的工作范围为龙华区四大重点片区，具体包括深圳北站商务中心区、九龙山智能科技城、鹭湖科技文化片区、龙华现代商贸中心片区，总面积为 58.5km²。

4.1　做强前端发展策划引领实施

通过总设计师的介入，以城市运营实施的思维制定区域发展的行动纲领，以高效实施视角主动活化法定图则，以联动实施理念搭建发展信息平台，以品质实施理念策划重要实践。

4.1.1　以城市运营思维制定年度实施地图

从前的城市规划只有规划结果，缺乏实施路径；城市运营更加注重实现结果的过程本身。在城市高质量发展的背景下，从城市规划建设走向城市运营实施成为必然趋势。

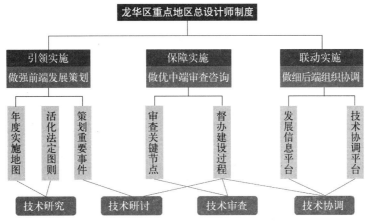

图2　龙华区总设计师制度实践技术框架
（资料来源：作者自绘）

　　总设计师团队以运营实施思维对重点片区发展进行统筹谋划，考虑的要素主要包括项目筛选、时序安排、资金安排和效益产出。总师团队制定重点地区的年度实施地图（图3），作为区域发展的年度行动纲领。年度实施地图包括一图一表，一图为项目分布图，对外公开展示；一表内容包括项目名称、建设时序、建设主体、总投资、年度投资、资金来源等信息。总师团队协助政府部门发布年度实施地图，向各职能部门清晰展示，并对外进行宣传和招商引资。

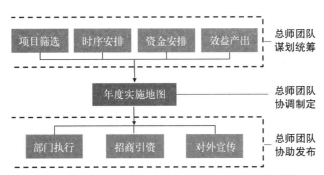

图3　总师团队制定年度实施地图内容及流程示意图
（资料来源：作者自绘）

4.1.2　以高效实施理念主动活化法定图则

　　由于控规提前覆盖编制具有局限性，很多项目需求与法定图则管控要求不符。当有重大意向项目与法定图则管控要求不符时，启动法定图则调整，由于控规调整的周期较长，被动调整导致项目实施效率低甚至阻碍项目落地。

　　为促进重点地区的项目高效实施，总设计师团应对法定图则进行主动调整（图4）。以年度实施地图为平台，提前捕捉问题，整合土地资源，对控规进行调整，主动活化法定图则。以期为重点地区的发展梳理更多的承载空间，为重大项目的进驻做好准备工作，实现从被动适应项目进驻到主动进行用地价值评估预控转变。

4.1.3　以品质实施视角策划重要事件

　　随着城市及区域间竞争日益激烈，塑造城市品牌已成为吸引人才、企业和投资的关键。总设计师团队不只是提供单纯技术服务，还应注重活动事件策划，从而提升区域影响力，塑造城市品牌。

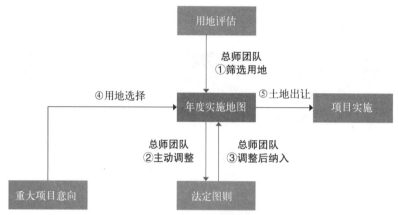

图4 总师团队组织主动调整法定图则流程示意图
(资料来源：作者自绘)

结合重大项目前期策划契机、区域发展话题、品质实施方向策划高峰论坛，提升区域影响力和项目实施品质。总设计师团队协助主管部门策划高峰论坛主题，并协调相关职能部门、行业协会、研究机构、宣传媒体等组织高峰论坛。此外，结合区域优势资源，谋划并争取国家、省级的高层次论坛落户，从而塑造城市品牌，增强区域吸引力，促进高端项目落地。

根据重大项目实际需求，以专家咨询会、专家工作坊等方式组织相关领域专家进行项目研讨，搭建学术交流平台，引进更多的外脑智囊为区域出谋划策，从而指引项目实施方向。总设计师团队协助主管部门策划论坛主题、筛选专家、拟定研讨提纲等，为项目研讨提供技术支撑。

4.2 做优中端审查咨询保障实施

为保障重点区域内的项目沿着规划的框架实施，需要总设计师团队提供全流程的技术审查和督办服务，实现精细化管理，促进区域高质量发展。

4.2.1 以实施规划为依据审查关键节点

为保障重大项目在重点片区的实施策略和实施框架内进行运作，总设计师应编制实施规划作为重点片区的管理文件，并依据实施规划对重大项目的关键节点进行技术审查（图5）。总设计师的技术审查意见应该作为行政决策和行政审批的重要技术支撑。对于规划设计编制与研究类项目，审查的主要节点包括计划立项阶段、专家咨询阶段、行政决策或行政审批前阶段。对于开发建设工程类项目，审查的主要节点建设用地预审与选址阶段、建设用地规划许可阶段和建设工程规划许可阶段。为保证行政时效，总设计师技术审查应与原行政流程进行并联，避免新增程序。

4.2.2 以实施方案为抓手督办建设过程

为了保障重大项目实施的时效性，总师团队应对项目实施进行全过程督办。总师团队将年度实施地图转化为年度实施方案，通过重点片区开发建设领导小组进行印发，并将实施方案进行任务分解后纳入区年度绩效考核指标，成为各部门进行开发建设的行动指引（图6）。总师团队以实施方案为抓手，对重大项目的全过程督办提供跟踪服务，促进项目的有效实施。

4.3 做细后端组织协调联动实施

以前重点区域统筹管理部门以回复意见的方式对重点区域的开发建设进行被动式协调，导致出现项目实施与规划脱节等问题。未来通过总设计师制度扭转被动局面，从被动式协调走向主动式协调。以项

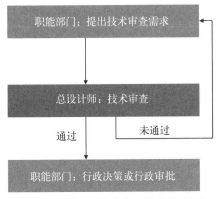

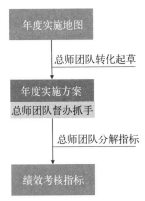

图 5 总师团队技术审查流程示意图
（资料来源：作者自绘）

图 6 总师团队制定督办抓手示意图
（资料来源：作者自绘）

目协调会、项目协调要素图等方式，横向协调各职能部门，纵向协调各建设环节，加强城市统筹协调，促进各部门形成合力。

4.3.1 搭建双向反馈的发展信息平台

目前，重点地区管理部门使用的数据主要为规划建设数据，社会经济数据缺失，未能实现信息层面的部门联动和数据价值最大化。

总设计师团队应搭建双向反馈的发展信息平台（图 7），并对平台进行动态维护。发展信息平台以建设数据为基础叠加社会经济数据，为推动重点地区各部门的发展决策和联动实施提供技术支撑。叠加的社会经济数据主要包括税收、产值、就业率、失业率、招商情况、投资额、人口、环境、社会管理、房地产交易、商业运营等方面的数据。

4.3.2 建立横纵双线的技术协调平台

为保障空间品质和公共利益的管控要素在项目实施阶段有效传导，总师团队搭建技术协调平台进行主动的技术协调（图 8），纵向协调规划条件、建筑方案、建设施工等环节，横向协调重点片区管理部门、规划主管部门和相关职能部门等部门。

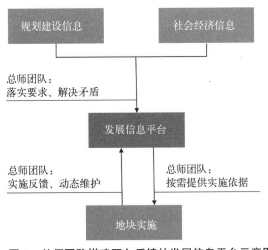

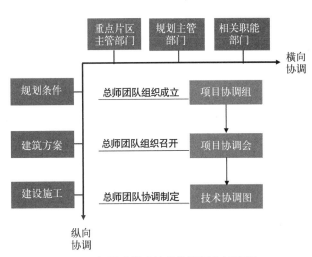

图 7 总师团队搭建双向反馈的发展信息平台示意图
（资料来源：作者自绘）

图 8 总师团队搭建技术协调平台示意图
（资料来源：作者自绘）

对涉及多部门、多实施主体的项目，总师团队在初期组织成立项目协调组，各部门明确项目协调人。总师团队组织召开技术协调会，明确各部门相互关联的技术要点和截止日期，有效推动项目实施。总师团队将技术协调要素图纸化，制定技术协调图（图9），保障地上、地面以及地下要素的连通性，保障公共空间、景观、道路等体系的完善性。

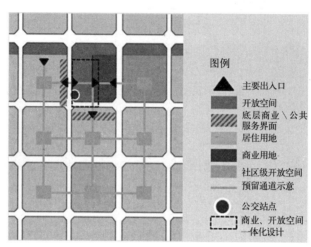

图 9　技术协调示意图
（资料来源：作者自绘）

5　结语

本文是基于深圳市龙华区重点区域总设计师制度服务方案的思考与整理，并不完全等同于龙华区总设计师制度的实施方案。

深圳市在城市建设发展和制度机制保障方面一直先试先行、勇于创新，龙华区总设计师制度通过在实践中的评估和总结逐步完善，为城市的高质量发展和高品质实施提供有力的保障，为我国其他城市的跟踪管理服务制度探索提供先进经验。

参考文献

[1] 赵燕菁 . 城市化 2.0 与规划转型——一个两阶段模型的解释 [J]，城市规划，2017（03）：84–116.

[2] 程哲 . 重点地区城市总设计师制度初探 [D]. 广州：华南理工大学，2018.

[3] 吴丹，王卫城 . 深圳社区规划师制度的模式研究 [J]. 规划师，2013，29（09）：36–40.

[4] 张建荣，翟翎 . 探索"分层、分类、分级"的控规制度改革与创新——以广东省控规改革试点佛山市为例 [J]，城市规划学刊，2018（03）：71–76.

[5] 何子张，李小宁 . 探索全过程、精细化的规划编制责任制度——厦门责任规划师制度实践的思考 [C]// 多元与包容——中国城市规划年会论文集，2012.

[6] 陈可石，魏世恩，马蕾 ."总设计师负责制"在城市设计实践中的探索和应用——以西藏鲁朗国际旅游小镇为例 [J]. 现代城市研究，2017（05）：51–57，66.

[7] 广州市国土资源和规划委员会 . 广州琶洲西区宣传手册 [Z]. 2016.

[8] 深圳市规划和国土资源委员会 . 深圳市重点地区总设计师制试行办法 [Z]. 2018.

[9] 黄静怡，于涛 . 精细化治理转型：重点地区总设计师的制度创新研究 [J]. 规划师，2019（22）：30–36.

中心城区非历史街区的更新改造与保护规划和实施探讨
——以上海市长宁区上生所项目为例

莫　霞　魏　沅*

【摘　要】本文从上海城市更新改造发展历程、制度背景的讲述出发，对非历史街区的概念与特征进行解读。以上海市长宁区上生所项目为例，结合地区更新的规划评估及管控引导聚焦风貌、空间、功能、管控四个方面，探讨历史文化传承与发掘的策略，并具体化地落实于规划设计引导、控规基本管控要素、附加图则控制要求等技术方法。在这一过程中所体现出的多方协作共赢模式、区域历史文化得以创新性传承的方式、地区空间品质与活力的提升以及有效的规划实施管控机制，可以为中心城区非历史街区更新改造与保护规划和实施提供有益借鉴。

【关键词】非历史街区；更新改造；保护规划；实施；上生所

1　引言

上海城市更新经历了从"大拆大建"外延式扩张到提升城市品质和活力的内涵式发展的历程，相关的制度法规也在不断地发展和完善中。早在 2005 年，上海市中心城 12 片历史文化风貌区保护规划获市政府批准实施；2017 年，上海开展了中心城区 50 年以上历史建筑普查，城市更新方式逐渐从"拆改留并举，以拆为主"转向"留改拆并举，以保留保护为主"；2019 年以来，上海市规划和自然资源局针对"上海市风貌保护街坊风貌价值评估"形成了阶段性成果，进一步明确了风貌保护街坊的保护保留措施和要求；《上海市历史风貌区和优秀历史建筑保护条例》(2019) 则拓展完善了保护对象体系[①]。上海逐步建立起多层次的保护对象体系，涵盖历史文化风貌区、风貌保护街坊、风貌保护道路、风貌保护河道、历史建筑；保护规划管理体系涉及总规、详规、建管多个层面。然而，非历史街区作为中心城区城市空间的组成部分，目前尚未纳入既有法律法规涵盖的保护对象体系，相应的保护要求也并不明确。这些街区往往反映了一定时期的风貌及文化特征，对于形成城市特色具有重要价值。在城市发展的多重目标下，在快速的城市更新改造中，它们如何体现地区特色与功能承载、延续历史文化及促进土地资源高效利用，应成为行业内关注的焦点之一。

---

* 莫霞，博士，教授级高级工程师，华建集团华东建筑设计研究院有限公司规划建筑设计院城市更新研究中心主任。
魏沅，高级工程师，华建集团华东建筑设计研究院有限公司规划建筑设计院城市更新研究中心研究室主任。

① 将 2002 版中"本市行政区域内历史文化风貌区和优秀历史建筑的确定及其保护管理，适用本条例"修改为"本市行政区域内历史文化风貌区、风貌保护街坊、风貌保护道路、风貌保护河道（统称历史风貌区）和优秀历史建筑的确定及其保护管理，适用本条例"，至此扩大了的历史风貌区保护对象涵盖了已公布的 44 片历史文化风貌区、250 处风貌保护街坊、397 条保护道路（街巷）和 79 条风貌保护河道。

2 非历史街区的概念与特征解读

与本文中所界定的"非历史街区"概念相关联的，是在 2016 年中国城市规划年会"城市非保护类街区的有机更新"分论坛中提出了"非保护类历史街区"的概念，即"在改善民生和发展经济的双重作用因素下，一批类型多样的城市街区，如解放后逐步形成的老旧城区和工业区、城中区及其他除了历史文化街区以外的城市一般地段，在快速、集中改造中面临着城市特色、存量资源利用等多方面的挑战。"这些地区存在于受法律规范保护的重点地段和历史文化街区外，往往缺乏政府社会的关注以及相应的法律法规保护，但也保留了一定的本土特色，代表着地方人文精神，具有较强的识别性，可以唤起人们的归属感。整体来看，这类地区很大程度上影响着城市风貌与特质形成以及城市空间发展布局。具体而言，上海的非历史街区往往不同程度地体现以下特征。

一是反映一定时期的风貌及文化特征，构成城市历史环境、文化景观的载体。风貌及文化涉及一个地方的人文历史、生活风俗、当地人的素质教育等，构成各种文化现象的特征与外在表现，往往与城市空间及建筑形态息息相关，体现历史上某一特定阶段的文化与风貌特征。如位于上海市长宁区的上生所地区，街区内的孙科别墅既是民国政要孙科及其子女的住宅，也是著名建筑师邬达克花园住宅类代表作；原哥伦比亚总会既是 20 世纪二三十年代上海西区侨民居住区哥伦比亚住宅圈的起始点和重要构成，也是"二战"期间日军野蛮侵略行为在上海的重要实证地；郭沫若之子郭博所设计的麻腮风大楼等代表性建筑则体现了自 1953 年陈毅市长下令将上海生物制品研究所迁至此处后研究型工业园区的逐步形成。街区内拥有花园洋房、历史上的公共建筑、工业厂房等多种建筑类型（图 1），虽然尚未列为风貌保护街坊，但街区具有较高的历史价值与文化内涵。

图 1 孙科别墅、哥伦比亚总会、麻腮风大楼改造前外观

二是传承历史精神、承载场所记忆。在上海中心城区，有很多承载城市记忆的代表性建筑，建筑本身质量一般，有的甚至已经重建更新，但仍富有一定的历史精神与文化内涵，对城市特质的体现、场所的营造具有重要价值。如位于上海市静安区中心安义路 63 号的毛泽东寓所旧址（下文简称"旧址"），原为 1914 年建成的里弄住宅。1920 年，毛泽东来到上海在此蛰居，在这里他思考中国的出路——"只有马克思主义才能救中国"。1959 年，上海市人民委员会将其公布为市文物保护单位，在其后续的保护开发过程中，由于建筑质量较差，进行了多次翻修。1994 年，已成为寸土寸金的中心区核心地带的旧址所在区域，将启动静安嘉里中心工程的开发。由于旧址位于静安嘉里中心的中心位置，虽建筑室内空间仅 80m²，嘉里中心开发时充分考虑了其历史意义与价值，如在旧址周边"留白"开放式中庭广场，嘉里中心新建建筑要求采用细致的体量和精巧的外立面等方式与该历史建筑相融合。

三是具有一定的街巷空间和肌理价值。里弄是上海特有的民居形式，是近代上海城市最重要的建筑空间，是老上海人记忆最重要的组成部分。至 2017 年上海市人民政府共审批并公布了 250 个风貌保护街坊，基本覆盖了上海成片分布具有一定规模的里弄建筑。但除此以外，还有一些街坊内里弄建筑的分布具有一定的巷弄特征及肌理价值，也需在更新开发中予以考虑并合理利用。例如，静安区 72 号街坊，原来为已出让的毛地，在 2016 年开发项目国际方案征集中确定的稳定方案为全部拆除后按规划指标进行新建。结合中心城区 50 年以上历史建筑普查梳理，发掘街坊具有东西向巷弄空间肌理价值，多个建筑具有较好的艺术和人文价值，因此，尽管其并未在政府公布的风貌保护街坊名单中，在新时期下的开发也考虑了部分历史建筑的保护、历史肌理的延续、街道界面连续性的控制，使得保护与开发并存。（图 2）

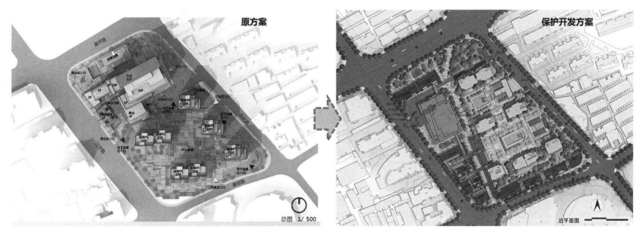

图 2　72 号街坊总平面图：原方案与保护开发方案

3　上生所地区发展概况及更新面临的问题

上生所地区位于上海市长宁区东部，临近中山公园商业中心，北临延安路 – 世纪大道城市发展轴，南近徐家汇市级副中心，区位条件良好。这一地区地处愚园路、衡山路 – 复兴路和新华路三个历史文化风貌区的中间区域（图 3），街区也并未列入上海风貌保护街坊。原来的上生所区域是以生产研究功能为主的科研用地，为封闭式的科研园区，在 2007 年编制的控详规划中为保留地块。在 2014 年，随着城市环保要求的日益严格，原上海生物制品研究所难以在此继续生产经营下去，因此整体搬迁至市郊。搬迁后，这一地区内部的历史建筑因缺乏保护与修缮，总体形象欠佳。且周边已有幸福里、邬达克纪念馆等成功的更新项目，无论是内部功能转型诉求还是外部更新政策驱动，都使得这一街区的更新行动被提上日程。

事实上，在这样一种发展过程中，上海生物制品研究所也在试图寻求街区

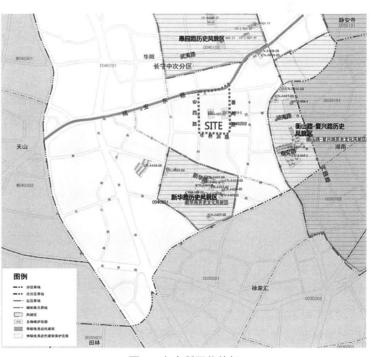

图 3　上生所区位特征

更新利用的可能路径。2016年，上海生物制品研究所通过公开招标的市场方式，寻找后续土地房屋再利用与开发经营的工作承担者。上海万科房地产有限公司积极投入并中标获得该土地的后续20年的承租、开发、经营权。中标后的万科对整个园区的改造有很大愿景，希望把它打造成未来长宁区乃至上海崭新的开放式街区。但这一地区的现状发展还存在以下主要问题（图4）。

图 4　上生所地区更新前鸟瞰图

一是历史资源亟待保护更新。2007年的已批规划中仅对上生所区域内2处保护历史建筑（哥伦比亚总会、孙科别墅）有明确的保护要求，2017年的50年以上历史建筑普查中也仅明确历史建筑的建造年份，并未对其保护保留等级及控制要素有具体要求（图5），因此，由于缺乏法定规划的支撑，面临转型的上生所地区需在适应城市发展的同时积极探索保护其工业遗存文化价值的方式。

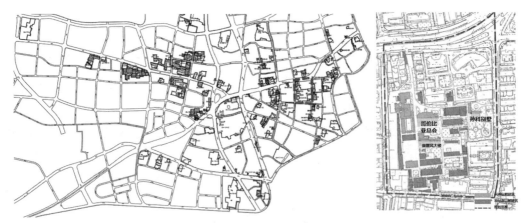

图 5　上生所地区 50 年以上历史建筑普查信息

二是区域公共要素亟待完善。上生所地区周边区域现状以老公房和老旧商品房小区为主，随着城市社会经济发展、生活方式变迁与各项技术变革，区域周边原有的配套设施和公共空间逐步衰退或供应不足，公共服务能级急需提升，已难以匹配居民常规的使用要求。随着上海中心城区新增土地资源越来越少，配置公共要素内容越来越难，上生所地区的更新应承担为周边居民提供公共服务配套设施、贡献公共开放空间、提升环境品质等关键作用。

4 上生所更新改造与保护规划思路及核心内容

在上述实践背景下，2017年，由原长宁区规土局委托，上生所更新改造与保护规划编制工作具体展开，开展了地区更新研究和规划评估，并落实于上生所地区控制性详细规划调整。其中，地区更新研究工作重点围绕历史风貌传承和功能提升，基于对上生所地区历史沿革及现状情况梳理，承接上海市中心城区50年以上历史建筑保护保留要求，对保护、保留历史建筑、工业类风貌特色建筑、新建建筑等进行分类分级评估，明确有针对性的"留改拆"措施。规划评估工作则重点针对区域功能完善，综合考察了上生所地区的土地使用、公共服务设施、公共空间等内容，大力补短板，全力促发展；结合存量工业用地转型、城市更新等政策对区域进行建筑容量平衡，提升区域功能能级；同时注重基地与周边区域的要素衔接，实现空间互联、通道共享。

上生所更新改造与保护规划的有效实施则重点在于控制性详细规划的编制，即在前面两者的工作基础上，结合城市设计的内容，系统确定与城市发展密切相关的历史风貌、功能配置、公共空间、土地利用、城市界面等规划管控要素，并最终将设计意图转译为管理语言，落实为普适及附加图则，引导上生所地区的传承和发展（图6）。

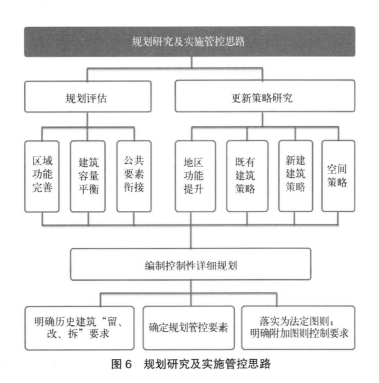

图6 规划研究及实施管控思路

5 上生所更新改造与保护规划的策略与方法

5.1 风貌：多策保护，传承历史文脉

在上生所保护更新过程中，系统地对街区现状建筑逐栋进行了调研评估，结合上海最新的50年以上历史建筑普查的工作要求，基本保留50年以上的历史保护建筑，并在此基础上对于建筑质量较好，并具有一定工业类风貌特色建筑进行最大程度的保留。结合历史建筑的评价价值体系，对不同类型建筑建立不同的分类分级，进行严格的保留保护。同时，创新工业建筑的规划管控方式，通过在控规附加图则中新增"保留工业建筑"和"建议保留工业建筑"等保护要素类型，延续工业特色，更好地落实上生所街

区内 50 年以上工业建筑的保护保留要求。

　　通过建筑高度和体量控制，使新的建设融入整体风貌，形成协调的空间关系。规划提出新建建筑高度原则上不超过场地中的既有建筑高度，麻腮风大楼依然作为用地中的制高点，新建建筑控制在 3 ～ 6 层，保持街区内以多层建筑为主的空间格局（图 7）；街区内现存的多为中小体量 50 年以上的历史建筑，结合历史建筑保留保护利用的要求，在新建建筑体量上引导以中小体量为主，提出采用建筑体量切割、错动、底层架空等方式消解建筑体量感，使新建建筑更好地融入历史环境。

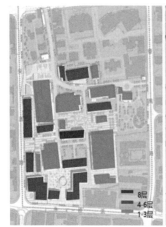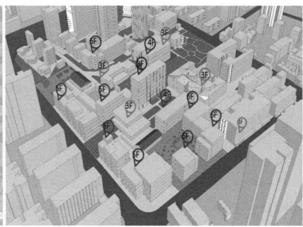

图 7　上生所地区建筑高度规划控制与引导

5.2　空间：新旧对话，强化场所特色

　　上生所地区的保护更新力求延续街区的历史发展脉络，以及其构成联系周边风貌区的重要区域的特质，结合历史场域的恢复、基地空间梳理，在西、南、东侧形成多处绿地广场空间（图 8）；并结合上生所原有空间肌理特征，组织公共开放活动空间体系，试图促成这样的场所氛围与环境特色：人们可以在此强烈地感受到文化记忆与历史的存在，在尺度宜人、舒适安全、丰富有趣的街巷中行走，享受着可以体验并参与进来的历史性公共空间。通过对孙科别墅南侧花园的历史资料的搜集分析，针对南侧花园与上生所街区被围墙分割的问题，上生所地区开发时整体景观方案拆除了花园围墙，并设置连接园区广场与花园的人行通道，改善割裂的现状，利于园区人文环境的沟通与交融。园区西侧主入口的改造，通过拆除哥伦比亚总会的附属游泳池建筑搭建部分，将特色的历史建筑主立面充分地展现出来，并与新的公共广场空间、沿街界面充分结合，使得在保护利用的前提下，发挥历史建筑最大公共价值（图 9）。相应地，

图 8　上生所地区内部广场空间　　　　　　　　图 9　上生所地区新旧空间对话

在控规附加图则中创新性新增保护性开放范围这一控制要素（图10），促进在保护的前提下，区域更好地为公众所享用。

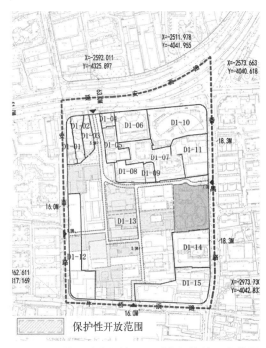

图10 公共开放空间控制图则中保护性开发范围

5.3 功能：功能复合，形成活力中心

上生所地区更新规划后功能转型为集办公、娱乐、文化、社区服务等于一体的新型文化创意产业园区和全天候活力场所，与周边的现有社区融为一体，促进"可达"和"宜居"。规划结合"15分钟社区生活圈"的规划导向，通过整单元评估，在控规中明确周边所缺少的社区文化、体育等基础保障类社区公服设施，并结合居民差异化需求及现有历史建筑的空间特征，布局品质提升类的社区公服设施，有效提升居民的生活品质。在设施布局上建议结合原来大空间大跨度的哥伦比亚总会附属健身房和游泳池作为社区公服设施对外开放，新增的公服设施尽量聚集化、使用便利，通过街区更新，完善公共服务设施配套（图11）。

5.4 管控：精细管控，要素协商、多方共赢

针对上海城市更新中所要求的公共要素清单列项，规划将公共要素的确定作为规划开展的重要条件，政府主动介入、统筹调控，一方面落实新增公共开放空间、公服设施的面积、位置及相关控制引导要求；另一方面，结合城市更新奖励政策，锁定相应的建筑增量，调动产权人参与更新的积极性，为未来可持续、多方共赢的更新发展模式打下基础。规划重点突出和强化了实施导向，实现了更新的精细化控制与引导。在新的更新改造和保护规划中，基于普适图则的控制要求，结合更新研究和规划评估，新增了控制总图则、地下空间控制图则等附加图则，明确了建设控制范围、公共通道等的管控要素，将方案中城市设计研究确定的要素内容予以法定化，保障了公共要素在实施阶段能充分予以落实（图12）。

6 结语

上生所地区控规编制过程中注重历史建筑的转换利用，增加公益性配套设施，贡献公共开放空间，强化公共活动界面——将公共要素的确定作为项目开展的必要条件与实施重心，政府主动介入、统筹调控，多方积极参与、协作共赢。控规调整结合城市更新政策关联的激励机制落实可

图11 建筑改造作为会议会展、餐饮休憩及公共服务等功能

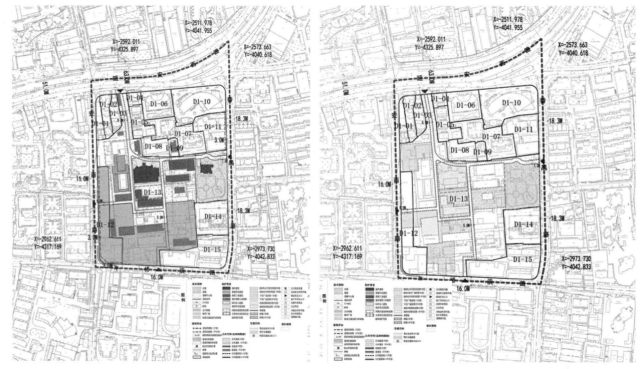

图 12　上生所区域控规调整图则要素控制示意

能，强调要素管控与实施对接，编制成果于 2018 年获得市政府批复。其中部分新增的公共服务设施、开放空间以及历史建筑保护保留建议已纳入 2019 年新华街道"15 分钟社区生活圈"行动规划中。

　　在控规引导管控框架下，目前上生所地区的更新已部分完成，历史建筑的功能得到活化、焕发新的生机，工业建筑得到更好的利用，街区内的空间脉络联通活化，原本封闭的生产型机构转变为具有厚重的文化、时尚的气息的艺术文化休闲场所；开放后的上生所地区吸引了游客、市民、周边居民、原上生所老员工，让来到这里的每个人有更多获得感、幸福感、归属感。作为仍在更新发展中的区域，借由自身历史特质与实践特色的彰显，上生所地区的更新发展凸显出非历史街区的一种功能再构、复兴发展，成为上海城市有机更新实践的重要构成，也为其他中心城区非历史街区更新改造与保护规划提供了思路借鉴（图 13）。

图 13　更新中的上生所地区

参考文献

[1] 王林，薛鸣华，莫超宇 . 工业遗产保护的发展趋势与体系构建 [J]. 上海城市规划，2017 (06)：15-22.

[2] 陈鹏 . 新时期上海历史风貌保护地方立法初探——《上海市历史文化风貌区和优秀历史建筑保护条例》修订导向研究 [J]. 上海城市规划，2018 (03)：53-58.

[3] 刘健，黄伟文，王林，石楠，阳建强，王世福 . 城市非保护类街区的有机更新 [J]. 城市规划，2017，41 (03)：94-98.

[4] 莫霞，工慧莹 . 上生所地区城市更新机制思考 [J]. 理想空间，2018 (79)：38-40.

[5] 长宁区人民政府 . 上海市长宁区国民经济和社会发展第十三个五年规划纲要 [R]. 2017.

[6] 上海市规划和国土资源管理局 . 上海市城市更新规划土地实施细则（沪规土资详〔2017〕693 号）[S]. 2017.

[7] 上海市人民政府 . 上海市城市更新实施办法（沪府发〔2015〕20 号）[S]. 2015.

[8] 丁凡，伍江 . 上海城市更新演变及新时期的文化转向 [J]. 住宅科技，2018，38 (11)：1-9.

规划管理技术帮扶工作的实践与思考
——以新疆为例

李晓刚 *

【摘　要】对口支援与帮扶是党和国家推动区域协调发展的重大战略。但是，在规划管理技术帮扶工作中，财政状况、人员素质等地区差异都会导致诸多困难。笔者在援疆工作期间，发现新疆地区存在市场消费能力不足，规划审批人员工作方式低效、对法律法规的认识薄弱，因化解政府债务无法提供规划编制技术支持费用等实际困难；为此，笔者结合新疆地区实际状况，提出总结经验、形成管理规程或者规范性文件，结合具体案例进行线下培训交流，借力设计方案替代规划编制等解决措施。新疆的困难和问题在边疆、贫困地区具有一定共性，希望本文提出的解决措施对当地的规划管理工作有所启发与借鉴。

【关键词】规划管理；技术帮扶；新疆

1　综述

东西方扶贫协作和对口支援，是党中央推动区域协调发展、协同发展、共同发展的重点战略。2018年 9 月至 2020 年 1 月，笔者作为全国第九批对口支援新疆专业技术人员，在新疆维吾尔自治区昌吉回族自治州吉木萨尔县挂职任县城乡规划管理局总工。在吉木萨尔县一年半的技术帮扶工作经历，使笔者深刻理解了国家的东西方扶贫协作和对口支援政策；对边疆、贫困地区工作开展面临的困难有了直观的了解与感受；对县级层面部门工作人员的辛苦感同身受。笔者同时也发现，新疆的困难和问题在边疆、贫困地区具有一定共性，而目前城市规划行业对此的研究论述较少；为此，笔者以技术帮扶工作中遇到的实际问题与审批案例为基础，将结合新疆地区实际状况提出的解决措施进行梳理，希望对边疆、贫困地区的规划管理工作有些启发与借鉴。

2　规划管理工作中面临的问题与解决措施

2.1　市场消费能力不足

（1）一个商业建设项目在供地时县政府已经明确 0.8 以下的容积率，但是在方案审查阶段建设单位按照 0.6 的容积率报送。经了解得知，该建设单位以出让方式取得了两个商业地块的土地使用权。在先期开发的一个商业地块内，建设单位发现预售情况不理想，三层基本没有购买者；因此在本次开发地块内提出进一步降低开发强度，认为建设二层以内比较好销售。

---

*　李晓刚，男，硕士，厦门市城市规划设计研究院，高级工程师，中国城市规划学会会员。

解决措施：目前自然资源部关于最低容积率的规定，只有针对住宅以及工业项目，没有出台商业地块最小容积率的规定；但是该案例肯定不符合节约集约用地的原则，最终的结果是上报县政府研究，县政府最终同意了建设单位提出的降低容积率的申请。边疆、贫困地区，会出现这种市场消费能力不足导致申请降低开发强度的案例，在部、省层面没有出台相关房地产经营类项目最低容积率的规定前，这种情况还会继续发生。

（2）一个屠宰场项目，意向单位报送过来的设计方案中地块容积率为0.35，但是原国土资源部（现自然资源部）的规定是屠宰场项目容积率必须达到1.0以上，这样就无法满足供地条件的要求。第一次提出的解决方案是该项目按照屠宰点进行规划审批，这样就规避了原国土资源部关于地块最小容积率的要求；但是农业部门又提出该项目必须按照屠宰场进行审批，这样才能符合农业部门的相关规定。

解决措施：要求意向单位修改设计方案，其中明确厂房设计建筑高度为8m（按照两层计算容积率指标），厂区内堆场上空加设顶棚，这样容积率指标最终达到了0.75，然后报县政府研究，县政府最终同意按照修改后的设计方案进行出让。

2.2　审批人员工作方式低效

吉木萨尔县的规划管理工作方式，在政策层面依据新疆维吾尔自治区、昌吉回族自治州下发的政策文件执行；在日常审批工作中主要依赖业务骨干以及部门领导的自身判断，在制度规范建设方面非常缺乏；这样就造成中层领导非常累，基层工作人员也没有得到锻炼，长期处于上传下达的工作状态。如果根据具体问题与实际案例，及时总结好的经验及做法，形成内部管理规程或者规范性文件；进行有效的培训、交流，养成良好的工作习惯，就会减轻工作压力，避免同样的错误产生。

2.2.1　规范管理机制匮乏

（1）一个房地产开发项目西侧临城市道路，根据城市规划要求，该城市道路规划预留了15m绿线；为了增加该小区绿地率，县政府同意将规划绿线一并出让给该建设单位，同时土地出让合同中约定建设单位沿城市道路布置小区绿地，规划意图是项目建成后小区绿地既方便小区业主及公众，也提升城市品质。但建设单位在项目建设过程中，为了利益最大化，用围墙将小区绿地完全包围起来，同时在小区绿地上建设了热交换泵站。这种结果影响了城市绿线的延续，同时小区实际绿地也减少。由于新疆维吾尔自治区城市规划管理技术规定中，并未对建设项目中的附属建构筑物退线进行要求；县城乡规划局审批通过的设计图纸上，也未要求标注围墙、门卫室等附属建构筑物的具体位置，一般是各建设单位在建设过程中，自行沿项目用地边界进行围挡及建设，因此无法对该建设单位进行处罚。

解决措施：在公共利益已受影响的情况下，为了避免后续问题，出台了规范性文件明确，单独建设的门卫房、热交换泵站等附属建（构）筑物的建筑退让道路红线应当不少于2m，退让用地红线不少于1m，且不得占用集中绿地建设。建设项目的围墙以及其他不可移动设施、人行及车行出入口应当在设计图纸上明确标示，建设单位必须按图施工建设。

（2）一个房地产住宅地块策划方案已经县城乡规划局组织的专家论证会审查通过，即将上报县政府会议研究出让事宜。在向相关部门通报中，县气象局突然提出，该地块周边有县级的一般气象监测站，策划方案的规划建筑高度已经超过允许高度，如按照设计方案建设将影响气象观测站的运行，直接违反了《气象法》，并提出以前就向县城乡规划局通报了该气象监测站周边建筑高度的要求。

解决措施：与策划方案编制单位即时进行沟通，督促其修改方案，降低规划建筑高度，同时为了保证地块方案的开发强度不显著降低，同意地块内日照计算标准降低为1小时；为了避免后续问题，与县气象局共同出台了规划性文件。

2.2.2 培训、交流效果不明显

从新疆维吾尔自治区、昌吉回族自治州到吉木萨尔县都很重视培训，但是现实培训效果却一般。主要原因是基层工作人员当作任务来听课，或者认为外来经验并不适用于新疆；另外就是培训、交流的方式存在问题。

解决措施："智力援疆"，要围绕打造一支"带不走"的技术队伍进行，因此提高规划管理人员的业务水平培训属于工作重点。笔者以"城乡规划实施与建设项目审批"为题，在局内定期开展讲座，讲座内容涵盖国家、新疆维吾尔自治区、昌吉回族自治州规划管理工作中的法律法规条文讲解，并补充福建省、厦门市经验。由于各业务人员工作繁忙，工作压力大，固定的业务学习时间很难保障；因此后期主要是通过工作中的具体案例与同事进行交流，不仅提出建议，还由解决措施进一步深化，明确今后此类案例的办理方法；几十次的具体案例交流，效果比起讲座来更为显著。

（1）讲课内容方面，大政方针讲的越简短越好，主要是提出个人体会及见解，最好是以当地的情况来进行分析研判，告诉大家如何将政策在实际工作中运用，具体的案例总结是基层工作人员最欢迎的。

（2）业务培训以外，可以与大家交流自己认可的工作方式、方法；如何更高效地进行业务学习，如何真正学会东西并且将经验传递给其他人，是很有必要的，也是有规律可循的。

（3）在基础性的培训讲座结束后，根据业务中遇到的具体案例进一步培训，这样时间比较灵活，自由度较高，而且授课效果也较好，大家容易接受。

（4）培训交流的阶段可以总结为："我讲你听耳旁风，我讲你思见效果，复述总结上层楼，存疑纠偏成大器。"

2.3 审批人员对法律法规的认识薄弱

规划管理工作中，会面对一些不符合法定规划但是属于地方政府近期经济发展诉求的审批项目；或者会出现其他部门将财政投融资项目，都报送规划管理部门要求审批的情形。以往当地规划管理工作中，遇到上述项目，普遍认为都是政府财政投资项目，规划管理部门只是过路盖章而已，但却忽视了以后的审计、纪检以及上级部门督察时很可能受到处罚。因此必须结合当地实际情况，依照法定事权范畴履行规划管理职能。

2.3.1 滥用临时规划许可进行审批

一块已批未用、规划用地性质为办公的建设用地，当地镇政府申请短期利用作为旅游休闲设施；还有一块尚未建设的规划公园绿地，镇政府申请短期利用建设停车场使用。此类改变规划用途的项目无法取得正式规划许可文件，当地规划管理部门提出核发临时建设工程规划许可的审批意见。各地关于临时建设的规划要求均明确时限二年，到期后视情形允许再延长两年就必须依法拆除；但是地方实际情况是此类建设项目除非被举报或者被上级部门督察到，一般不会在法定时限内拆除。当地规划管理部门的做法是将矛盾后移，现阶段避免被当地镇政府认为不扶持地方经济建设，但是后续带来规划部门执法难的困境。

解决措施：《中华人民共和国城乡规划法》第一条规定："为了……改善人居环境，促进城乡经济社会全面协调可持续发展，制定本法。"这也意味着改善城乡人居环境、促进城乡经济发展是规划部门参与管理的范围。作为规划管理部门的职责，应当是推动规划实施进行审批，但在地方政府有改变规划用途的其他短期建设行为意图时，可以根据客观实际情况，为促进城乡经济发展，以出具规划意见的形式共同参与管理，明确该项目建设要求，注明实施城乡规划时必须无偿拆除。此类规划意见涉及空间布局及选址的，应当附上带有角点坐标的图纸说明；并且依建设单位提交的设计方案或者技术规范明确建设要求（例如在一定层数及建筑规模以下）；同时参与管理也意味着有监管项目按照要求建设的法定义务。

2.3.2　超越职能审批

新疆许多村集体惠民生项目由中央或者自治区财政资金投资建设，乡、镇政府会将这些利用财政资金的项目申请规划手续，包括村级公共活动场所地面硬化、蔬菜储存和保鲜项目、路灯安装、道路绿化、节水工程、节水管道、净水加压滴管及配套设施、U形渠、机电井改造、绿化植被、通村油路、养殖小区等，一般是到了年底项目完成后统一申请办理规划审批手续，以往当地规划管理部门也是统一核发乡村规划许可证。

解决措施：应当根据建设项目类型确定是否属于规划管理范畴。《中华人民共和国城乡规划法》第四十二条规定，城乡规划主管部门不得在城乡规划确定的建设用地范围以外作出规划许可。所以单纯只是设施购买、安装及改造的项目，不属于规划管理事权；管线工程、引水工程、修渠是为农业、养殖业生产所需的项目，不属于规划管理事权；设施农用地项目，不属于建设用地，意味着不属于规划管理事权。对于不属于自身管辖权限内的事项，规划部门直接函复，说明理由即可。

2.4　规划编制需要的技术支持经费匮乏

由于吉木萨尔县政府化解地方债务造成的经费限制（笔者援疆期间县政府委托规划调整技术支持费用为零），遇到一些需要先行编制法定规划或者修改、调整规划后再进行审批的建设项目，想按照法定程序执行往往出现因为没有规划承接单位愿意承接，不按照法定程序执行可能受到上级部门督察的两难局面，必须另辟蹊径，借力设计方案替代规划编制成果。可以要求建设单位提供的设计方案中补充规划论证报告内容，由规划管理部门会同各相关部门以及邀请的专家共同论证通过并公示后，报县政府审议，以县政府研究通过后出具的正式批复作为办理规划审批手续的依据（注：县政府决策的会议纪要不能代替县政府的批复文件）。

（1）县里因为环保督查要求，需要在污水处理厂周边新建中水储存池。因为现状使用的污水处理厂原本在城市总体规划确定的规划区范围外，后来作为单独建设项目纳入城市总体规划，结果造成中水储存池必须在城市总体规划确定的规划区范围外选址建设。

解决措施：城市总体规划范围的调整需要报昌吉回族自治州政府审批；不仅审批时限长而且没有规划编制技术支持费用保证。《中华人民共和国城乡规划法》中，未规定建设项目预审与选址意见书适用哪个边界范围，但是应当符合土地利用总体规划、城镇体系规划以及专项规划等；而申请用地规划许可、建设工程规划许可，则必须在城、镇规划区范围内才可以进行。规划区范围外、符合相关规划的建设项目，可以核发预审与选址意见书；其中属于道路、管线线型调整，交通、市政基础设施、独立工矿设用地选址微调的，均不需要修改规划。该项目最终核发建设项目预审与选址意见书，同时注明，项目符合相关政策，应当按照相关设计规范进行建设，该建设项目预审与选址意见书仅为相关部门办理手续使用。

（2）一块现状初中教育设施用地在镇区规划区范围外，目前学校已经搬迁，校舍空置。为盘活国有资产，县政府计划将该地块转为商业用地后挂牌出让；因用地现状开发强度较低，因此计划同时提高开发强度。

解决措施：镇总体规划范围的调整需要报县政府审批。本项目要求建设单位提供的设计方案中补充规划论证报告以及就该项目调整镇总体规划范围的内容，由规划管理部门会同各相关部门以及邀请的专家共同论证通过并公示后，报县政府审议，县政府研究通过后出具关于同意调整镇总体规划范围以及该地块用地性质以及建筑面积的批复。规划管理部门依据县政府批复办理正式规划审批手续。

（3）规划区范围内，县政府将拆迁后的地块改变原用途以及开发强度后挂牌出让。

解决措施：规划区范围内，建设用地应当依据控制性详细规划或者修改控制性详细规划后核发建设用地规划许可以及建设工程规划许可。本项目要求意向单位提供的设计方案中补充规划论证报告内容，替代控制性详细规划，并按照控制性详细规划的审批程序报县政府审议，并且出具批复后作为办理正式规划审批手续的依据，在后续工作中将建设项目的规划条件纳入控制性详细规划的修正程序。

3　边疆、贫困地区规划技术帮扶工作的思考

本轮国土空间规划编制工作正在开展，目前看到的技术指南还是全国统一标准；考虑到边疆、贫困地区基层部门工作人员业务素质、工作强度以及因政府财政状况匮乏、没有规划编制技术支持费用的实际状况与内地沿海地区的差距，这些将直接影响规划实施的效果。另一方面，虽然自然资源部已经明确了数字化评估监测的管理模式，但是边疆、贫困地区基层信息化建设基础薄弱（笔者的新疆受援单位至今仍没有局域网），审批管理人员对数字化管理缺乏学习动力，这些问题也会导致信息化技术团队的建立及运作状况困难重重。为了更好地推进边疆、贫困地区的规划技术帮扶工作，提出如下策略。

3.1　规划编制成果简单、实用

边疆、贫困地区的国土空间规划编制成果，一定要力求用得上、看得懂。以乡村规划为例，需要当地的村民、经营业主、村集体经济组织明确知道哪里可以建设、哪里不能建设；县级、镇级规划要布局更多"混合用地"，避免因适应市场需求频繁调整规划；公园绿地及广场的规划要考虑其实施可能性以及运营维护成本。

国土空间规划编制及监督实施的目标之一就是简政放权，而边疆、贫困地区因工作强度大更加需要简政放权的措施及办法；因此应当根据地方状况，将实践探索出来的简化审批管理机制办法以及相应规章、政策纳入规划编制成果。

3.2　以问题导向开始信息化建设及运营工作

3.2.1　项目带动人员梯队建设

为开展信息化建设工作，目前边疆、贫困地区普遍的做法是设立信息处理及管理机构，招聘事业编制人员；这样招聘的一般是新毕业或者有短暂工作经验的人员，但是无法招到有丰富工作经验的项目负责人（因为事业编制有年龄限制、考试要求、收入限制）。由于信息化建设及运营是个长期才能见效的工作，一定时期见不到效果，负责信息化建设的人员很可能就会被抽调做其他事情，最终信息化工作就会无疾而终（笔者受援单位就是这样的结果）。可以采用以项目带动人员梯队建设的方式，以完成项目工程的要求招聘长期服务的项目负责人，由其负责在当地招聘辅助人员完成工作，这样在完成信息化建设及后续运营的工作中，可以逐渐培养当地的人才。

3.2.2　一点一滴开展信息化建设及运营

在信息化基础基本为零的情形下，应当一点一滴开展信息化工作。例如信息化工作人员可以从现状一张图的数据库录入开始；手把手帮助审批人员落图审批；对规划编制单位提出规划成果电子入库标准要求。

在满足审批部门的常规服务要求情形后，可以思考优化绩效、提高工作效率的办法与手段；探索少花钱、不花钱就达到一定信息化效果的做法；向其他部门提供技术支持服务，进一步促进合作，共同减轻工作压力。

4　结语

　　要想发挥好规划管理技术帮扶作用，首先要加强自身业务学习，包括受援当地的法规、政策、规定及编制成果；同时尽快熟悉当地实际状况。结合援助地方经验以及自身专业特长，针对不同群体做好服务工作。规划管理技术帮扶工作，提出的建议、做法要在一定时机背景下，经过一定时间才容易被理解与接受；这也就注定了工作是阶段性的，会留下很多遗憾。随着一批一批规划技术帮扶人员的持续发力，不断总结好的经验与做法，为受援地培养人才，工作成效必然会越来越显成效，所谓"久久为功，功成不必在我，功成必定有我"。

参考文献

[1]　全国人民代表大会常务委员会.中华人民共和国城乡规划法[S].2008.

[2]　新疆维吾尔自治区人民代表大会常务委员会.新疆维吾尔自治区实施《中华人民共和国城乡规划法》办法[S].2015.

[3]　新疆维吾尔自治区住房和城乡建设厅.新疆维吾尔自治区城市规划管理技术规定[S].2013.

[4]　新疆维吾尔自治区昌吉回族自治州人民代表大会常务委员会.昌吉回族自治州城乡规划条例[S].2011.

基于 GPS 活动数据的校园规划设计实施效果评价

曹 阳[*]

【摘 要】传统对校园空间的规划设计评价主要集中在物质空间的特征方面，强调运用系统观对物质空间解构分析评价，进而整合定性综合评价。本文在评价视角上强调"以人为本"，认为学生对校园各功能要素使用感受是校园空间设计评价的重要组成部分。在方法上，一方面应用受访者的手机 GPS 数据建立实时的时空间数据，分析使用者行为模式，发现校园重要室外空间节点；另一方面使用"语义区别法"获取受访者对空间的感知数据，利用"语义轮廓线"评价节点空间的品质。研究发现，部分校园空间并没遵循设计之初的意图，空间使用情况并不理想；有些空间尽管总体水平不错，但在某些维度依然有提升改进的可能，进而更好地满足学生的使用需求。

【关键词】校园空间规划；实施效果；活动数据；语义轮廓线

1 引言

传统的校园规划空间分析，注重对物质空间设计的评价。主要将整个空间分为若干子系统，如功能系统、道路系统、景观系统等分系统进行分析，进而将各子系统的分析结果进行叠纸，得出关于城市空间规划设计的定性评价。然而，对校园规划空间的评价分析，除了要关注物质空间自身的空间特征外，更应当侧重对基于从使用者的角度出发，分析具体空间使用情况。使用者的行为模式体现了人们对整体空间的使用程度；使用者的"空间感知"结果反映了具体空间在使用者视角整体的空间品质。

传统对人的行为模式的研究主要利用问卷数据，收集受访者一定周期内的活动内容，以及具体事件发生的时空间数据，进而归纳出人的行为模式。这种数据收集方式存在一定的局限性。首先数据是基于被访者回忆的，具有一定的主观性和不确定性；其次这种数据收集方式无法获取被访者实时的时空间数据，数据具有不完备性。随着信息化的不断发展，现在已经可以利用手机 GPS 数据等方式收集实时的、完备的个体的时空间数据，提高了数据的完备度。因而基于智能手机的移动社会调查逐渐被用于人的社会移动活动的调查。

本次校园空间规划设计的分析，主要利用学生的行为模式对校园的室外空间节点进行空间品质的评价。而在具体分析学生的行为模式时，一方面依赖手机 GPS 数据，收集完整的时空间信息，分析学生经常使用的校园室外空间；另一方面，传统调研问卷方法，使用"语义区别法"，收集学生对具体空间的感知数据，根据"语义轮廓线"，标度重要空间节点的设计水平，并挖掘空间提升可能。

---

* 曹阳，博士。江苏省城市规划设计研究院，城市规划师。

2 研究对象

2.1 区位与建设背景

本次研究对象为南京大学仙林校区。南京大学仙林新校区是南京大学为创建世界一流大学而建设的国际化新校区，位于南京三大副城之一的仙林大学城，地处九乡河湿地公园，东濒仙林湖，北望栖霞山景区，毗邻多所知名高校，2009年9月正式投入使用。南京大学仙林校区可征地面积共4910亩，先期征地约3800亩，建筑面积约120万m²，人文与自然坏境得天独厚，是中国建设标准最高、现代化和智能化程度最高的大学新校区之一。南大仙林校区位于南京仙林新城区，仙林新城位于南京主城的东边，南大仙林校区位于仙林新城区的东部（图1）。校区东部为江苏省体育训练中心，西部为九乡河湿地公园、羊山湖公园，南部为教师公寓南大和园，北部为科技园区南大科学园、江苏生命科技园，中间为教学区，是校区、社区、科技园区的综合体。

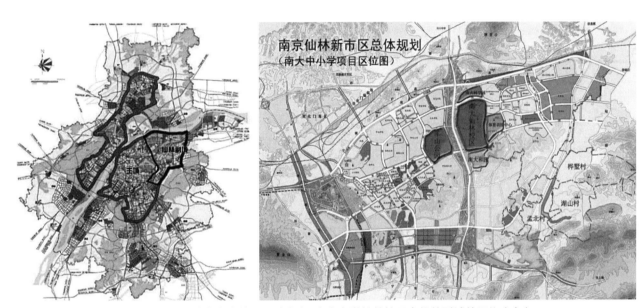

图1 仙林副城在南京的区位（左）、南京大学仙林校区在仙林副城的区位（右）

2.2 规划设计分析内容

规划分析图主要从南大仙林校区的道路体系、功能结构和景观体系三方面展开。南京大学四周被城市道路包围，北边为纬地路，南边是仙林大道，西边是九乡河西路，东边为元化路（图2）。这四条道路都是次干道以上的城市道路，与周边地块的联系比较便捷。校园内部在建设的时候主要道路都是车行道，现状情况是很多车行道都做了减速慢行的标志以及减速带等设施。尤其是在生活区的车行道会设有一些路障，不允许汽车通过。因此，校园内部的车行道主要是一个环线。

南大仙林校区的建成区可以分为三种功能区：生活区、运动区、教学区（图3左）。生活区以宿舍区为主，辅之以相关的配套设施，包括食堂、超市等。校园规划有四个组团的学生公寓。仙林校区先期规划核心景观区为杜厦图书馆及人工湖周边地区。随着三期、四期建设的推进，校区中、北部山区将成为学校重点景观区。仙林校区内有大山头、田山、窑山三座山，海拔不高，面积颇大。其中在窑山施工已发现六处明代砖窑遗址、一处西周文化遗址及东晋青瓷盘口壶等文物。目前还未对山体进行开发，建筑有序布局于山脚，依稀有几条小道通向山头，在山坡上建造了几个凉亭，例如淳朴亭等（图3右）。

图 2　仙林校区交通分析图（左）和校园巴士运行线路及站点图（右）

图 3　仙林校区校园结构图（左）、仙林校区景观分析图（右）

3 数据与方法

3.1 研究方法

本文采用大小数据相结合方法进行校园规划设计测度，从两个方面获取校园空间功能区使用情况，首先是将学校的功能分为生活、教学、运动、商服四个功能区，将每个功能区的设施都列出来，通过问卷选取学生日常经常使用的功能设施，并让他们写出认为学校还应该增加哪些功能，另一部分是给了一张南大仙林校区除去路网的平面图。让学生在其上表示出自己选出的功能设施，并画出自己平时行走的路径。

传统的活动空间测度主要基于活动日志、出行日志等问卷数据，这些方法由于受问卷数据活动点相对有限的限制，往往需要较长调查期限的数据，用以测度居民的日常活动空间。并且，由于无法获取居民具体的出行路线，传统方法对于活动空间的测度只能是破碎的、片段的。

随着移动定位技术的不断发展和广泛应用，基于 GPS、手机定位技术的移动数据已被广泛应用于居民日常活动与出行行为的研究中，为居民活动空间的测度提供了新的契机，使个体活动空间的测度更易实现。目前，国内已有活动空间研究往往基于传统问卷调查数据，利用密度插值法从汇总的角度进行分析，忽略了居民的个体差异性，只能对活动空间的特征进行粗浅的描述，无法深入挖掘居民活动空间的影响机制。

本次研究基于收集学生一周活动与出行的 GPS 数据，在个案分析的基础书上，利用 GIS 空间分析研究学生一周的日常活动空间，从中找出在校园众多的室外空间节点中，学生通过、使用程度比较高的热点。为进一步分析重点室外空间节点的特征提供了支撑（图 4）。

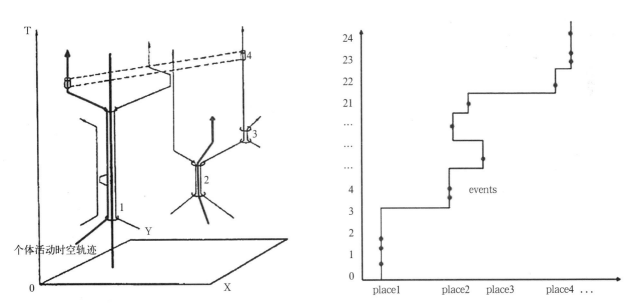

图 4　时空间轨迹图（左）、"事件"时空间分布（右）

3.2 数据收集

数据来源于 2017 年 7 月对南京大学仙林校区进行的基于 GPS 的学生活动与出行调查。调查选取了南京大学仙林校区不同专业、不同年级学生的共 50 个样本，为每个受调查的学生手机安装了记录 GPS 数据的软件。每个样本的调查时间为一周，调查内容包括学生的基本属性、GPS 轨迹及在不同功能区的情绪（图 5）。

	A	B	C	D	E	F
3	2	1	仙林	环境学院	2	博士
4	3	1	仙林	地球科学与工程学院	2	研二
5	10	2	仙林	材料学院	3	本科
6	12	1	仙林	环境学院	2	本科
7	13	2	仙林	建筑学院	3	本科
8	14	1	仙林	电子学院	3	本科
9	16	1	仙林	地球科学与工程学院	2	本科生
10	18	2	仙林	建筑学院	3	本科生
11	19	1	仙林	地海	2	博士
12	20	2	仙林	地海	2	大二
13	23	2	仙林	环境学院	2	研三
14	26	2	仙林	社会学院	1	本科
15	30	1	仙林	地海	2	博一
16	32	2	仙林	环境学院	2	本科
17	33	1	仙林	信息管理	1	本科
18	34	2	仙林	法学	1	大二
19	35	2	仙林	化学化工学院	2	
20	37	2	仙林	政府管理学院	1	大二

图 5　受调查 32 个样本中有效样本的基础信息

4　分析

4.1　活动行为模式

我们将收集的 18 份有效数据按个体分类，进而可以对每个受调查的个体进行数据分析。首先，将手机 GPS 数据在数据分析软件分为 7 段，每段代表实验对象一天的时空数据；其次将数据导入 GIS，将每天上万个离散点用一条有方向的线段连接，得到学生个体每天的时空活动轨迹；最后，运用 GIS 空间分析工具对每条特定的活动线段进行分析，得到学生个体在校园各功能区中停留的时间、功能区转换的次序，以及转换过程中在室外空间移动的速度，最后分类汇总各个功能使用情况（图 6）。

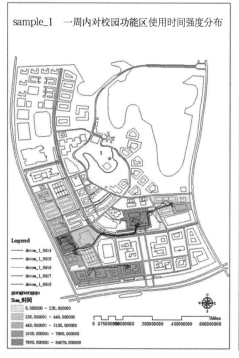

	OID	OBJECTID *	Count_OBJECTID	Sum_时间
Sum_Output				
	0	0	307	1535
	1	4	81	405
	2	5	33	165
	3	7	1	5
	4	8	87	435
	5	10	442	2210
	6	11	88	440
	7	13	2	10
	8	25	16974	84870
	9	26	14	70
	10	27	621	3105
	11	28	2	10
	12	35	1578	7890
	13	36	1563	7815
	14	39	35	175
	15	40	47	235
	16	41	12903	64515

图 6　样本一周的时空间活动轨迹分布图、样本一周中所利用的学校功能设施的时间强度

依据上述方法，我们将18个有效样本分别进行数据处理。观察每个样本在室外空间的活动情况，选取每个样本经常经过的室外空间。将18个样本经常经过的室外空间进行叠置分析，综合判断学生经常经过的室外空间节点。经过分析发现，学生在经常使用的室外空间节点有6个，分别为：①位于仙林校区南部的正大门节点；②位于南大门至校园图书馆节点上的"二源广场"；③校园图书馆节点；④大学生活动中心节点；⑤体育馆节点；⑥位于校园西南部学生餐厅旁的小游园节点（图7）。并且根据学生路径中速度属性的分析，结合室外空间发现，仙林校区中学生经常使用的室外空间的停留性都相对较差，学生基本上都以较快的速度通过这些室外空间节点。

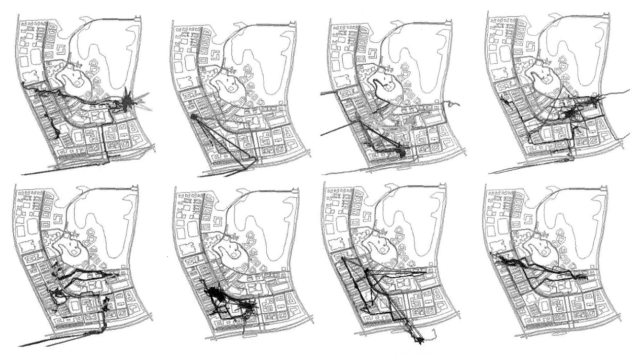

图7　基于大学生手机GPS数据的活动轨迹分析

4.2　人的空间感受

将97份有效问卷数据中的空间感受折线图进行叠合后，发现趋势不是很明显，大家的空间感受差异比较大。鉴于此，笔者选取了观察众数的方法，重新制图（图8）。然后将6个节点的空间感受图叠合在一起进行分析（图9）。

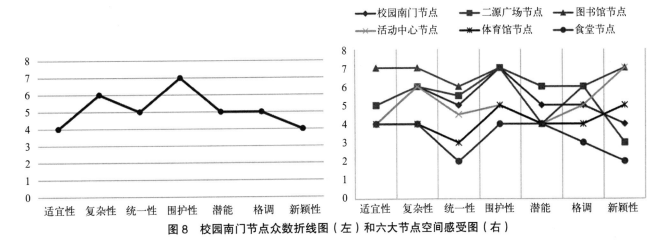

图8　校园南门节点众数折线图（左）和六大节点空间感受图（右）

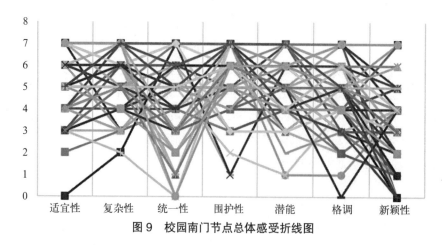

图9 校园南门节点总体感受折线图

从整体上来看，这几个节点的空间感受良好，打分大部分都在 4 分及以上。其中二源广场和图书馆节点的评分相对较高。食堂节点的分数整体偏低。二源广场的在新颖性维度的得分是 3 分，从不满意因素饼图中可以发现，广场的功能设施的不满意比例占到 33%，认为该广场缺少可停留设施的占到 15%，也就是说学生们觉得这个广场仅具有观赏性，而缺少让人们驻足停留的功能设置，学生纯粹是在路过的时候会看上一眼，但不会起到一般广场的集聚功能，因此可以发现，二源广场上基本是空无一人的（图 10）。

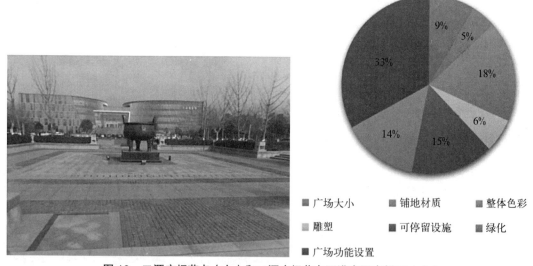

图10 二源广场节点（左）和二源广场节点不满意因素饼图（右）

图书馆节点的各个维度评分都在 4 分及以上，整体评价比较高。但是在不满意饼图中有 41% 的人对河流景观不满意。前文介绍说仙林校区的池塘河流是人工挖凿的，当初是要流入九乡河形成活水的，但是现在还未连通，导致水质下降，破坏了景观（图 11）。

食堂附近的小游园整体水平最差，各个层次的打分都是倒数第一。尤其是在统一性和新颖性两个维度上面，众数打分都是 2 分，27% 的人对停留设施不满意。在实地调查中发现，小游园中有供人休憩的长椅，但是却空无一人。这可以用当时我们访谈的一个学生所说的话来解释：食堂外边的小游园太杂、太乱。这也与统一性太差对应起来（图 12）。

图 11　图书馆周边水体（左）和图书馆节点不满意因素饼图（右）

图 12　四五六食堂南部小游园（左）和食堂节点不满意因素饼图（右）

　　通过对校园南门节点的不满意因素分析可以发现，29% 的人对校门的形状不满意，27% 的人对校门的绿化不满意。访谈中有部分学生提到，感觉南大的校门不气派，不庄重（图 13）。

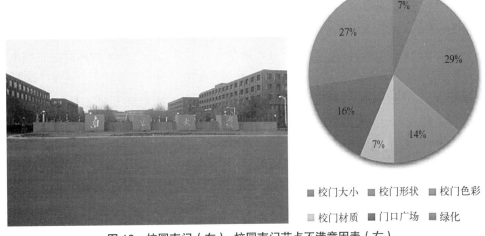

图 13　校园南门（左）、校园南门节点不满意因素（右）

比较有意思的一点是，当初设计新校区的时候是将大学生活动中心作为仙林校区的标志性建筑。张雷教授说："学生活动中心高40m，坐落于由国际知名景观公司规划的校园中心区，是整个校区的制高点，我相信建成后在全国会是独一无二的。"这座建筑是由哈佛大学建筑学系主任亲自设计的，以其出彩的建筑风格已被多家国外杂志报道。但是从我们的问卷中可以发现25%的人对大学生活中的建筑形状并未十分满意，这可能是设计者所预想不到的（图14）。

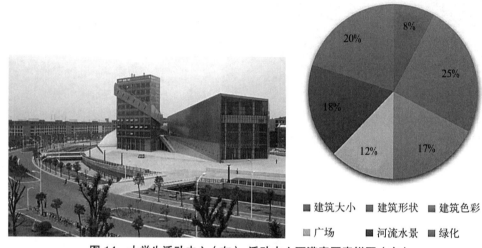

图14　大学生活动中心（左）、活动中心不满意因素饼图（右）

5　结论与讨论

5.1　研究创新

本次研究立足于人的尺度，通过大数据与小数据相结合的方法对仙林校区的规划设计进行了评析，有效弥补了传统方法的不足。通过对学生行为活动与主观感受相结合的方式，对校园空间规划设计实施开展评析，可以为后期空间功能优化与设施的更新完善提供依据。为基于学生时空间行为的空间规划分析方法，提供了量化理性分析的可能。采用"语义轮廓线"方法为衡量不同节点的空间品质提供了方法，使得应用时以空间视角观察个体、考察个体行为规律成为可能。

5.2　研究不足

GPS定位系统的技术还不够成熟，进入建筑后定位会受到较大的干扰，出现将近十几米的偏差。问卷设计有些问题，在空间感受折线图上，由于没有在每个分数节点上标上具体的词语以明确每个点的感受，导致最后得出的轮廓线区别较大。在第二、第三部分，没有考虑到学生在填写问卷时候的耐心，导致最后对回收的有效问卷，不能进行深入的分析，例如相关性分析等。大数据方面，由于只有18份有效数据，只能得出个体的行为模式，而没有群体的行为模式，故也难以深入分析。

参考文献

[1] Hagerstrand T. What about people in Regional Science?[J].Paper and Proceedings of the RegionalScience Association, 1970, 24: 7-21.

[2] 戴菲，章俊华. 规划设计学中的调查方法5——认知地图法[J]. 中国园林，2009, 25（03）：98-102.

[3]　戴菲，章俊华．规划设计学中的调查方法 2——动线观察法 [J]．中国园林，2008，24（12）：83-86．

[4]　秦萧，甄峰，熊丽芳，朱寿佳．大数据时代城市时空间行为研究方法 [J]．地理科学进展，2013，32（09）：1352-1361．

[5]　周涛，韩筱璞，闫小勇，杨紫陌，赵志丹，汪秉宏．人类行为时空特性的统计力学 [J]．电子科技大学学报，2013，42（04）：481-540．

[6]　何镜堂．当代大学校园规划设计的理念与实践 [J]．城市建筑，2005（09）：4-10．

[7]　王建国．从城市设计角度看大学校园规划 [J]．城市规划，2002（05）：29-32．

[8]　费曦强，高冀生．中国高校校园规划新特征 [J]．城市规划，2002（05）：33-37，49．

[9]　孙樱，陈田，韩英．北京市区老年人口休闲行为的时空特征初探 [J]．地理研究，2001（05）：537-546．

[10]　高冀生．高校校园建设跨世纪的思考 [J]．建筑学报，2000（06）：54-56．

社区智能设施规划政策研究
——以智能快件箱为例

张 雪[*]

【摘　要】近年来社区智能设施不断涌现，发展迅猛的智能快件箱以覆盖范围广、使用频率高成为社区智能设施的代表，然而却也引起社会强烈争议。本文从设施属性、规划体系、建设管控三者关系建立分析框架，发现各界争议的根源在于其属性定位和建设导向存在先天冲突，社区智能设施在政策上被确定为公共属性，实际上建设和运营由垄断企业市场化运作，导致规划实施存在模糊性，造成空间错配、空间低效、空间无序等问题。为了推动社区智能设施有序健康发展，提供让居民满意的服务，本文建议按照设置地点、适用人群和场景，将智能快件箱细分为共有准公共设施、专营准公共设施和商业设施三类。分别采用不同运营模式、制定规划建设管控指标、规范建设行为，并纳入国土空间规划体系分级规划指引。

【关键词】智能快件箱；规划实施；智慧社区营造；未来社区

　　近年来，依托新兴技术手段发展出的社区智能设施不断涌现，涵盖安防、健康、停车等诸多领域，一方面极大程度丰富了社区服务场景，成为基本公共服务的有效补充；另一方面在愈发有限的空间供给和建设量约束下，通过精细化匹配用户行为数据，显著提高了设施使用效率。社区智能设施受到了相关政策的鼓励，成为市场推广热点，然而其建设行为和运营模式却并未理顺规范。本文以智能快件箱为例，对现行政策和实践需求进行对比分析，提出规划实施的补充和完善建议。

1　智能快件箱发展现状与趋势

　　智能快件箱，又被称作智能快递（件）柜、智能包裹柜、智能物流柜、智能自提柜等，指提供快件收寄、投递服务的智能末端服务设施[①]。智能快件箱是共享经济与电商物流对邮政快递业务的升级，是解决"最后一公里"末端投递服务的补充途径，也是智慧社区便民服务设施的代表。2010 年国内智能快件箱开始起步，短短十年时间快速发展。国家邮政局数据显示，2014 年全国主要城市布设智能快件箱 1.5 万组，全年投递快件占快件总数的 1%；至 2019 年全国主要城市布设智能快件箱已达 40.6 万组，同比增长 49.3%，全年投递快件占快件总数的 10%。与之相对比的是，2019 年全国拥有邮政信筒信箱 11.9 万个，比上年末减少 0.3 万个，可见，智能快件箱正在成为末端投递服务不可或缺的重要组分。由于新冠肺炎疫情期间智能快件箱发挥出重要作用，2020 年 4 月起各地方加快了智能快件箱建设进度（图 1）。

---

　　* 张雪，女，硕士研究生，中国建筑设计研究院有限公司，室主任，注册规划师。

　　① 根据《智能快件箱寄递服务管理办法》（中华人民共和国交通运输部令 2019 年第 16 号），智能快件箱是指提供快件收寄、投递服务的智能末端服务设施，不包括自助存取非寄递物品的设施、设备。

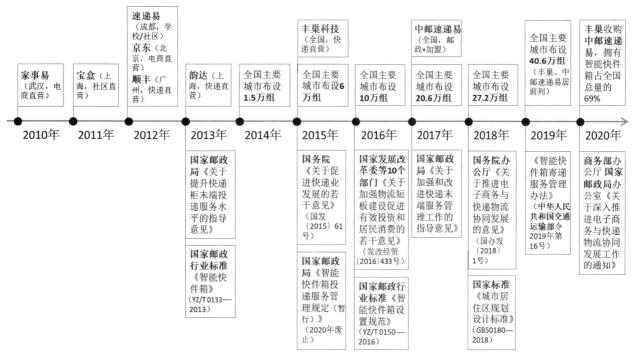

图 1　我国智能快件箱主要发展历程

与快递货架和物业代收相比，智能快件箱依托快递物流信息平台，智能生成取货码发送至收件用户本人，既能保障 24 小时随时取件，又避免了冒领、误领、丢件等情况。与传统邮政信报箱相比，智能快件箱提高了格口使用频率，在同等服务人口和同等使用空间时做到减少格口数量、提高单个格口容积，以适应大件快递存取。与快递员上门投递相比，智能快件箱解决了用户收件和快递员投件的时间错峰问题，大大提高了快递物流效率、降低了快递人力成本。与便利店自提点相比，智能快件箱实现了无接触配送，应对新冠肺炎疫情期间，在保障生活必需品供应、防控疫情扩散、保持社会稳定方面发挥了重要作用。不仅如此，智能快件箱还存在其他潜在扩展的使用场景，例如附带的信息采集功能可用于提升社区精细化治理，快递物流信息平台也有条件加载拓展更多的社区综合服务功能板块。有学者大胆预测，智能快件箱未来将成为物联网智能化和物流配送无人化的科技终端，甚至成为智慧社区的枢纽设施，发展前景十分广阔。

2　现行相关政策的争议焦点

为了指导智能快件箱建设、促进智能快件箱规范化发展，国务院、国家发改委、交通运输部等相继发布指导性文件，国家邮政局出台了多部行业标准，浙江、福建、山东、湖北、江西、甘肃、西藏等多地发布了推广智能快件箱的实施意见。尽管如此，智能快件箱相关政策尚不完善，尤其是智能快件箱的设施属性、规划体系、建设管控依据模糊，对实际布设、运营和管理造成困难。

2.1　智能快件箱的设施属性

智能快件箱的设施属性是决定其投资来源、收费价格、责任主体的主要依据。如果作为商业设施，则完全由企业出资选址、建设和运营，设施的所有权、经营权、定价权归企业所有；如果作为公共设施，则由政府提供补贴或回购，政府部门有权对选址、建设、运营、收费标准实施调控和监督，以确保布局的均等化和价格的公平性。

在智能快件箱发展初期，受到电商物流和共享经济热潮带动，电商企业、快递企业、社会资本等纷纷加入智能快件箱探索，建设和运营完全是市场行为，智能快件箱体现为商业设施。2017 年中国邮政入股组建了"中邮速递易"，整合了 2.4 万组传统邮政快递柜，此批智能快件箱沿袭了公共属性。2018 年起，国家政策文件明确提出智能快件箱属于公共设施，予以提供用地保障、财政补贴等配套措施，多地发布文件响应（表 1）。然而在 2020 年 5 月，丰巢通过收购中邮速递易，拥有智能快件箱数量达到全国总量的 69%，确立了行业垄断地位，同时单方面宣布限定免费取件时长，对延时取件进行收费，引起了公众强烈不满，进而掀起社会广泛讨论。

智能快件箱的代表性政策文件 表 1

政策文件	发布时间	设施属性	支持措施
国家邮政局《关于提升快递末端投递服务水平的指导意见》	2013.11	多样共存	鼓励和支持邮政、快递企业及社会资本，投入快递服务末端智能快件箱等自助服务设施建设并推广使用
国务院办公厅《关于推进电子商务与快递物流协同发展的意见》（国办发〔2018〕1 号）	2018.1	公共属性	为专业化、公共化、平台化、集约化的快递末端网点提供用地保障等配套政策
商务部办公厅、国家邮政局办公室《关于深入推进电子商务与快递物流协同发展工作的通知》	2020.4	公共属性	提供用地保障、财政补贴等配套措施
甘肃张掖市邮政管理局、市住房和城乡建设局《关于保障邮政快递企业在住宅小区开展末端投递服务工作的通知》	2020.5	公共属性	在老旧小区改造项目中统筹考虑将邮（快）件存放处理场地纳入公共设施改造项目
福建莆田市人民政府办公室《关于应对新冠肺炎疫情支持交通运输现代服务业发展的实施意见》	2020.5	公共属性	将智能快件箱纳入公共基础服务设施配套建设，社区等应当配套提供智能快件箱免费场地、供电接口、通信设施、投递通行等便利条件
西藏日喀则市邮政管理局、市住房和城乡建设局、城市综合和管理执法局《关于加强邮政快递末端服务能力建设和管理的实施意见》	2020.6	公共属性	对智能快件箱布放运行提供场地、水电等便利，对非营利性质的不得收取占地、水电、管理、托管费用，对于营利性质的通过协议合理协商

政府部门希望将智能快件箱列入公共设施加以引导和监管，允许市场运营，但还未就支持补贴措施出台具体实施细则。以丰巢为代表的运营商除了基本的设备成本、平台开发成本、人员维护成本，还要向小区物业缴纳场地费和电费，为保证盈利，纯粹从市场角度出发，向快递员存件和居民取件收取双份费用。公众认为智能快件箱进入小区大多没有经过业主表决，快递物品放入快件箱往往也没有经过取件人同意，单方面收费侵害了小区业主利益。可见，由丰巢智能柜向居民取件收费引发的社会广泛讨论，根本原因在于政府、市场、公众三方对智能快件箱的设施属性并未形成共识。

2.2　智能快件箱的规划体系

国家邮政行业标准《智能快件箱》（YZ/T 0133—2013）和《智能快件箱设置规范》（YZ/T 0150—2016）在定义中强调，智能快件箱"设立在公共场合"，因此有必要通过规划对智能快件箱的选址布局、空间利用、建设标准等加以统筹和约束。

自 2015 年国务院提出将智能快件箱等快递服务设施纳入公共服务设施规划，相关政策文件陆续出台。从政策文件表述可以看出，从"研究纳入""争取纳入"到"支持纳入"再到"纳入"，近 5 年来将智能快件箱纳入规划编制内容的必要性逐渐加强（表 2）。从规划类型来看，政策文件中智能快件箱涉及城市基础设施规划、公共服务设施及相关规划、居住区规划等不同种类和不同层级的规划。

明确将智能快件箱纳入规划的政策文件　　　表 2

政策文件	发布时间	支持措施
国务院《关于促进快递业发展的若干意见》(国发〔2015〕61 号)	2015	研究将智能快件箱等快递服务设施纳入公共服务设施规划
国家发展改革委等 10 个部门《关于加强物流短板建设促进有效投资和居民消费的若干意见》	2016	大力发展智能快件箱,并纳入公共服务设施规划
国家邮政局《关于加强和改进快递末端服务管理工作的指导意见》	2017	争取将智能快件箱和末端投递服务中心等设施列入城市基础设施规划
国家标准《城市居住区规划设计标准》(GB 50180—2018)	2018	将智能快件箱、智能新报箱列入居住街坊应配建的便民服务设施
《智能快件箱寄递服务管理办法》(中华人民共和国交通运输部令 2019 年第 16 号)	2019	支持将智能快件箱纳入公共服务设施相关规划和便民服务、民生工程等项目
商务部办公厅和国家邮政局办公室《关于深入推进电子商务与快递物流协同发展工作的通知》	2020	将智能快件箱纳入公共服务设施相关规划

2019 年起,全国统一构建国土空间规划体系,智能快件箱规划将在国土空间规划的"五级三类四体系"中处于何种地位?多级多类规划内容的编制重点和深度,如何传导?如何对现状由市场主导的建设行为进行有效指引?均需要进一步研究明确。

2.3　智能快件箱的建设管控依据

目前可用于智能快件箱建设行为管控的政策文件有国家标准《城市居住区规划设计标准》(GB 50180—2018),以及 2 个行业标准《智能快件箱》(YZ/T 0133—2013)和《智能快件箱设置规范》(YZ/T 0150—2016)。其中,《城市居住区规划设计标准》(GB 50180—2018)明确了"智能快件箱、智能信包箱等可接收邮件和快件的设施或场所"为居住街坊一级应配建的设施,属于居住用地,可与其他设施联合设置。《智能快件箱》(YZ/T 0133—2013)对智能快件箱的箱体规格尺寸、材料、涂层和配件质量做出规定,并重点对平台软件设计加以要求。《智能快件箱设置规范》(YZ/T 0150—2016)从箱体设备的角度,对箱体位置、摆放、固定方式、可增加配件等予以规范,并区分了住宅小区、办公楼宇、院校、公共场所四类使用场景,提出智能快件箱的格口配置标准(表 3)。

智能快件箱的建设管控依据　　　表 3

政策文件	建设管控领域
《城市居住区规划设计标准》(GB 50180—2018)	智能快件箱配置对应的居住区分级规模;设施用地性质;设置的必要性;独立设置还是联合设置
《智能快件箱》(YZ/T 0133—2013)	智能快件箱的总体功能;系统结构;硬件要求;控制系统;操作流程;系统接口;代码;安全要求;电源和环境要求
《智能快件箱设置规范》(YZ/T 0150—2016)	智能快件箱的设置原则;设备位置建议;格口配置数量;设备摆放方式;设备固定方式;设备配件要求

尽管有上述标准约束,智能快件箱造成的空间冲突仍然屡见不鲜,冲突主要集中在:

(1)权责模糊,空间错配。根据标准,智能快件箱"设立在公共场合",位于居住区的在居住街坊尺度设置,但是否应该安装在小区内部、是否只服务小区业主则并未做出明确规定。由于智能快件箱共享特征的非排他性,难免出现设施占用小区公共空间、服务范围却超出小区业主的错配情况,特别在开放小区、商住混合小区等,对小区业主的权益造成侵害。

（2）设施同质，空间低效。智能快件箱出于企业经营考虑，多为新建设施，除原中邮速递易外少有对邮政快递柜改造利用，也没有向市场上所有的快递和电商物流业务全部开放。以丰巢为例，箱体设备来自金融租赁公司，寄件功能只支持部分快递公司，存件功能也对小规模快递公司设置了价格门槛。结果一边是邮政快递柜闲置、智能快件箱达不到设计使用率，一边是大量快递包裹在智能快件箱附近露天堆放，造成了同质设施重复建设，原本就不充裕的公共空间利用低效。

（3）流线混乱，空间无序。由 1 个主柜和 4 个副柜组成的标准智能快件箱组，横向连续长度达到 4.5m，深度 0.5m，有 84 个格口①，根据实际需要还可继续拓展副柜，增加横向长度和格口数量。考虑到居住区内人行道宽度以 2.5m 居多，智能快件箱以及存取件人流，将造成不容忽视的空间分割。虽然标准要求智能快件箱选址原则上"不妨碍车辆和人员的正常通行，不遮挡消防设施，不阻碍安全疏散通道"，但实际设置中缺乏量化标准，难以监管和维权。以丰巢为代表的智能快件箱企业，更加关注提高小区进驻率、扩大市场覆盖程度，丰巢官网宣扬"无论你是业主、物业管理员、快递员、学生等"，"只需要动动嘴皮子与物业谈妥"，就能加盟推广丰巢智能柜，对选址布局同样疏于指引。智能快件箱缺乏统筹规划，各自为政，抢占小区最佳位置，扰乱物流路径和交通秩序，对正常出入人流、车流、物流造成不良影响。

由此可见，2 个行业标准仅从设备层面对箱体硬件和平台系统进行了相对全面的规定，居住区规划设计国家标准对居住区是否配建进行了规定，但对智能快件箱的占地规模、选址布局、与交通流线组织关系、与其他设施联合设置的兼容性等管控存在空白盲区，急需制定相关标准进一步规范。

3 规划建设和运营管理建议

3.1 分类细化设施属性，落实"政府引导、市场运营"模式

一般而言，公共设施可分为纯公共设施和准公共设施。纯公共设施关系到全体公众的基本生存权和发展权，具有非排他性和非竞争性，只能由政府包揽其规划决策、生产建设和运营管理，投资来自政府公共财政支出。准公共设施又包括具有某种垄断性的专营行业设施和服务某类群体的共有设施两类。前者如市政公用设施，政府部门与建设运营商签订特许权协议，政府部门授予建设运营商在特许期限内的项目投融资、建设、运营、维护等权限，并在协议中明确规定建设运营商的收费标准；后者如小区内的共有服务设施，建设主体是小区全体业主，建设成本通常计入房价公摊，后期征收物业管理费作为运营成本。

对于设置在住宅小区、办公楼宇、院校、公共场所的智能快件箱，设施属性和运营模式应有所区分。根据设置地点、使用人群和使用场景，建议将住宅小区的智能快件箱确定为共有设施，公共场所的智能快件箱确定为专营设施，办公楼宇、院校的智能快件箱确定为商业设施。

（1）设备投入方面。智能快件箱硬件成本高、折旧快，以丰巢智能柜为例，1 组标准柜成本约 5 万～6 万元，使用期限 5～10 年，每年租赁价格 5000～6000 元，因此不建议作为公共设施直接采购。小区智能快件箱可由物业公司统一租赁，公共场所智能快件箱由政府相关部门出资租赁，办公楼宇、院校的智能快件箱由企业出资或社会资本加盟。

（2）长期运营方面。各类智能快件箱运营均应交由快件箱运营企业，政府相关部门负责监管治理。办公楼宇和院校智能快件箱的运营成本由设备出资方承担，公共场所智能快件箱的运营成本由政府公共财政承担。小区智能快件箱的运营成本可参考日本经验，提高小区业主每月物业费用，由物业公司统一

---

① 尺寸和规模来自丰巢官网，1 个丰巢智能柜的标准柜包括 1 主柜和 4 副柜，共 84 格，高度 2.1m、宽度 4.5m、深度 0.5m，占地面积 2.25m²。https://www.fcbox.com/pages/product/introduce.html。

支付给快件箱运营企业。

（3）收费定价方面。作为共有设施和专营设施的智能快件箱，收费标准参照公共服务价格管理方式确定。可考虑将小区智能快件箱纳入老旧小区改造项目、"新基建"项目，予以专项资金支持；公共场所智能快件箱可由政府相关部门与企业签订特许权协议；办公楼宇和院校的智能快件箱收费标准，则通过市场化机制解决。

3.2　纳入国土空间规划体系，明确各级规划编制要点

根据《中共中央、国务院关于建立国土空间规划体系并监督实施的若干意见》（中发〔2019〕18号），智能快件箱有关规划内容应在市县国土空间总体规划、市县国土空间详细规划、市县邮政设施专项规划中均有体现。各级规划深度和编制要点应便于传导实施，与标准规范有效衔接。

（1）市县国土空间总体规划，建议确定智能快件箱在社区生活圈的配置原则，原则确定哪些类型公共场所规划配置智能快件箱。

（2）市县国土空间详细规划，建议分别对居住街坊和公共场所，提出智能快件箱的选址原则、格口数量规划标准，设置与其他末端服务设施兼容配置原则，设计有智能快件箱场所的交通物流组织。

（3）市县邮政设施专项规划中，建议提出规划期末全市县末端投递服务构成结构和建设目标，明确智能快件箱的设置半径，预测规划期末全市县智能快件箱总量、公共场所和小区智能快件箱新增数量，落实近期需纳入政府预算的智能快件箱项目。

3.3　完善标准规范，研究规划建设管控指标

（1）研究智慧社区建设标准。近年来社区智能设施不断推陈出新，大多面临与智能快件箱相似的标准规范缺失问题，不利于指导企业开展建设行为。建议基于2014版《智慧社区建设指南（试行）》基础，预测未来社区技术应用趋势，更新修正智慧社区建设标准。

（2）补充完善邮政行业标准。建议区分智能快件箱不同属性，针对共有准公共属性的小区智能快件箱、专营准公共属性的公共场所智能快件箱分别研究提出规划建设管控指标，对商业属性的智能快件箱提出安全、有序、高效方面的底线要求。

参考文献

[1]　国家邮政局．2019年邮政行业发展统计公报[R/OL]．http：//www.mot.gov.cn/tongjishuju/youzheng/202006/t20200611_3323829.html．

[2]　国家邮政局．中国快递末端服务发展现状及趋势报告[R]．中国邮政快递报，2018-07-30．

[3]　国家邮政局．2019年邮政业高质量发展迈上新台阶[N/OL]．http：//www.xinhuanet.com/politics/2020-01/06/c_1125426818.htm．

[4]　檀竹隔．快递自提柜投放选址问题研究[D]．合肥：合肥工业大学，2016．

[5]　圆通研究院物流信息共享技术及应用国家工程实验室．中国智能快递柜发展现状与未来方向[J]．中国物流与采购，2018（07）：68-71．

[6]　丰巢科技．安装丰巢[Z/OL]．https：//www.fcbox.com/pages/product/install.html．

[7]　费彦，王世福．市场体制下的城市居住区公共服务设施保障体系建构[J]．规划师，2012（06）：66-69．

[8]　住建部．智慧社区建设指南（试行）[S/OL]．http：//www.mohurd.gov.cn/wjfb/201405/t20140520_217948.html．

[9] 林曦，李悦．广东邮政管理局：未经用户同意投递快递柜产生费用，消费者可追偿 [N]．羊城晚报，2020-06-12．

[10] 佚名．你身边的融资租赁：丰巢快递柜 [N/OL]．https：//www.sohu.com/a/341852902_104992．

[11] 冯斌．智能快件箱布局规划与运营模式研究 [D]．北京：北京交通大学，2015．

[12] 景德镇市城市功能和品质提升工作领导小组办公室．景德镇市城市功能与品质提升三年行动 2020 年工作方案 [EB/OL]．http：//bnr.jdz.gov.cn/zwzx/gggs/bmwj/t46608.shtml．

[13] 张掖市邮政管理局，张掖市住建局局．关于保障邮政快递企业在住宅小区开展末端投递服务工作的通知 [EB/OL]．http：//www.spb.gov.cn/xw/dsjxx_1/202005/t20200520_2160807.html．

[14] 佚名．中消协就"丰巢"事件表态：快递柜可作为"新基建"项目纳入小区公共服务 [N]．经济日报，2020-05-13．

国土空间规划背景下遗产地渐进式规划实施路径
——以岚县文物古迹保护与发展规划为例

陈燕惠 易筱雅*

【摘 要】长期以来，遗产地保护规划因其特殊的历史积累问题而面临实施难的问题。在新时期国土空间规划改革的背景下，重新认知遗产地，总结其实施面临的挑战，针对这些问题尝试构建要素管控—刚弹并举—时空统筹的渐进式规划实施路径。要素管控从宏观到微观，建立"全域—分区—组团—单体"的管控体系；刚弹并举从"一元主导"到"多元参与"协同实施；时空统筹从时间维度的近远期到空间维度的分区分类分级。并以岚县文物古迹保护与发展规划实践为例，探索渐进式规划实施的新路径，以期为国土空间规划改革背景下遗产地专项规划提供新的思路和方法借鉴。

【关键词】国土空间规划；遗产地；渐进式；规划实施

遗产地作为地方特色文化的重要承载地，是创新驱动的重要抓手。随着遗产地越来越受到重视，关于遗产地的研究与实践也越来越多，但由于其长时段的历史累积，存在较复杂的产权问题、投资问题、运营问题，实施难度大。纵观世界，目前关于遗产地的实施方式主要有两种：一种是自上而下，如福州三坊七巷、南京老门东等；另一种是自下而上，主要通过鼓励社区居民的参与，但二者均存在弊端。另一方面，在当前国土空间规划的改革的热潮下，国内研究大多聚焦于各级国土空间规划的编制与实践，关于遗产地的研究甚少。为了适应当前的趋势，为后续国土空间规划中遗产保护专项规划做准备，我们有必要重新认知遗产地，并在国土空间规划的大趋势下，探讨遗产地规划的新路径。

1 国土空间规划背景下遗产地的再认知

2019 年，中共中央通过《关于建立国土空间规划体系并监督实施的若干意见》，标志着我国建立国土空间规划体系的改革，正式确立了"五级三类四体系"国土空间规划体系。当前，各地关于国土空间总体规划的编制已全面启动，而专项规划作为国土空间开发保护利用的特定规划，同样需要早做安排。其中遗产地保护紫线是国土空间规划的基本底线，更需要在前期就确立好，才能更好地落实总体规划的指导和管控。

1.1 遗产地是国土空间的重要组成部分

在当前国土空间规划的大背景下，遗产地不仅仅是城乡地方特色的集中体现和集体记忆的集中承载

---

* 陈燕惠，女，湖北省武汉市华中科技大学建筑与城市规划学院，硕士生。
易筱雅，女，湖北省武汉市华中科技大学建筑与城市规划学院，博士生。

地，更是国土空间的重要组成部分，是国土空间的重要特色资源。在"五级三类四体系"的国土空间规划体系当中，遗产地相关的历史文化保护规划处于三类中的专项规划。同时，遗产地是分布在整个国土空间的范围之内，与国土空间规划中的"三区三线"均有重叠。根据遗产地价值划定的保护紫线是国土空间规划的空间底线，对国土空间开发利用有限制引导的作用。

1.2 遗产地是国土空间规划的空间保护底线

2018 年 10 月中共中央办公厅、国务院办公厅印发的《关于加强文物保护利用改革的若干意见》提出构建中华文明标识体系。武廷海认为，国土空间规划体系下的历史文化保护空间是构建中华文明标识体系的重要抓手，构建中华文明标识体系是历史文化保护空间规划核心任务。因而，在原有生态保护红线、永久基本农田红线和城镇开发边界这三条红线的基础上增加"文化保护红线"，形成"四区四线"的重点管控体系。遗产地作为历史文化遗产的主要承载地，在中华文明标识体系中具有举足轻重的作用。而在国土空间体系当中，根据遗产地划分的文化保护红线是国土空间规划开展的重要空间底线。在规划过程中，划定遗产地国土空间文化保护红线，并在红线范围内以地方文化特色为核心指导思想，规划特色文化功能区，以传承历史文脉，突出文化特色，促进高质量发展，实现高品质生活为主要任务，体现规划的实施性。

1.3 遗产地是城乡地方文化的重要名片

全球化时代，遗产地作为社会集体记忆的集中承载地，其地方魅力不仅是地方文化的集中体现，更是有别于其他地方的重要特色名片。在"千城一面""千村一面"的情况下，通过因地制宜手段，利用地方的地域文脉资源打造专属的特色名片是城乡发展的重要途径。

2 国土空间规划背景下遗产地相关规划的实施难点

长期以来，遗产地一直是城市发展的重要难题。不仅涉及历史遗产保护的问题，同时也存在人口流失、低收入、老龄化等社会问题和公共设施不足、居住环境差等城市问题，还存在复杂的产权问题和复杂的社会关系。而随着国土空间规划的改革，"三区三线"的划定，无论是学术界的研究重点，还是市场的投资重点，大多都偏向于生态资源而忽视了文态空间。使得遗产地原本因复杂的历史问题而难以实施的情况非但没有得到解决，反而带来了参与主体及市场投资问题，进一步加剧了遗产地相关规划实施的难点。主要体现在以下几个方面：

2.1 现状要素复杂性加剧

遗产地经过长时段的历史变迁，其现状要素类型多样，内容庞杂，既包括单体要素，也包括具有总要素价值的环境景观、纪念场所、历史街巷、空间格局、历史地段和历史街区等。而国土空间规划时代的到来，使得生态空间要素拥有重要的占比，在遗产地规划增加了生态要素的重要体系。一方面，遗产地的历史遗产与天然的生态资源需要保护，传统的生态智慧需要传承；另一方面，人民生活需要改善，在保护与发展的矛盾当中，遗产地可谓是夹缝生存。以历史建筑为例，秉着真实性的原则，历史建筑提倡真实性保护，但一味地保护则适应不了现代居民的生活，给原始居民带来诸多不便。如何协调保护与发展一直是政府和规划师探索的难题。

2.2　参与主体多元性减弱

在长时段的历史变迁中，遗产地涉及的权利主体众多，遗留了复杂的产权问题。其中，既包括有原始居民，还包括外来租户、政府部门、市场的外来力量等。而权利主体的多样诉求与规划师、政府部门、市场力量均难以协调，导致遗产地规划实施难。国土空间规划改革带来了社会各界关注重点的偏颇，有可能减弱参与主体的多元性。在长期的探索和以人为本的理念指导下，通过自下而上的社区参与是协调诸多权利主体的有效手段。然而，遗产地涉及的住户众多，且大家的规划诉求不一致，同样难以协调统一。因此，自下而上的公众参与同样解决不了规划实施难题。

2.3　实施操作局限性加剧

相关数据表明，遗产地的投资回报率偏低，导致社会投资介入难，加上国土空间规划的改革使得市场投资趋向有所偏颇，加剧了实施操作的局限性。因此，遗产地相关投资大多还是依靠政府。这也说明了遗产地的保护与发展取决于当地政府的财政实力和关注度，这是实施操作局限性的其中一方面。此外，遗产地的运营也体现了其实施操作的局限性。在实际情况中，无论是政府投资还是社会投资，都讲究市场的运营规则，尤其是对开发商来说，运营成为一个兑价的手段。但遗产地作为特殊的国有资产，其运营更需要的是资产管理的逻辑方式。所以，在这种"运营"的逻辑思维指导下，很难能有效解决遗产地的保护与发展问题，尤其是以房地产开发商主导的遗产地运营。

3　遗产地渐进式规划的实施路径构建

3.1　"渐进式"规划概念的引入

"渐进式"规划理念源自对遗产地大规模更新改造之后的经验教训总结。大拆大建的遗产地更新并没有解决原本的城市问题，反而造成城市文脉的历史性破坏。因而，在借鉴西方关于"行动规划""动态规划"等规划理念，"渐进式"理念逐渐引入规划界，其大多运用于城市历史地段，通过小规模、渐进式、可持续的方式进行更新改造。从以人为本的角度出发，"渐进式"规划理念的运用领域不应该仅仅局限于历史地段，对于传统聚落遗产地等的集中保护区同样适用。

在国土空间规划的大背景下，针对遗产地现状要素复杂性、参与主体多元性、实施操作局限性等问题，秉持三个"有利于"的原则：是否有利于遗产的传承和延续；是否有利于社会生活的改善；是否有利于城乡活力的增加。在此基础上，尝试构建遗产地渐进式规划的实施路径，即渐进式规划要素管控，渐进式规划刚弹并举，渐进式规划时空统筹。

3.2　渐进式规划的要素管控

按照从宏观到微观的思路建立遗产地遗产资源"全域—分区—组团—单体"的要素分级管控体系。

在全域层面，首先盘点遗产地的遗产资源，结合国土空间资源数据库，通过 GIS 平台建立遗产地的相关遗产资源的信息数据库。并根据遗产资源的年代、类型、保存状况、保护等级等信息属性建档。其次，运用 GIS 空间分析技术方法分析遗产资源的空间分布情况，网络分析方法评估遗产价值。最后根据遗产资源的价值属性、空间分布情况及价值评估结果将这些资源划分片区，并分级分类，针对不同的等级和类型采取不同的保护发展方式。同时，也为划定国土空间规划的空间保护本底提供依据。

在分区层面，通过全域遗产资源信息数据库，分析评估遗产资源的价值并结合遗产资源的空间聚集程度划分片区，形成一级、二级、三级重点保护区，等级越高保护程度越高。

组团层面，即在重点片区内筛选重点地段或重点聚落，是遗产地渐进式规划的重中之重。首先建立建筑信息数据库，包括建筑风貌、建筑年代、建筑质量、建筑高度、建筑类型等，以此为依据，评估现状建筑风貌和建筑肌理，作为组团划分的依据。建筑风貌主要分为建议历史建筑、传统风貌建筑和一般建筑；建筑肌理主要包括原型肌理、类型肌理、异形肌理。秉持遗产保护真实性和整体性的保护原则，结合建筑信息数据库和建筑风貌、建筑肌理的分析结果划分组团，分为保留微改造组团、传统织补型组团、整治更新型组团、公共开敞空间四种类型，针对不同类型进行分类更新改造。

单体层面，即在盘点建筑遗产资源并建立信息数据库的基础上，详细核实各级建筑单体的确切区位、历史信息、现状情况等，如文保单位、历史建筑、传统风貌建筑、历史环境等单体要素，并针对不同类型不同等级的单体要素提出相应的保护控制措施，在保护的基础上，提出适当的活化利用方案。

3.3 渐进式规划的刚弹并举

在新时代背景下，城市发展的核心价值取向越来越强调以人为本与公平正义。在此影响下，我国城市更新的治理机制呈现出向相互制衡的政府—市场主体—权利主体—公众等多元主体协同合作方向演进的趋势。针对参与主体的多元性，采用自上而下和自下而上相结合的规划手段，刚弹并举，循序渐进。一方面，遗产资源数据库的建立、评估、等级划分、保护区划定、历史建筑、传统建筑等的评定采取自上而下的刚性手段，严格按照相关法律法规进行，如建设总量、建筑高度等的严格控制和基础设施的配置。另一方面，在法定保护范围之外诸如公共空间等的活化利用则采取自下而上的弹性手段，从以人为本的角度出发，鼓励居民公众参与，进行公共空间的营造。而针对一般私有的建筑，则通过与原住民的沟通交流，尊重原住民的意愿进行微改造。除此之外，对于遗产地的非物质文化遗产也应该进行活化传承，同样通过公众参与的形式，规划前期充分调查居民各方面的诉求，尽量协调好居民的利益诉求，并结合公共空间设计，营造非物质文化遗产的纪念、展示或利用等的活化场所。

3.4 渐进式规划的时空统筹

遗产地保护发展规划的实施，需要从空间和时间上进行有效统筹。首先，在空间维度上按照从宏观到微观的思路，辨析规划项目的实施难度，结合周边条件、空间分布情况和开发条件确立一级引擎项目和二级项目、三级项目。时间维度上，采取由近及远的分期实施原则，首先是数据库的建立工作优先实行。接着进行具体项目的实施，如一级引擎项目在近期实施，二级项目根据一级项目的实施效果和现实条件进行中远期实施。

分期原则：

一级引擎项目：多为单体要素，"点状"触媒，如建筑单体微改造、公共空间微改造、公共场所营造等。主要根据单体要素的价值特色、保存情况、实施难度等确定。

二级项目：组团的分类更新和单体要素改造后的"线性"路径串联等相关项目。组团主要根据其完整性、历史资源的分布情况和集中程度、历史价值特色的典型性来确定；线性路径设计则主要根据点状项目的实施情况、分布情况、人流集聚程度等确定。

三级项目：即保护分区"面状"的整治和开发，结合一级项目和二级项目的实施情况而定。主要根据片区的发展需求、发展条件、空间分布等确定。

总而言之，规划实施的时空统筹不是一成不变的，在规划实施过程当中应当开放公众参与平台，接受公众的监督，并建立数据库，随时反复对实施项目进行动态监测和检查，根据现有条件而调整。

4　岚县渐进式保护发展规划的实践

岚县位于山西省吕梁市东北部，相对于山西这样一个文物大省，岚县不仅具有丰富的遗产资源，尤为珍贵的是岚县因其特殊的地理优势——三川交汇的绿洲盆地，而拥有独特的生态资源。遗产资源方面，根据《岚县第三次全国普查不可移动文物名录（2011）》，岚县现有文物古迹 368 处。而近代抗日战争时期，岚县作为晋西北的抗战领导中心，是重要的军事重镇，至今仍留下许多红色遗迹和红色记忆。在岚县的渐进式保护发展规划实践当中，这些生态资源、文物古迹和红色记忆将成为重要的"触媒点"。

4.1　从宏观到微观：要素管控

按照"全域—分区—组团—单体"的构建思路对岚县的文物遗存和文化遗产进行要素管控。

4.1.1　全域统筹与分区发展

首先根据《岚县第三次全国普查不可移动文物名录（2011）》盘点岚县县域的文物遗存，利用 GIS 建立文物遗存信息数据库，并结合道路可达性、周边环境优越性等因子通过加权叠加的方法对文物遗存进行评估，对文物遗存进行等级评价（表1）。同时，利用 GIS 对文物进行空间密度分析（图1、图2），从而有利于更科学准确地划定文物保护紫线，为国土空间规划打好基础底线。

文物遗存数据库及等级评价　　　　　　　　　　　表 1

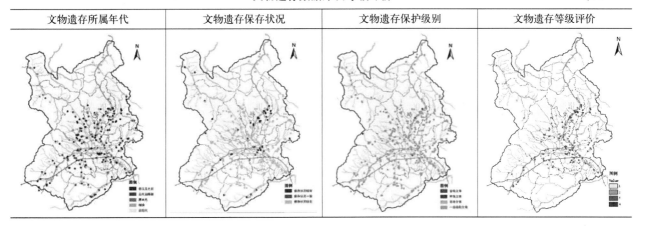

文物遗存所属年代	文物遗存保存状况	文物遗存保护级别	文物遗存等级评价

其次整合岚县生态资源、文物遗存、红色记忆三大类优势资源，通过分析评估进行筛选，再按照评估结果划定重点片区。

4.1.2　组团更新

在十个重点分区里面选取位于岚城镇的"120 师"根据地作为示范区，在示范区选取重点地段实施渐进式规划。

首先建立建筑信息数据库，并分析重点地段的建筑风貌和建筑肌理。其中建筑风貌分为建议历史建筑、传统风貌建筑和一般建筑三级。建议历史建筑指建筑与院落的格局、风貌均保持较好的建筑，如丁氏宅院、郭氏宅院等；传统风貌建筑指院落格局保持较好，建筑风貌较为协调的建筑，主要集中在北街沿街两侧及鼓楼中心地带；一般建筑指建筑与院落格局和风貌较为一般的建筑（图3）。建筑肌理包括原型肌理建筑、类型肌理建筑、异型肌理建筑三类。原型肌理指建筑本体与院落空间均保存完好的建筑，如丁氏宅院；类型肌理建筑指建筑风貌发生改变或院落空间不完整的建筑；异型肌理建筑指过度改造而发生嬗变的建筑（图4）。

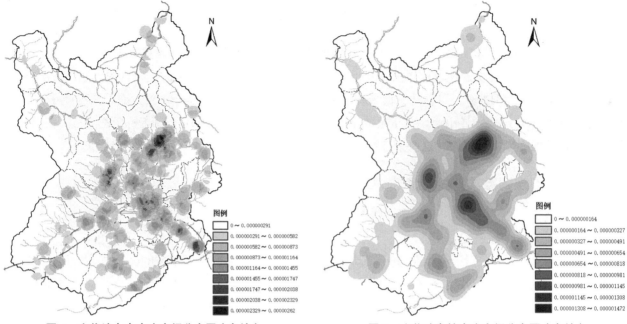

图 1　文物遗存点密度空间分布图（自绘）　　　　图 2　文物遗存核密度空间分布图（自绘）

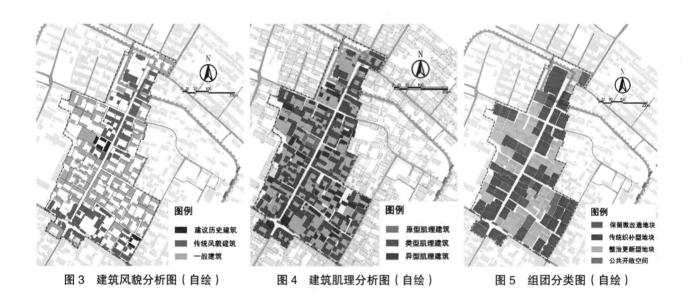

图 3　建筑风貌分析图（自绘）　　图 4　建筑肌理分析图（自绘）　　图 5　组团分类图（自绘）

　　结合建筑信息数据库和建筑风貌、建筑肌理的分析结果划分组团，分为保留微改造组团、传统织补型组团、整治更新型组团、公共开敞空间四种类型，针对不同类型进行分类更新改造。其中保留微改造地块采取保留建筑与院落肌理格局，进行风貌修复与环境改造，提升地块环境；传统织补型地块以传统肌理的尺度进行织补修缮，延续院落格局与历史街巷肌理；整治更新型地块则提取传统肌理，结合现代表达手法进行创新型整治更新（图 5）。

4.1.3　单体改造

　　结合建筑信息数据库、建筑风貌和建筑肌理的分析评估以及区位条件与周边环境，选取价值较高的典型单体院落进行微改造。首先对建筑院落的历史原型与遗存现状进行分析，了解其基本概况与"前世今生"，在此基础上结合对原住民或附近居民的访谈资料对其历史价值进行评估；再通过公众参与形式，结合原住民的改造意愿与意见对建筑院落的更新潜力进行预判，并提出改造修缮方案。

4.2 从"一元主导"到"多元参与"：刚弹并举

通过多元参与的方式使规划从"小众"走向"大众"。"刚"主要体现在全域的数据管控，根据《岚县第三次全国普查不可移动文物名录（2011）》，文物遗存的建档以及根据生态资源划定的空间保护绿线是刚性需要，在规划过程中严格按照相关法律法规标准。在此基础上，红色记忆的传承利用则是弹性的，根据红色资源点的价值分析、利用潜力与村民需求进行选点开发。而多元参与的"弹性"主要体现在规划方案的参与机制及规划实施的动态监督。在规划前期阶段，允许居民自下而上申报规划愿景，即在调研过程中，通过访谈与口述史的方式充分了解并尊重居民的规划诉求和市场的规划需求。其次，在规划实施阶段，强调动态更新，多元监督与管控。

4.3 从近期到远期：时空统筹

岚县渐进式保护发展规划的实施计划按照分类分级分期的时空统筹方式推进。在时间上，从近期到远期，根据分期原则确定各项目的实施时间。在空间上进行分类分级实施，根据遗产地的遗产类型制定项目库实施导则，如红色记忆篇分为旧址类项目库导则、红色记忆类项目库导则、事件发生地类项目库导则；另一方面，根据项目的实施难度，结合周边条件、空间分布情况和开发条件等将项目进行分级。

5　结语

渐进式规划是遗产地保护发展规划的有效手段。在当前国土空间规划的背景下，重新认知遗产地的重要性，从人本视角出发，构建要素管控—刚弹并举—时空统筹的渐进式规划实施路径。通过规划实施新路径的探索，以期为国土空间规划的遗产地的专项规划实施提供借鉴。

参考文献

[1] 武廷海 . 国土空间规划体系中的城市规划初论 [J]. 城市规划，2019，43（08）：9-17.

[2] 邓巍，何依 . 从"管理"走向"服务"的传统街区导则编制研究——以太原市南华门历史街区规划为例 [M] // 中国城市规划学会 . 城市时代，协同规划——2013中国城市规划年会论文集（11- 文化遗产保护与城市更新）. 北京：中国建筑工业出版社，2013：445-452.

[3] 刘岩 . 从规划到落地，有多远？——基于 DIBO 的遗产地活化利用全过程实践 [EB/OL]. https：//mp.weixin. qq.com/s/74b4rJvhtVJusX14NgZgXQ.2020-7-10.

[4] 秦春洪 . 基于治理视角的历史地段渐进式规划研究 [D]. 哈尔滨：哈尔滨工业大学，2015.

[5] 林辰芳，杜雁，岳隽，王嘉 . 多元主体协同合作的城市更新机制研究——以深圳为例 [J]. 城市规划学刊，2019（06）：56-62.

[6] 何依，邓巍 . 太原市南华门历史街区肌理的原型、演化与类型识别 [J]. 城市规划学刊，2014（03）：97-103.

农牧交错区市域国土空间双评价与信息化实践

赵宏伟 *

【摘　要】随着社会经济的迅猛发展与人口的急剧增长，人地矛盾日益突出，资源约束不断加剧，生态环境压力不断增大。党的十八大以来，生态文明建设被提到前所未有的战略高度。随着生态文明建设的深入推进，资源环境承载能力和国土空间开发适宜性评价（以下简称"双评价"）工作越来越受到党中央和国务院的重视。早在 2010 年，国务院印发的《全国主体功能区规划的通知》（国发〔2010〕46号）中就明确了根据资源环境承载能力和自然条件适宜性开发的理念。2018 年 4 月习近平总书记在深入推动长江经济带发展座谈会上的讲话里曾先后四次提到资源环境承载能力，指出在开展资源环境承载能力和国土空间开发适宜性评价的基础上，科学谋划国土空间开发保护格局。2019 年 1 月中央全面深化改革委员会第六次会议审议通过了《关于建立国土空间规划体系并监督实施的若干意见》，进一步明确了资源环境承载能力和国土空间开发适宜性评价是国土空间规划编制的重要基础。

　　"双评价"是编制国土空间规划、完善空间治理的基础性工作，是优化国土空间开发保护格局、完善区域主体功能定位，划定生态保护红线、永久基本农田、城市开发边界的重要依据。通辽市"双评价"工作在贯彻"生态优先"理念和遵照技术指南的基础上，强化对本地特征的考量，为市级国土空间总体规划的编制提供有效支撑，并为各下辖旗县的规划编制提供指引。本文意在探讨在"双评价"技术指南指引下对新一轮的国土空间规划编制工作更具支撑性的"双评价"方法；同时结合苍穹公司信息化平台建设优势，探讨信息技术对"双评价"工作的支撑和辅助作用。

【关键词】市级；双评价；信息平台

1　研究区概况

　　通辽市位于内蒙古自治区东部、松辽平原的西端，地处东北与华北的交汇中心，与吉林省和辽宁省接壤，是内蒙古东部的核心城市。市域资源丰富多样，集草原、森林、荒漠、矿产于一体，许多矿产资源储量位居自治区首位；地处科尔沁沙地腹地，是东北、华北地区的生态屏障，生态地位尤为重要；同时，作为国家重要的商品粮基地和畜牧业生产基地，粮、肉产量居自治区前列。因此，如何处理好保护与发展的关系，成为思考的首要问题。通过市域"双评价"更好地识别三生空间，在生态保护的基础上，统筹协调区域的整体发展。

---

　　* 赵宏伟，女，苍穹数码技术股份有限公司——苍穹国土空间规划设计研究院副院长。

2　国土空间开发适宜性和资源环境承载力评价

2.1　生态保护重要性评价

目前，内蒙古自治区双评价成果尚未公布，通辽市生态保护重要性评价根据指南要求，进行生物多样性、水源涵养、水土保持、防风固沙等生态功能重要性评价和水土流失、土地沙化等生态环境敏感性评价（图1）。

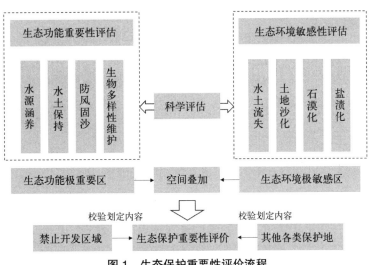

图1　生态保护重要性评价流程

通辽市作为典型森林—草原过渡地带，拥有极具代表性的森林、草原、草甸、湿地相间分布的生态系统，评价中首先将重要的生态资源作为生态系统服务功能重要性评价基础；另外，通辽市作为科尔沁沙地腹地，土壤沙化程度较高，通过叠加以土地沙化为主的生态环境敏感性评价，作为生态保护重要性评价等级的初判成果。

评价结果较好地反映出通辽市生态安全格局本底情况，市域西北部为大兴安岭余脉南麓，生态保护极重要区域大量、连绵分布；中南部地区为科尔沁沙地集中分布区，是通辽市重要的防风固沙重点治理区，生态保护等级高（图2）。

2.2　农业生产适宜性与承载规模评价

2.2.1　农业生产适宜性评价

农业生产适宜性首先进行要素单项评价，包括土地资源、水资源、气候条件、环境、灾害；其次集成资源环境评价；最后进行专家校验，对于明显不符合实际的区域校验和优化。地势越平坦，水资源丰度越高，光热越充足，土壤环境容量越高，气象灾害风险越低，地块集中度越高，农业生产适宜性等级越高（图3）。

通辽市是国家重要的商品粮基地和畜牧业生产基地，粮、肉产量居自治区前列。因此，市域农业生产适宜性评价包括种植业生产适宜性评价和畜牧业生产适宜性评价两个方面。评价结果显示通辽市种植业生产适宜区约占市域总面积的32%，畜

图2　通辽市生态保护功能重要性评价等级图

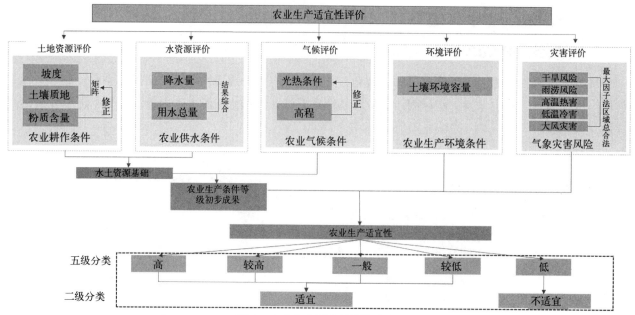

图 3 农业生产适宜性评价流程

牧业生产适宜区约占市域总面积的 35%。农业生产适宜性区域主要分布在市域中部的西辽河冲积平原区域，地形平坦、土壤质地较好、气象灾害少，农业生产适宜性限制因素少；北部山区农业生产适宜性低，但作为农牧业分割带，畜牧业适宜区适度增加；南部和西南部区域主要为科尔沁沙地腹地和沟壑区域，适宜与不适宜兼有，地形坡度和水资源对农业生产有一定限制性（图 4、图 5）。

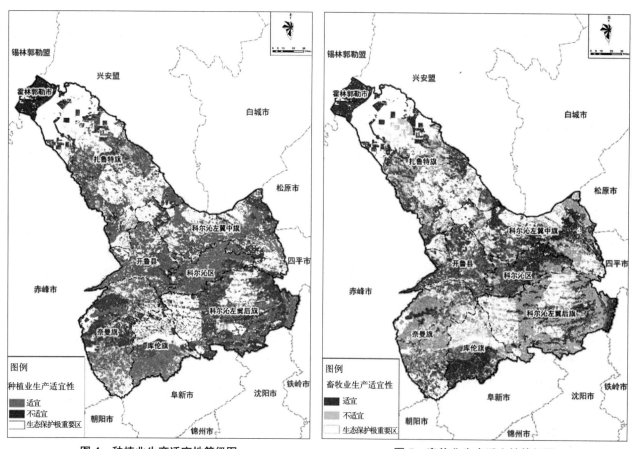

图 4 种植业生产适宜性等级图   图 5 畜牧业生产适宜性等级图

2.2.2 农业生产承载规模评价

从水资源和土地资源角度，判断可承载耕地规模。水资源约束下的承载规模从灌溉可用水量和农田灌溉定额考量，通辽市作为典型的资源型缺水城市，农业用水占总用水量的80%以上，水资源是农业生产承载规模的决定性因素；但由于通辽市雨热同期的气候条件，雨养耕地面积较大，再加上近年来高标准节水型农田和区域调水工程的建设，农业用水量紧缺情况不断缓解。承载力分析结果显示，水资源约束下耕地可承载规模约为现状耕地规模的85%，结合上文农业生产适宜性评价的农业生产适宜区，通辽市可承载耕地规模为现状耕地规模的72%。

2.3 城镇建设适宜性与承载规模评价

2.3.1 城镇建设适宜性评价

城镇建设适宜性是反映国土空间中从事城镇居民生产生活的适宜程度，城镇建设适宜性评价原则上是要识别出不适宜城镇建设的区域。开展土地资源、水资源、气候、环境、灾害、区位等单项评价，将坡度大于25°、海拔高于5000m，灾害危险性极高区域，评定为城镇建设不适宜区。在此基础上，结合单项评价结果，将生态保护极重要区以外的区域，细化分析通辽市城镇建设适宜性等级，划分适宜区和不适宜区两个等级（图6）。

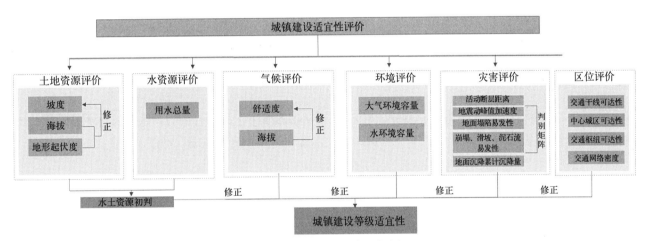

图6 城镇建设适宜性评价流程

基于市域地形地貌和水资源分布特征，市域整体地形较为平整，地形条件有利于城镇建设，另外虽然人均水资源量较低，但对城镇建设的约束性不大。评价结果显示，市域范围内城镇建设适宜区达到57%左右，在市域中南部区域集中分布；北部山区城镇建设不适宜区面积较大，适宜区规模小且分布相对破碎化（图7）。全域范围内统一评价的结果较为宽泛，对后续城镇开发边界划定等工作的指导性还需提高。

2.3.2 城镇建设承载规模评价

城镇建设承载规模通过水资源约束下的城镇建设承载规模和土地资源约束下的城镇建设承载规模两方面考虑。水资源约束下的城镇建设承载规模要综合考虑城镇人均需水量、城镇可用水量等，根据城乡可用水配置方案及各产业用水配置方案，测算多种情景下的水资源约束下的城镇承载规模；评价结果显示，多情境下可承载城镇规模大于现状城镇建设规模。但是，城乡可用水和各产业用水的配置方案的不确定性相对较高，目前主要根据经验规律确定规模，还需结合本次规划中城乡统筹、产业发展等相关研究进行深化细化，体现"以水定城、以水定地、以水定人、以水定产"的总战略。

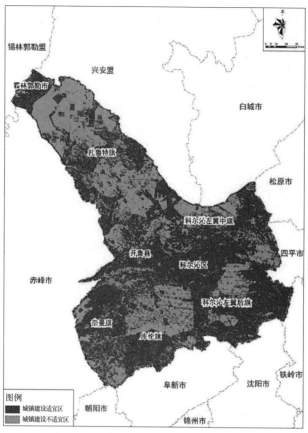

图7 通辽市城镇建设适宜性评价等级图

土地资源约束下的城镇建设承载规模,通过建设用地适宜性评价结果得出,城镇建设承载规模约占全市土地总面积的 57%,土地资源约束下的城镇建设承载规模对未来城镇建设不存在过多的约束。

3 评价结果与现状矛盾问题及成因探讨

3.1 生态极重要地区与现状开发利用的冲突

通过叠加分析,识别出生态保护极重要区内存在大量现状耕地和少量建设用地。生态保护极重要区内耕地约占现状耕地总面积的 25%,主要分布在市域中部区域,冲突区域主要为范围较大的自然保护区和防风治沙区域。建设用地中有部分农村居民点和区域交通设施用地位于生态保护极重要区内,需要进一步评估其影响,进行严格管控和逐步调减。此外,依据生态保护重要性评价结果,建议对生态保护红线进行局部优化调整,更好地平衡保护与发展的关系。

3.2 农业生产不适宜区与现状用地的冲突

通过叠加分析,识别出现状约 27% 耕地的位于农业生产不适宜区,其主要是与生态空间的冲突。从空间分布来看,冲突图斑主要分布在通辽市中部和南部的生态治沙区域,面积较大。目前已开展全市永久基本农田划定工作,后续结合农业生产不适宜区内的基本农田的实际情况细化分析,进行布局调整优化。

3.3 城镇建设不适宜区与现状城镇建设的冲突

通过叠加分析,识别出 0.09% 现状城镇建设用地位于城镇建设不适宜区内,主要分布在西部的奈曼旗和开鲁县。其冲突主要是与生态空间的冲突，后续将在城镇开发边界划定以及生态红线调整中进行校核和修改。

4 "双评价"过程的信息化应用

为响应国土空间规划体系改革的要求，苍穹公司集中打造了国土空间规划信息化系列化产品，站在技术的视角、以实用性为出发点，形成了面向国土空间规划全流程的信息化产品。其中，研发的国土空间规划辅助编制系统中"双评价"子系统，有效解决了国土空间"双评价"过程中工作烦琐、过程反复、容易出错等问题，显著提高工作效率，且易上手操作。

通辽市"双评价"使用该评价系统，大大提高了工作的效率和准确性。"双评价"子系统的优势包括以下几个方面：第一，内置自然资源部指南要求的评价指标和评价模型，且支持根据区域差异性选择评价指标和调整评价模型；第二，根据本地实际情况进行评价因子分级阈值的自定义配置；第三，多步算法一键集成，无须多个环节操作，同时根据评价结果自动生成统计报表和图件；第四，针对评价流程，提供全程向导式指引，可根据各环节操作指引顺利完成评价工作，将来需要再次评价可以从系统中调取所需数据，自动开展评价，并辅助三区三线的划定。

5 结语

从通辽市的工作经验来看，本阶段的"双评价"侧重于资源环境本底的挖掘、资源环境承载能力原值的测算，主要解决的是"底线"问题，即识别"最不适宜"区域。农业生产、城镇建设的适宜性区域重合度高，城镇扩张与基本农田保护的矛盾客观存在。"双适宜区"的空间利用将是规划中平衡保护与利用、落实城乡发展战略等的重要载体。结合整体战略和核心问题，针对"更适宜性"开展结果细化和补充研究，从高产稳产、规模化经营等方面考虑优化农业生产空间布局，从提高城镇运行效率、保障高品质生活等方面考虑优化城镇建设空间布局。通过"深化评价"指导"双适宜区"的优地优用和集约高效，为绘制高质量发展的空间蓝图提供支撑，同时，"双评价"信息平台的应用，对后续指标、方法和结果的进一步修正，也起到了更好的辅助支撑作用。

会议交流论文

论文题目	作者
城市治理视角下非正规空间的有机更新策略——以湖南省平江县老城区为例	程普　赵守谅　陈婷婷
城市更新可持续开发策略——以汉堡港口新城为例	黄卓　赵渺希
城市更新中顶层设计与基层声音耦合机制探究	谭林　刘尧
基于百度迁徙数据的山东地级市网络结构分析	刘鹏
基于多源数据的高铁站前区开发潜力研判——以济青高铁济南东站为例	刘鹏
临时用地、临时建设规划审批及批后管理策略研究——以厦门为例	郑艳蓉　李晓刚
基于统筹大型功能区建设的实施性规划编制体系重构	龙骅娟
国土空间规划背景下规划实施管理体制研究	张瑞鹏
横琴新区规划"编制与实施"评估体系研究及政策建议	张硕
空间正义视角下公共空间规划实施机制研究	周湘　赵守谅　陈婷婷
国土空间规划体系下空间规划许可的转型再造	胡冰轩
生态文明视角下的国土综合整治研究综述与展望	逄问宇
新时期国土空间规划实施技术与管理创新	许濒方
城市群国土空间规划编制思考	张志琛
老城区 10kV 配电设施规划实施策略	黄毅贤　熊玲玲　何红艳
低影响开发设计在新校区水系规划中的应用	李莹　王卫红　张立涛
国土空间规划视野下的绿色基础设施	杨洸
珠海市养老设施布局规划实施评估及对策研究	朱涵冰
新时期"多规合一"视角下空间规划体系的深化改革研究——以武汉市为例	曹政
创新与空间重构视角下国土空间规划体系初探	谢培原
分类控制、链式引导的新加坡总体规划	梁佳宁　杨叶晴
非典型性历史城区保护的实施困境与对策——以湖北省罗田县为例	王婷婷　赵守谅　陈婷婷
空间治理导向下红色文化遗产保护与实施研究	许雪琳　马毅　罗先明　肖鸿堉
国土空间规划视角下的文化遗产保护体系	刘娇旸
天津历史街区提升改造的问题与对策研究报告	孙淑亭　徐苏斌　青木信夫 郝博　陈恩强　薛冰琳
借鉴大兴集体经营性建设用地入市改革经验，推动北京高质量转型发展	舒宁
我国耕地多功能评价与空间差异分析	王绪鑫
乡村振兴视角下的全域土地综合整治实施评价	廖俊雯
贵阳市利用集体建设用地建租赁住房的思考	杨承玉
山西城镇人口和建设用地耦合协调关系研究	张婷
精准扶贫下传统村落规划实施研究	李思月
规划实施视角下"合村并居"相关问题及策略	李乃馨
实施视角下村庄规划编制思路初探	王梅莹